实验室精细化管理

王兆军 ◎ 主编

白传贞 孙 飞 解 斌 李伟鹏 沈广彪 ◎ 副主编

·南京·

内容摘要

实验室精细化管理手册是管理人员做好实验室运行管理，履行好岗位职责，使运行管理工作更加清晰有序的准则。本手册细化了现今检测行业实验室运行管理的相关内容，加强南水北调水质监测系统规范化管理，全面提高实验室运行管理水平，充分发挥水质安全保障的功能，以"尺"为度，从"章、人、矩、器、表、术"六方面详细介绍了管理制度规范化、作业队伍专业化、行为指导手册化、设备操作流程化、台账记录表单化、监管手段信息化等多方面内容，形成了一整套切实可行的实验室现代化运行管理体系。本手册所提供的内容可以帮助读者有效提高实验室运行管理水平。

本手册适合从事南水北调水质监测系统管理的人员及相关管理单位的培训和相关专业人士阅读使用。

图书在版编目（CIP）数据

实验室精细化管理 / 王兆军主编. -- 南京：河海大学出版社，2022.11（2023.7重印）
ISBN 978-7-5630-7800-4

Ⅰ. ①实… Ⅱ. ①王… Ⅲ. ①实验室管理 Ⅳ. ①G311

中国版本图书馆 CIP 数据核字（2022）第 209470 号

书　　名	实验室精细化管理
书　　号	ISBN 978-7-5630-7800-4
责任编辑	王　敏
责任校对	吴　淼
封面设计	槿容轩
出版发行	河海大学出版社
地　　址	南京市西康路 1 号（邮编：210098）
电　　话	(025)83737852（总编室）　(025)83786652（编辑室） (025)83722833（营销部）
经　　销	江苏省新华发行集团有限公司
排　　版	南京布克文化发展有限公司
印　　刷	广东虎彩云印刷有限公司
开　　本	787 毫米×1092 毫米　1/16
印　　张	16.75
字　　数	418 千字
版　　次	2022 年 11 月第 1 版
印　　次	2023 年 7 月第 2 次印刷
定　　价	89.00 元

编委会名单

主　　编　王兆军
副 主 编　白传贞　孙　飞　解　斌　李伟鹏　沈广彪
编写人员　孔凡奇　马　莹　周银辉　朱梦梦　孙　梦
　　　　　周炳杉　包滕龙　王姗姗　渠谢雨　仝蕾蕾
　　　　　单晓伟　杜　威　王利娜　王　军　吴利明
　　　　　朱建传　王长亮　孙　林

前言 | Preface

　　实验室是人才培养、科学研究、社会服务、文化传承创新的重要基地,是科学技术发展的重要支撑平台,是践行育人理念、创新科技发展的重要载体,在人才培养中具有不可或缺的作用。实验室的运行管理是开展检测工作和科学研究等实验活动的基本前提,也是保障从事实验人员人身安全和实验室内部与外部环境安全的首要任务。

　　为进一步加强南水北调东线一期工程江苏段水质监测系统的建设和管理,深入贯彻落实"科学、公正、客观、满意"的质量方针,完善水质实验室运行管理体系,提高检测工作的公正性、科学性、准确性和高效性,保证检测工作的程序化、规范化,以适应社会主义市场经济发展的需要,特编制本实验室精细化管理手册。

　　本手册针对南水北调东线一期工程江苏段水质监测系统之水质固定实验室的特点,突出实用性、针对性,注重日常运行管理的实际需求,从多方面进行了规范,力图使本手册具有一定的适用性和先进性。

　　本手册由南水北调江苏水源有限责任公司水文水质监测中心负责统筹编写,由于编者水平有限,难免有疏漏和不当之处,敬请各位专家、同仁和读者批评指正。

2022 年 8 月

目录 | Contents

第一章　管理制度 ·· 001

   1.1　组织架构 ·· 001

   1.2　岗位标准 ·· 002

   1.3　岗位职责 ·· 005

   1.4　操作规程 ·· 009

   1.5　安全保障 ·· 023

   1.6　作业流程 ·· 025

第二章　管理视觉 ·· 027

   2.1　仪态仪表 ·· 027

   2.2　单位形象 ·· 029

第三章　管理行为 ·· 043

   3.1　连续流动分析仪操作步骤 ·· 043

   3.2　气相色谱分析仪操作步骤 ·· 050

   3.3　气相色谱质谱联用仪操作步骤 ·· 058

   3.4　离子色谱仪操作步骤 ·· 082

3.5 吹扫捕集仪操作步骤 ·········· 095

3.6 原子吸收分光光度计操作步骤 ·········· 096

3.7 超纯水机操作步骤 ·········· 104

3.8 自动液液萃取仪操作步骤 ·········· 109

3.9 原子荧光光度计操作步骤 ·········· 109

3.10 紫外测油仪操作步骤 ·········· 112

3.11 紫外可见分光光度计操作步骤 ·········· 113

3.12 全自动智能蒸馏仪操作步骤 ·········· 119

3.13 高速冷冻离心机操作步骤 ·········· 119

3.14 千分之一电子天平操作步骤 ·········· 124

3.15 万分之一电子天平操作步骤 ·········· 124

3.16 医用冷藏柜操作步骤 ·········· 125

3.17 可见分光光度计操作步骤 ·········· 125

3.18 旋转蒸发仪操作步骤 ·········· 129

3.19 立式压力灭菌器操作步骤 ·········· 129

3.20 pH 计操作步骤 ·········· 130

3.21 电导率仪操作步骤 ·········· 130

3.22 台式溶解氧仪操作步骤 ·········· 133

3.23 台式生化培养箱操作步骤 ·········· 135

3.24 水浴锅操作步骤 ·········· 136

3.25 恒温恒湿培养箱操作步骤 ·········· 136

3.26 马弗炉操作步骤 ·········· 138

3.27 微孔滤膜过滤器操作步骤 ·········· 138

3.28 手提式蒸汽消毒器操作步骤 ·········· 138

3.29 立式冰箱操作步骤 ·········· 139

3.30 超低温冰箱操作步骤 139

3.31 六联电炉操作步骤 140

3.32 瓶口分液器操作步骤 140

3.33 超声波清洗器操作步骤 141

3.34 COD自动消解回流仪操作步骤 141

3.35 水质硫化物酸化吹气仪操作步骤 142

3.36 甲醛检测仪操作步骤 142

3.37 氮吹仪操作步骤 142

3.38 氢气发生器操作步骤 142

3.39 空气发生器操作步骤 143

3.40 六联电热套操作步骤 144

第四章 管理流程 145

4.1 设备操作 146

4.2 常规巡查 160

4.3 整编审查 163

4.4 请示审批 168

4.5 程序文件 170

第五章 管理表单 172

5.1 信息台账类 172

5.2 手续审批类 184

5.3 巡视检查类 208

5.4 取样分析类 230

5.5 成果图表类 237

第六章　管理信息 ····· 239

6.1　基本要求 ····· 239
6.2　平台模块 ····· 242
6.3　项目实施 ····· 251
6.4　运行管理 ····· 253
6.5　管理维护 ····· 255
6.6　系统更新 ····· 257
6.7　退役管理 ····· 257

第一章 管理制度

本章规定了南水北调东线江苏水源有限责任公司水文水质监测中心水质固定实验室运行管理的管理制度,包括岗位架构、岗位标准、岗位职责、仪器设备操作规程、安全保障管理制度、作业流程规范等内容。

管理制度规范化,即对实验室的户外作业及内部管理实现规范化管理,制定各项管理制度,拟定各项管理及技术岗位的职责,明确责任与义务;对仪器设备的操作使用,各项作业的工作流程等编制工作程序,引导程序作业。管理制度按内容划分为组织架构、岗位标准、岗位职责、操作规程、安全保障、作业流程六类。

1.1 组织架构

实验室组织架构如图 1.1 所示。

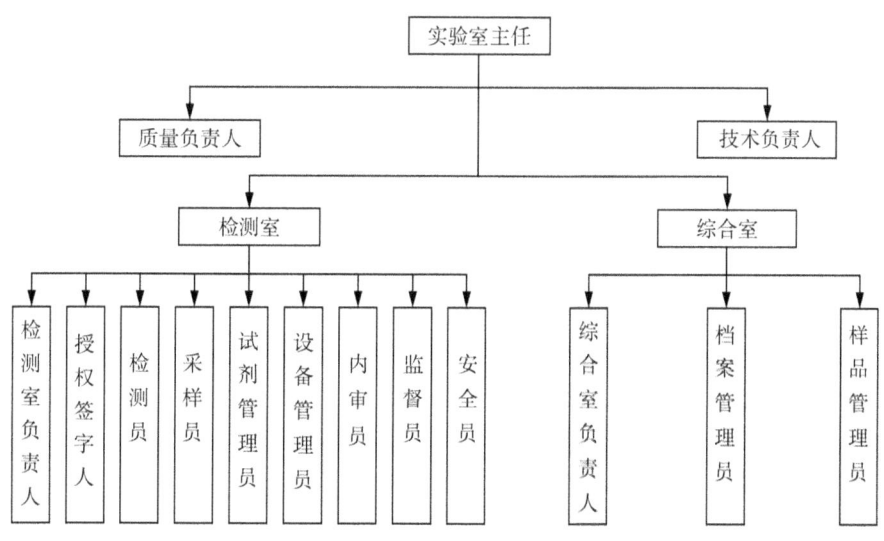

图 1.1 组织架构

1.2 岗位标准

1.2.1 实验室主任

1. 热爱本职工作,思想进步,具有很强的组织管理能力和协调能力。
2. 大学专科以上学历。
3. 有 5 年以上管理经验。
4. 接受过资质认定通用要求的培训。
5. 熟悉管理体系文件的规定、要求,熟悉所开展的检验检测工作。

1.2.2 质量负责人

1. 热爱本职工作,思想进步;具有较强的组织管理能力。
2. 大学专科以上学历。
3. 具有 2 年以上管理经历,接受过实验室质量管理的培训。
4. 掌握管理体系文件中与之相关的规定、要求。
5. 了解所开展的生态环境检测工作范围内的相关专业知识,熟悉生态环境检测领域的质量管理要求。

1.2.3 技术负责人

1. 热爱本职工作,思想进步;具有较强的组织管理能力和动手能力。
2. 具备本专业中级技术职称或同等能力。
3. 具有生态环境检测相关工作 5 年以上的经历。
4. 接受过资质认定通用要求的培训。
5. 熟悉管理体系文件的规定、要求。
6. 熟悉所开展的生态环境检测工作范围内的相关专业知识,具有生态环境检测领域相关专业背景或教育培训经历。

1.2.4 综合室负责人

1. 大学专科以上学历。
2. 掌握有关政策、法律、法规,有较强的社交活动能力及组织能力。
3. 熟悉样品管理、服务客户等相关规定和流程。

1.2.5 检测室负责人

1. 具有大学专科以上学历。
2. 接受过相关检验检测技术等方面专业知识的培训。
3. 具有 3 年以上的检验检测工作经验,具有很深厚的专业知识和技能。
4. 对工作有很强的责任心,具有严谨认真的工作态度。

5. 有一定的组织指挥能力,工作有魄力,处理问题及时果断。

6. 接受过资质认定通用要求的培训。

1.2.6 档案管理员

1. 具有基本的文件、档案管理知识。

2. 大学专科以上学历。

3. 熟悉与文档管理有关的法律、法规,并了解其发展动态。

4. 接受过资质认定通用要求的培训。

1.2.7 授权签字人

1. 具有较强的沟通协调能力和较丰富的授权签字领域的检验检测工作经验。

2. 熟悉有关检验检测标准、方法及规程,掌握有关项目限制范围。

3. 了解测试结果的不确定度,具有对结果进行评定的能力。

4. 了解有关设备维护保养及定期校准的规定,掌握其校准状态。

5. 熟悉记录、报告及其核查程序。

6. 了解认证标识使用等有关规定。

7. 能够坚持实事求是的原则,具有严谨的工作作风。

8. 接受过资质认定通用要求的培训。

9. 具有与授权签字范围相适应的相关专业背景或教育培训经历,有生态环境检测相关工作3年以上工作经历,具备中级及以上专业技术职称或者同等能力,并经考核合格。以下情况可视为同等能力:

(1) 博士研究生毕业,从事相关专业检验检测活动1年及以上;

(2) 硕士研究生毕业,从事相关专业检验检测活动3年及以上;

(3) 大学本科毕业,从事相关专业检验检测活动5年及以上;

(4) 大学专科毕业,从事相关专业检验检测活动8年及以上。

1.2.8 内审员

1. 熟悉实验室管理体系,掌握《检验检测机构资质认定能力评价 检验检测机构通用要求》(RB/T 214—2017)。

2. 熟悉检验检测业务。

3. 具有一定的组织管理、协调沟通能力,有严谨的工作态度和敬业精神。

4. 具有大专以上学历,获得内审员资格。

5. 定期进行体系培训,并不断取得相应资格。

1.2.9 安全员

1. 具有大专以上学历和3年以上相关检测经历。

2. 熟悉检测业务方面的相关知识,有强烈的安全意识并善于安全管理,有处理重大安全问题的能力,掌握有关法律法规知识。

3. 最好具备相关专业机构颁发的安全证。

1.2.10 样品管理员

1. 热爱本职工作,思想进步。
2. 具备大学专科以上学历或1年以上实验室工作经验。
3. 具有较强的组织协调能力。
4. 接受过资质认定通用要求的培训。

1.2.11 检测员

1. 掌握与所处岗位相适应的环境保护基础知识、法律法规、评价标准、检测标准或技术规范、质量控制要求,以及有关化学、生物、辐射等安全防护知识。
2. 具有较全面的检验检测业务知识,了解相关检验检测标准。
3. 具有很强的团队精神和一定的分析检验检测工作经验。
4. 定期参加有关法律法规、标准方法和技术规范方面的培训。
5. 具备大学专科以上学历或1年以上检测经历。
6. 接受过资质认定通用要求的培训。

1.2.12 采样员

1. 具有较全面的采样业务知识,了解相关检验检测标准和采样方案。
2. 具有很强的团队精神和一定的分析检验检测工作经验。
3. 定期参加有关法律法规、标准方法和技术规范方面的培训。
4. 具备大学专科以上学历或1年以上检测经历。
5. 接受过资质认定通用要求的培训。

1.2.13 监督员

1. 熟悉相关分析的方法、程序。
2. 熟悉与相关分析有关的法律、法规和政策。
3. 具有严谨的工作态度和敬业精神。
4. 具备大学专科以上学历或3年以上检测经历。
5. 接受过资质认定通用要求的培训。

1.2.14 设备管理员

1. 热爱本职工作,思想进步。
2. 大学专科以上学历。
3. 有实验室工作经验,对检验检测设备性能特点有一定的了解。
4. 接受过资质认定通用要求的培训。
5. 熟悉管理体系文件中关于设备要素的相关规定、要求。

1.2.15 试剂管理员

1. 具有大学专科以上学历和 1 年以上相关化学检测经历。
2. 熟悉化学检测业务工作和检测工作等管理方面的知识,有强烈的化学安全意识。

1.3 岗位职责

1.3.1 实验室主任

1. 全面负责实验室的各项工作,制定质量方针和质量目标。
2. 负责各种资源的配置、人员的任免,确保管理体系的有效运行。
3. 负责对保密、保护所有权和公正性工作的管理。
4. 负责主持管理评审,批准管理评审报告。
5. 负责参加并接受内部审核,批准内部审核报告。
6. 负责质量手册和程序文件的批准。
7. 负责复杂要求评审结论的批准。
8. 负责分包机构、合格供应商的批准。
9. 负责采购申请、设备的购置、设备维修申请的批准。
10. 负责纠正措施的批准和资源配置。
11. 负责年度内部质量控制计划和比对及能力验证申请的批准。
12. 兼任应急小组负责人,负责应急事件的处理。
13. 负责管理体系有效运行的监督,实现预期结果。

1.3.2 质量负责人

1. 协助实验室主任全面推进管理体系的建立、运行和改进,确保管理体系符合要求。
2. 负责组织内部审核工作,编制审核计划、内部审核报告,指定内审员。
3. 负责组织并参加管理评审,制订管理评审计划并编制报告。
4. 负责管理体系文件的控制及档案管理工作。
5. 负责保密工作、保证公正性工作的监督检查和各种事件的处置。
6. 负责对分包机构、供应商能力进行调查,评估及审核采购申请。
7. 负责综合评价服务质量和投诉的调查、处理工作。
8. 负责纠正措施的管理工作。
9. 负责质量管理工作人员资格的确认。
10. 兼任应急小组副负责人,组织应急事件的处理。
11. 负责组织人员进行质量手册和程序文件等文件的编写,负责质量手册和程序文件等文件的审核。
12. 负责客户满意度调查、客户投诉和反馈以及后续组织调查回复事宜,提升服务质量。

13. 完成实验室主任交办的其他事情。

1.3.3 技术负责人

1. 协助实验室主任全面负责技术管理工作,确保技术运作符合通用要求。
2. 接受内部审核,配合内审组完成技术审核工作,参与管理评审。
3. 负责作业文件、技术记录的批准。
4. 负责组织复杂要求的评审、审核采购申请和供应商评估记录。
5. 负责不符合工作措施的控制。
6. 负责技术人员资格的确认。
7. 负责检测设施、环境条件、内务、安全工作的整体控制。
8. 负责检验检测方法的选择与确认、数据控制和偏离工作的控制。
9. 负责组织新项目的开展、批准不确定度评定报告。
10. 负责设备与标准物质的管理、期间核查、量值溯源工作。
11. 负责样品事故的处理。
12. 负责组织质量控制、比对及能力验证工作,并对结果进行评价。
13. 完成实验室主任交办的其他事情。

1.3.4 综合室

1. 负责人员的招聘录用和培训等事务。
2. 负责组织常规要求的评审,并保存合同评审记录。
3. 负责接收样品的登记、流转和保管的管理。
4. 负责客户技术秘密等方面的保密工作的管理。
5. 负责客户的接待、服务质量信息收集和整理。
6. 负责投诉的受理,负责整理客户投诉要求。
7. 接受质量和技术负责人的管理,负责各种记录、档案和资料的归档管理。
8. 负责内务状况的检查。
9. 负责检验检测方法有效性和文本控制工作。
10. 负责计算机系统的管理。
11. 负责检验检测报告的发送、副本存档。
12. 负责后勤和财务的管理。
13. 负责检验检测业务的开发。

1.3.5 综合室负责人

1. 负责综合室事务的全面管理。
2. 负责人员的招聘录用和培训等事务。
3. 负责后勤和财务的管理。

1.3.6 档案管理员

1. 管理体系文件的保存、发放、控制。
2. 对各检验检测项目的原始记录数据、检验检测报告等整理归档保存。
3. 负责检验检测报告的发送、副本存档。
4. 及时收集有关检验检测的国家标准、行业标准和信息。
5. 负责档案资料的借阅、查询、处理。做好防火、防盗、防蛀、保密等安全工作。
6. 负责各种记录、档案和资料的归档管理。
7. 完成实验室主任安排的其他工作。

1.3.7 样品管理员

1. 负责对委托进行登记和样品的接收。
2. 负责检验试验任务的分配。

1.3.8 检测室

1. 按时完成各项检验检测任务,认真做好原始记录,出具检验检测报告,评定不确定度。
2. 贯彻执行法规和管理体系文件,确保管理体系的有效运行。
3. 负责检验检测项目的保密工作,并遵守公正性声明。
4. 负责维护和保养检测室的设备和标准物质。
5. 负责检验检测过程中人员、环境、方法、偏离情况、样品的记录和管理。
6. 负责检测室内务、安全和环保的日常管理工作。
7. 负责检验检测项目分包和采购申请的提出。
8. 负责检测室的不符合项、纠正措施的控制。
9. 参与管理评审并提供管理体系运行情况的书面汇报材料。
10. 负责按照计划开展日常质量控制活动。

1.3.9 检测室负责人

1. 全面负责检测室各项工作。
2. 负责组织贯彻执行法规和管理体系文件,确保管理体系的有效运行。
3. 负责组织维护和保养检测室的设备和标准物质。
4. 负责提出检测室的培训考核计划。
5. 负责检测室内务、安全和环保的日常管理工作。
6. 负责检测室检验检测项目分包和采购申请的提出。
7. 负责组织编写检测室的作业指导书。
8. 对检测室出现的不合格项进行调查分析,提出纠正措施并组织实施。
9. 负责组织检测室的质量控制活动。
10. 参与管理评审。

11. 完成实验室主任交办的其他任务。

1.3.10 检测员

1. 熟悉承担的相关检验检测技术并完成相应的检验检测任务。
2. 严格执行管理体系的有关规定和各项制度；在检测前认真检查样品，做好各项准备工作；在检测过程中仔细操作、认真观察，遵守操作规程，认真填写和校对原始记录，并认真填写仪器使用记录。
3. 确保填写真实、正确的记录，不伪造数据和结果，对检验检测数据负责，并校核其他检测员的数据，出具检测报告及对检测报告进行整理。
4. 负责检测室的安全、卫生和仪器设备的维护管理。
5. 有权拒绝不符合规定要求的外界干扰，对用户的资料、商业机密负有保密责任。
6. 承担生态环境监测工作前应经过必要的培训和能力确认，能力确认方式应包括基础理论、基本技能、样品分析的培训与考核等。

1.3.11 采样员

1. 熟悉采样方案、采样技术并完成相应的采样任务。
2. 严格执行管理体系的有关规定和各项制度；在采样前认真学习采样方案，做好各项准备工作；在采样过程中仔细操作、认真观察，遵守操作规程，认真填写和校对采样记录。
3. 确保填写真实、正确的记录，不伪造数据和结果，对采样的样品负责。
4. 负责检测室的安全、卫生和仪器设备的维护管理。
5. 有权拒绝不符合规定要求的外界干扰，对用户的资料、商业机密负有保密责任。

1.3.12 监督员

1. 熟悉管理体系及相关分析检验检测方法，了解工作目的和任务。
2. 定期或不定期对检测员的检验检测过程进行监督检查。
3. 监督检查检测员对检验检测方法、环境条件和仪器设备控制是否符合要求。
4. 监督检测人员数据的采集、记录是否完整，是否准确无误。
5. 监督检测人员使用的仪器是否在溯源有效期内。

1.3.13 设备管理员

1. 组织采购的实施和验收。
2. 负责设备的归口管理，负责组织设备采购、验收、建档、标识、维护和维修的监管。
3. 负责制订设备检定/校准计划，组织测量设备的检定/校准和结果确认工作。
4. 负责制订设备核查计划并组织、监督期间核查的实施并保存相关记录。

1.3.14 授权签字人

1. 对授权领域内的检验检测结果的完整性和准确性负责。

2. 负责签发授权范围内的检验检测报告。

3. 有权拒绝签署不符合有关规定的检验检测报告。

4. 负责正确使用认证标识。

1.3.15　内审员

1. 遵守相应的审核要求,配合、支持质量负责人完成内部审核工作。

2. 负责编写审核检查表,向被审核部门传达管理层的要求。

3. 客观、公正地收集、分析与被审核的管理体系有关的证据,将观察结果形成文件,报告审核结果。

4. 对不符合项提出整改意见和纠正措施。

5. 验证所采取的纠正措施的有效性。

1.3.16　安全员

1. 负责对安全设施、设备的安全使用进行监督检查。

2. 负责对分析检测人员的安全操作进行监督。

3. 监督使用常规化学品、易燃物品及腐蚀性物品的检测人员,以确保使用安全,如发现不符合规定的工作、事件或事故,及时制止相关行为,并及时上报管理层。

4. 完成实验室主任交办的其他任务。

1.3.17　试剂管理员

1. 负责对化学试剂、标准物质的采购、入库、分发以及其他管理工作。

2. 负责化学试剂、标准物质的安全管理与检查。

1.4　操作规程

1.4.1　连续流动分析仪

1. 依次打开电脑、进样器、蠕动泵、检测器开关,根据所测项目的不同,打开相应组件开关(如冷却循环水、蒸馏器、空气压缩机、氮气阀及模块加热池开关)。

2. 检查管路连接是否正确,盖上泵压盘,启动泵并吸取试剂;再检查每根连接管是否接好,是否有松动漏液。

3. 在进样器上依次放置标准溶液及待测样品。

4. 启动软件,点击系统窗口"图表"键选择并激活通道窗口。

5. 设置分析方法或运行,待通道窗口基线稳定,点击系统窗口"停止"键,再点击"RUN"键,选择并开始运行。

6. 运行结束,将所有试剂管路从试剂瓶中取出,将管壁擦干或用纯水冲洗干净后放入纯水清洗至少 30 min,有特殊要求的项目根据具体要求操作。

7. 最后将所有试剂管路从纯水中取出,将泵调到快速,将模块排干。

8. 关闭泵电源。取下泵压盘,将右边泵管塑料卡条放松,将泵压盘倒放在原位置。关闭相应组件开关(如冷却循环水、蒸馏器、空气压缩机、氮气阀及模块加热池开关)。

9. 关闭进样器和检测器电源,实验结束。

1.4.2 气相色谱分析仪(GC)

1. 安装时当色谱柱穿过石墨密封垫圈,可能造成毛细柱顶端的污染,应切去几厘米后再接入仪器。

2. 安装应保证其密封性,在开机通气后应进行检查,如漏气须关机重装。

3. 色谱柱的固定液在高温下极易被氧气氧化损坏,故开机时应先通载气,并在较低温度下用载气将柱内空气完全置换。

4. 一般老化温度可设置为比分析方法的最高温度再高 10 ℃,低于柱使用温度 20～30 ℃,注意不可超过该柱的最高使用温度。

5. 气相色谱柱都有其最高使用温度,超过时会造成固定相的流失,导致色谱柱的损坏。建立方法时必须注意,设定柱温不得超过该色谱柱的最高使用温度,一般设定的柱温应低于最高温度约 30 ℃。

6. 设定温度时,检测器温度必须高于其他温度,以防止高沸物污染,一般应遵循检测器温度≥进样口温度≥柱温。

7. 测定结束后,调用老化方法将色谱柱老化约 30 min,以除去测定中可能残留在系统内的高沸物;如使用顶空进样器,此时可关闭顶空进样器电源及其氮气阀。

8. 老化后,调用关机方法,使 GC 降温(此时可关闭氢气与空气发生器)至检测器与进样口温度降至 70 ℃以下后,关闭 GC 电源,关闭氮气钢瓶总阀。

9. 为防止高温下氧气对色谱柱的损害,在温度未降到规定值前不得关闭载气。

1.4.3 气相色谱质谱联用仪(GC-MS)

1. 柱老化时,勿将柱端接到检测器上,防止污染检测器。

2. 柱老化时,请在室温下通载气 20 min 后,再老化,以防损坏柱子。

3. 检测器温度不能低于进样口温度,否则会污染检测器;进样口温度应等于或略高于柱温的最高值,同时化合物在此温度下不分解。

4. 含酸、碱、盐、水、金属离子的化合物不能在质谱仪(ISQ)上分析,要经过处理方可进行。

5. 进样器所取样品要避免带有气泡以保证进样重现性。

6. 取样前用溶剂反复洗进样针,再用要分析的样品至少洗 2～5 次,以避免样品间的相互干扰。

7. 仪器应安放于具有良好排风设备及具备稳定电源的实验室。

8. 室内工作温度为 15～30 ℃,环境湿度应小于 75%。

9. 仪器应远离强磁场及冲击振动源。

1.4.4　离子色谱仪

1. 淋洗液有可见杂质,则用 0.45 μm 的微孔滤膜过滤,然后用超声波脱气。
2. 所有水样均要用 0.45 μm 的微孔过滤头过滤,用一次性注射器抽取样品约 2 mL,连接过滤头,把样品过滤到 2 mL 的样品瓶中备用。
3. 分析完毕后,继续使用流动相冲洗 20 min 以上,待基线平稳后关闭检测器,冲洗色谱柱及流路。
4. 关机时以 0.2 mL/min 的速度将流速降低至 0.2 mL/min,然后按"PUMP"键关闭泵。
5. 流动相不能吸空,短时间不用可让流动相回流。
6. 没有打开出口阀,绝对不能按开"PURGE",没有停止"PURGE",绝对不能关闭出口阀,否则泵会被损坏。
7. 切记不能分析有机相、强酸、强碱类样品,否则损坏色谱柱。
8. 抑制器与离子色谱柱均不允许发生干燥现象,否则性能无法恢复,所以如果一周以上不用色谱柱时应将柱从柱箱中卸下,两端用堵头堵住,并将之置于阴冷处,保存用流动相即可。

1.4.5　吹扫捕集仪

1. 等待仪器自检完毕,仪器前面的指示灯会呈蓝色并闪烁。
2. 实验结束后,调出一个提前编好的关机方法,将所有加热区温度设置在 50 ℃ 以下。待各处温度降下来后,退出化学工作站,退出所有的应用程序。
3. 供气压力应在 50~100 psi 之间,若用钢瓶供气,钢瓶内压力要高于 500 psi,否则更换钢瓶。
4. 检查废液瓶液位,必要时倒空并处理回收废液。
5. 更换新超纯水,并确保有足够的超纯水进行样品分析。
6. 进行气密性检漏,确保系统气密性。
7. 进行每日维护的操作,检查样品日志,确保每日运行的吹扫压力稳定。
8. 检查 U 形玻璃管是否有损坏和变色,必要时更换。

1.4.6　原子吸收分光光度计

1. 乙炔会爆炸,气路一定得检漏,与助燃气应分开存放,做到人走气关、不用气关。
2. 打开气瓶时脸部不要正对表头,防止因表头质量问题导致人体的伤害。
3. 重新拆卸燃烧室后一定要检查各个密封圈是否良好,尤其是雾化器处的密封圈,检查乙炔气路有否泄露。
4. 使用石墨炉时,0.6 m 的范围内有强磁场。因此,带有心脏起搏器的人要远离仪器,会被磁化的物件远离仪器。
5. 乙炔的主表压力低于 0.5 MPa 时应及时更换气瓶,否则容易损坏仪器的气体控制部件;燃气要求是高纯度乙炔,纯度大于 99.5%;氩气纯度 99.995%,纯度低会减少石墨管寿命。

6. 环境温度要求在 15 ℃ 以上,温度低容易导致石墨炉自动进样器漏水;冬天尤其要注意,需等空调打开、室温升上来后再开机。

7. 空气过滤器是耗材,需要定期更换滤芯(在主机左侧,网格状),否则容易损坏仪器的气体控制部件。

8. 雾化室拆装后注意将密封圈压好,否则容易漏液,造成仪器的损坏,且容易造成乙炔的泄漏。

1.4.7 超纯水机

1. 开机前检查设备状态标识,检查仪器是否在校验有效期内;确认自来水供应阀门开启,确认管路阀门开启;确认管道连接正确、通畅。

2. 操作环境条件:温度 2~35 ℃,最大相对湿度 80%。

3. 避免剧烈振动、急剧的温度变化,避免磁场、强电场。

4. 安装新的紫外线灯时,切勿裸手接触灯泡,严禁带电操作。

5. 更换故障保险丝之前必须断开系统的交流电源,并从电源插座上拔出插头,只有经过培训且合格的人员才能更换故障保险丝。

6. 更换过滤组件时,必须先将设备进行自动卸压。

7. 务必密封所有管道连接,以免液体清洁剂泄漏,避免将清洁剂喷洒到衣服、眼睛或皮肤上。

1.4.8 自动液液萃取仪

1. 等待水样与萃取剂剧烈反应 1 min 以后关闭开关,静止等待液体分层后,拧开放液阀,将萃取液放出。

2. 避免各种液体渗入电源、机箱和气泵等电路。

3. 不要往放液阀内涂抹各种润滑剂,长时间不用时,取出放液阀,防止放液阀与萃取瓶粘死。

4. 玻璃器具为易碎品,请注意轻拿轻放。

1.4.9 原子荧光光度计

1. 测试时,注意观察管路,如有漏液应及时查清漏源,及时清除漏液。

2. 在按下点火按钮后,不要将手放在炉腔里面,以免烫伤;应从前方、侧方观察火焰,禁止直接从炉腔上方观看。

3. 测试时,应确定已安装上排气罩,不要直接接触原子化器和排气罩,关机后需冷却至室温(约 20 min),否则可能被烫伤。

4. 注意气瓶温度不能高于 40 ℃,在气瓶的 10 m 范围之内不允许有明火。

5. 开、关氩气时,操作者必须站在气体出口侧面,调压器防爆出口严禁直对操作者,严禁敲打钢瓶阀门或调压器,需用专用的手柄打开或关闭钢瓶主阀。

6. 仪器使用完毕后,需关闭减压阀。

7. 不要将任何异物放入原子化炉管内,不要将任何异物放入灯座里面。

8. 开气时应先打开钢瓶主阀门后慢慢开启减压阀,关气时应先关闭钢瓶主阀门后关闭减压阀门。

9. 使用时应注意,钢瓶内压力低于 1 MPa 时不可使用。

10. 每天气体使用完毕之后,必须关掉主阀。

1.4.10　紫外测油仪

1. 所使用的一切器皿,如容量瓶、移液管、滤纸等必须洁净,注意化妆品、手上的汗等有可能污染比色皿和油溶液的因素。

2. 四氯化碳应不含油类物质,试剂空白和萃取样品的四氯化碳必须是同一批次,否则测试结果会产生误差。

3. 注意比色皿放置的方向应一致。

4. 强电磁场、电波、较大温度变化、震动等因素可能对测量结果产生影响。

5. 和测油仪配套的计算机请勿挪作他用或装其他程序,以免造成软件运行中出现冲突等错误。

6. 测油用的容器、量具的洗涤方法:凡是用于测油的容器和量具如烧杯、比色皿、分液漏斗、分离柱、移液管、容量瓶、滴定管等,切记不要用肥皂粉、洗涤剂清洗,最好用重铬酸钾硫酸溶液(洗涤液)浸泡后再用纯净水冲洗数遍,烘干后放置在洁净干燥处。使用前应当用实验用的同批次四氯化碳清洗数次,分液漏斗、分离柱、移液管的活塞处绝对不能用凡士林等润滑剂。

7. 5%重铬酸钾硫酸溶液的配置方法:称取 5 g 的重铬酸钾于烧杯中,加少量水溶解,在不断搅拌的同时缓缓加入 100 mL 浓硫酸。

8. 应特别注意,输入错误的参数会导致测量结果出错,非法参数甚至会导致软件异常退出。

9. 仪器应预热、校正后使用。

1.4.11　紫外可见分光光度计

1. 确认样品室中无挡光物,打开紫外可见分光光度计电源,仪器需要预热 15～20 min。

2. 所用的比色皿必须清洗干净,否则会给测量结果带来较大误差。

3. 不要随便插拔仪器连接线,如需插拔,请先关闭仪器和电脑的电源,以免烧坏电路板。

4. 不要在样品池内洒溶液,若洒上一点溶液,请及时擦干,若洒得较多,应马上关闭仪器电源,待擦干净并确认后再使用。

5. 一定要取出样品池内的所有比色皿,关闭紫外软件。

6. 可见光测定时用玻璃比色皿,紫外光测定时用石英比色皿;比色皿中切勿承装腐蚀性液体。

7. 注意室内湿度,保持仪器清洁。

1.4.12　全自动智能蒸馏仪

1. 仪器初次使用时建议采用纯水或蒸馏水,以防长时间使用有水垢结成,最高液位加至液位窗红色标示线,可循环使用半年以上;若液位低于黄线则冷却效果差,再次加水时不要超过红色标示线。
2. 蒸馏瓶与冷凝瓶连接处密封良好,蒸馏瓶顶部密封塞通过软管与电磁阀有效连通,防止漏气。
3. 实验过程中,托盘附近禁止放其他杂物,以免影响称重的准确性。
4. 当冬季室温低于 0 ℃时,需要做好仪器的防寒保暖工作,以防止冷凝装置发生爆裂导致无法使用。
5. 称重传感器最大量程 3 kg,若有其他需要,请用时间控制模式进行实验。
6. 对于两次连续蒸馏实验,为保证冷凝效果,第一次实验结束后,冷水循环的开关不要关闭。
7. 当蒸馏实验结束后,请先取下容量瓶,再切断电源。

1.4.13　高速冷冻离心机

1. 在使用离心机时,必须选用适当荷重的转子,载荷必须对称,且不得超载使用转子。
2. 用干燥柔软的布擦拭离心机及其附件;污垢严重时,可用沾有水或 pH 在 6~8 的中性清洁剂的布、且拧干后擦拭,然后再用干布擦拭干净,请勿用汽油、挥发油、稀释剂等擦拭。
3. 及时除去腔室中的冰霜与湿气,如果离心腔内有霜或薄薄的冰层,融化后形成的水一定要擦干。
4. 不可用尖的物体碰撞转子,在搬动和拆装过程中要防止磕碰,主要是为了防止因划痕或外伤而导致转子在使用过程中产生裂纹,进而发生危险。
5. 定期检查转子组件(特别是试管孔底部)是否有腐蚀斑点、凹槽、细小裂纹,如发现有上述任何一种情况,请停止使用转子,并与厂家联系。
6. 通常情况下,转子每周清洗一次,若是分离盐溶液或其他腐蚀性样品,请使用后立即清洗;如使用中发现该样品溅出、浸、滴在转子上,应立即吸干并局部清洗。
7. 离心机在运行过程中(在分离样品或是转子转动时),离心机周围 30 cm 的范围内,保证不得站有操作人员或放置任何潜在危险物质,不得有物品堵住离心机通风孔。
8. 离心机在运行过程中(转子转动时)或离心机在停止过程中(但转子仍在转动时),千万不要手动开门。

1.4.14　千分之一电子天平

1. 电子天平选择的电压挡,应与使用处的外接电源电压相符。
2. 电子天平应处于水平状态,按说明书的要求进行预热 30 min。
3. 称量易挥发和具有腐蚀性的物品时,要盛放在密闭的容器内,以免腐蚀和损坏电子天平。

4. 天平室内温湿度应恒定,温度应在 20 ℃,湿度应在 50% 左右。

5. 经常对电子天平进行自校或定期外校,保证天平灵敏度等处于最佳状态。

6. 经常保持天平室内的环境卫生,更要保持天平称量室的清洁,一旦物品撒落应及时小心清除干净。

7. 如果电子天平出现故障,应及时检修,不可再进行工作。

8. 操作天平不可过载使用,以免损坏天平。

9. 经常检查天平的防潮硅胶,发现变成红色,应及时更换。

1.4.15　万分之一电子天平

1. 电子天平选择的电压挡,应与使用处的外接电源电压相符。

2. 电子天平应处于水平状态,按说明书的要求进行预热 30 min。

3. 称量易挥发和具有腐蚀性的物品时,要盛放在密闭的容器内,以免腐蚀和损坏电子天平。

4. 天平室内温湿度应恒定,温度应在 20 ℃,湿度应在 50% 左右。

5. 经常对电子天平进行自校或定期外校,保证天平灵敏度等处于最佳状态。

6. 经常保持天平室内的环境卫生,更要保持天平称量室的清洁,一旦物品撒落应及时小心清除干净。

7. 如果电子天平出现故障,应及时检修,不可再进行工作。

8. 操作天平不可过载使用,以免损坏天平。

9. 经常检查天平的防潮硅胶,发现变成红色,应及时更换。

1.4.16　医用冷藏柜

1. 在第一次接通电源的时候,要先打开电源开关,再打开电池开关,声音报警器可能会响,这是正常的;按下蜂鸣器键,以消除报警声;声音报警器持续工作,直到温度监测瓶传感器达到 5±2 ℃范围。

2. 确保两个监测瓶内装好 10% 的甘醇溶液。

3. 保存箱运行数小时后,保存箱温度才能够稳定在设定温度下;一旦保存箱内温度达到稳定,请检查监测瓶温度是否与设定温度相一致。

4. 打开灯开关,确保箱内照明灯正常运行。

5. 完成对保存箱运行的彻底检查以后,开始逐渐往箱内放入物品,但请注意一次不要放入过多的高温物品。

6. 使用干布擦掉保存箱外部和内部及其附件上的少量灰尘;如果很脏的话,就使用弱性洗涤剂擦洗。

7. 清洁以后,用干净的抹布蘸清水将保存箱残留的清洁剂彻底擦掉。

8. 不要往保存箱上或保存箱内部倒水,以免损坏绝缘材料并导致运行故障。

1.4.17 可见分光光度计

1. 为了防止光电管疲劳,不测定时必须将试样室盖打开,使光路切断,以延长光电管的使用寿命。
2. 取拿比色皿时,手指只能捏住比色皿的毛玻璃面,而不能碰比色皿的光学表面。
3. 比色皿不能用碱溶液或氧化性强的洗涤液洗涤,也不能用毛刷清洗。
4. 比色皿外壁附着的水或溶液应用擦镜纸或细而软的吸水纸吸干,不要擦拭,以免损伤它的光学表面。

1.4.18 旋转蒸发仪

1. 使用时要先抽真空(约至 0.03 MPa),再开旋转,以防蒸馏烧瓶滑落;停止时,先停旋转,手扶蒸馏烧瓶,通大气,待真空度降到 0.04 MPa 左右再停真空泵,以防蒸馏瓶脱落及倒吸。
2. 各接口、密封面、密封圈及接头安装前都需要涂一层真空硅脂。
3. 加热槽通电前必须加水,不允许无水干烧。
4. 如真空度太低注意检查各接头、真空管、玻璃瓶的气密性。
5. 旋蒸对空气敏感的物质时,在排气口接一个氮气球,先通一阵氮气,排出旋转蒸发仪内空气,再接上样品瓶旋蒸;蒸完放氮气升压,再关泵,然后取下样品瓶封好。
6. 若样品黏度很大,应放慢旋转速度,最好手动缓慢旋转,以形成新的液面,利于溶剂蒸出。

1.4.19 立式压力灭菌器

1. 灭菌用水必须使用蒸馏水(或纯水、去离子水)。
2. 只能对耐压、耐温、耐湿的物质进行灭菌,不可对强酸、强碱、盐水、易燃、易爆、易氧化物灭菌操作。
3. 确认排气软管应垂放在废液桶上方,但不能浸没在水里;废液桶的水位应在"HIGH"标志线以下;使用干燥功能时,应先清空废液桶中的水或只留少许。
4. 查看灭菌腔体底部水位,确保水位高于水位指示器,并低于水位板表面。如通过水位指示器看不到水,代表水位过低,需加水。
5. 每周必须排放一次灭菌腔内的水,同时清洗灭菌腔体。这样可保证灭菌质量、延长加热管寿命、防止排水管道堵塞。
6. 定期用干净的抹布擦拭灭菌腔底的水位传感器上的污垢,防止水位传感器被腐蚀,造成加热管干烧。
7. 取出水位板,观察加热管表面是否干净;如有污垢应用软毛刷擦洗并冲水。
8. 定期检查密封圈表面是否有污垢,如有污垢,可以加少许清洁剂并用湿布擦拭干净;如果长时间不使用,必须把灭菌腔里的水排干。
9. 每半年检查一下漏电保护开关,按漏电保护开关中印有"T"标志的复位键。
10. 每年检查一次安全阀是否正常工作。

1.4.20　pH计

1. 将复合电极的保护外套取下,检查玻璃膜是否完好;玻璃膜保存完好复合电极才能使用。

2. 一般情况下,仪器在连续使用时,每天要标定一次;一般在24 h内仪器不需再标定。

3. 使用前要拉下电极上端的橡皮套使其露出上端小孔。

4. 标定的缓冲溶液一般第一次用pH=6.86的溶液,第二次用接近被测溶液pH的缓冲液,如被测溶液为酸性时,缓冲液应选pH=4.00;如被测溶液为碱性时,则选pH=9.18的缓冲液。

5. 测量时,电极的引入导线应保持静止,否则会引起测量不稳定。

6. 电极切忌浸泡在蒸馏水中。

7. 保持电极球泡的湿润,如果发现干枯,在使用前应在3 mol/L氯化钾溶液或微酸性的溶液中浸泡几小时,以降低电极的不对称电位。

8. 注意玻璃泡易破碎。

9. 每次放入不同溶液之前,复合电极都需冲洗并擦拭干净。

1.4.21　电导率仪

1. 仪器长时间不用时,应将电池取出,以防漏液。

2. 电极的连接需可靠,防止腐蚀性气体侵入。

3. 若仪器处于溢出状态,说明测量值超出测量范围,应马上关机,更换电极常数更大的电极,然后再进行测量。

1.4.22　台式溶解氧仪

1. 一定要确保将电极放置到校准室以后,电极上没有水。

2. 当使用水样作为校准标准时,所使用的默认值为7.00 mg/L。

3. 如果测定仪有污垢,可用湿布擦拭一下表面。

4. 如果连接器湿了,可用棉签清洁并干燥。

5. 测定仪中的电池型号不能混合使用,使用4节碱性电池,或者使用4节镍氢电池。

1.4.23　生化培养箱

1. 使用电源为50 Hz、220 V,电源功率要大于或等于仪器的总功率,电源必须有良好的"接地"装置。

2. 仪器应安置于通风干燥处,后背及两侧离开障碍物300 mm距离。

3. 使用完毕后,所有开关置关机状态,拔下电源插头。

1.4.24　水浴锅

1. 加水时,水位高度不能低于电热管,以免电热管烧坏,但也不能过满,以免沸腾时水量溢出锅外。

2. 在未加水之前,切勿按下电源开关,以防止电热管烧毁。

3. 注水时应注意不可将水流入右侧控制箱内,以防发生触电,最好用纯化水,以避免产生水垢。

4. 若水浴锅较长时间不用,将水浴锅内的水排净,换上新鲜干净的水冲洗几次,并用软布擦净、晾干。

5. 仪器不宜在高电压、大电流、强磁场、带腐蚀性气体环境下使用,以免仪器受干扰,导致其损坏或使人发生触电危险。

6. 水浴锅外壳必须有效接地,以保证使用安全。

7. 仪器如长期不使用,需套好塑料膜防尘罩,放在干燥室内,以免仪器受潮而影响使用。

8. 水浴锅内外应经常保持清洁,外壳塑料处切忌用与之起反应的化学溶液擦拭,以免发生化学反应。

1.4.25 恒温恒湿培养箱

1. 在搬运恒温恒湿培养箱时,禁止倒置及大于45°平放。

2. 使用中切勿频繁改变设定值,以免压缩机频繁启动造成过载,影响设备使用寿命。

3. 箱内不需照明时,应将照明开关置于"关"位置,以免影响上层温度,同时延长灯管使用寿命。

4. 本机装有两组保险丝,运行中若发生故障,请先切断电源,检查保险丝是否完好,再检查其他部位。

5. 为了保持设备的外观,切勿用腐蚀溶液擦拭外表,箱内可用干布或酒精擦拭,保持箱内干净。

6. 当设备不用时,应保持箱内干燥,并切断电源。

7. 为确保箱内温度均匀,应经常检查箱内轴流风机是否正常运行;实验时,箱内物品不宜摆放太密且切勿阻挡风机出风口,以利于箱内气流循环。

8. 切勿触摸、碰撞箱内感温探头,造成温度失控。

9. 设备中加湿器的使用与维护请按加湿器使用说明书要求进行。

10. 设备发生故障,应请专业人员维修或与厂家销售部联系,请勿任意拆修。

1.4.26 马弗炉

1. 先放样品进入炉腔,再开电源。

2. 完成后,必须戴防高温手套方可打开炉门。

3. 打开炉门冷却时,炉门只开一条细缝,禁止全开。

4. 取出坩埚时,必须戴防高温手套。

5. 定期检查电源及插头,杜绝安全事故。

6. 定期清扫炉内环境,避免放置污染样品或试剂。

1.4.27 微孔滤膜过滤器

1. 测试现场需要使用经过滤后的压缩空气,并有减压阀及可微调的气用阀门。
2. 连接方式:气源应接在进口,观察瓶接在出口。
3. 将需做起泡点的滤芯放置在滤器底盘紧固好,将滤器上盖安装好,关闭滤器进出口阀门,打开滤器上方压力表卡箍,取下压力表,向滤器内灌满合格的纯化水(疏水性滤芯灌满40%的异丙醇溶液),安装压力表并保证密封,润湿滤芯15 min以上。
4. 气压加到该孔径滤芯规定的气泡压力后,不要轻易再加压,并非要出现气泡才罢休,否则可能会击穿滤芯结构。
5. 排空以后,刚刚加压或升压不高就有气泡出现,但不连续(在压力保持不变时,气泡时有时无),这是滤芯内腔存留的气体被上游压力挤出而致,属正常现象,可继续加压。
6. 排完液后,刚加压或升压不高,就有大量连续气泡出现,则有两种可能:第一个原因是方法问题,可能是滤芯润湿不够,需重新润湿,也可能是插口密封不好,应检查"O"形圈有否损坏或松动,并重新安装好;第二个原因是滤芯经使用后有结构性损坏。
7. 当滤芯使用时发现压力突然变小,应测试泡点。

1.4.28 手提式蒸汽消毒器

1. 每次使用前,应检查主体桶内水位,水位应超过电热管2 cm以上,对消毒所需时间长又要干燥操作的物品作业时,或用外加热时必须适当多加一些水,防止电热管脱水损坏。
2. 开始加热时应将放汽阀的小手柄拨到竖直位置,排尽桶内冷空气和冷凝水,从而在有较急蒸汽喷出时置复原位(如果冷凝水较多,请在周围放一块干抹布,以吸取排出的水)。
3. 灭菌液体时,应将液体灌装在硬质耐热的玻璃瓶中,以不超过3/4容量为好,瓶口用棉花、纱布塞好,并用纱绳扎紧,切勿使用未打孔的橡胶或软木塞,最好能将玻璃容器放在搪瓷或金属盘中,万一瓶子爆裂,液体不致流失或损坏消毒器桶体。灭菌结束后不能立即释放桶内压力,以免发生事故。
4. 自然降温降压的桶内,会产生负压,启盖时应把放汽阀或安全阀小手柄拨直(应在压力表指针回零时立即做此事);切勿自然降到室温,桶内的负压可能会造成消毒器变形。
5. 消毒器用水最好事先煮沸,这样可以减少加热时水中化学物沉积,保证加热效果,延长电热管使用寿命。
6. 压力表使用久后,压力指示不准或不回零时应予以检修或更换。
7. 安全阀虽为保证安全而设置的部件,能自动控制锅内压力,但操作者在作业时仍不能擅离岗位,应观察安全阀启闭的压力值是否正常(特别是开启压力),出现超压不放汽现象应及时切断电源,检修或更换安全阀。
8. 按国家有关规定,压力表和安全阀应由使用单位制定相应的校检制度,定期检查。
9. 橡胶密封圈使用久会老化,应适时更换,使用结束后应将密封圈平放在搁板上并涂少量滑石粉。

10. 应经常用留点温度计、灭菌指示卡或细菌培养方法来检验灭菌所需的时间和温度,以获得可靠的灭菌效果。

1.4.29　立式冰箱

1. 仪器正常使用环境:室内空气流通,远离热源,避免阳光直射,与墙壁应有一定距离。使用前,先检查是否有短路、断路或漏电现象,电源是否符合要求,接地是否良好。

2. 未分离血清的血液样本不得放入冰箱,以免溶血。

3. 冰箱内不得放置挥发性易燃易爆物品。

4. 应定期进行除霜。

5. 冰箱内物品应摆放整齐,不能放置过挤。

1.4.30　超低温冰箱

1. 保存箱安装后必须静止至少 24 h 以上才能通电。

2. 空箱不放入物品,通电开机,分阶段使保存箱先降温至 −60 ℃,正常开停 8 h 后再调到 −80 ℃,观察保存箱能正常开停 24 h 以上,证明保存箱性能正常。

3. 确认保存箱性能正常后,可以向保存箱内存放物品。原则上应将保存箱温度设置在高于存放物品温度 3 ℃左右,存放物品不超过 1/3 箱体容量。保证保存箱处于停机状态,并能正常开停 8 h 以上。

4. 冰箱应由专人负责,每天检查运行情况并记录(每隔 2~4 h 记录检查一次),遇到机器故障或停机时冰箱内温度会上升,如果短时间内不能修复,取出所存放物品,转移到符合储存物品温度要求的地方存储;将物品放入冰箱前,确认物品所要求的温度和冰箱的温度范围相符合;冰箱的实际显示温度与设置温度有一定的差异。

5. 严禁一次性放入过多的相对太热的物品,会造成压缩机长时间不停机,温度不下降很容易烧毁压缩机,物品要分批放入,分阶梯温度降温。

6. 冰箱对设定值有记忆功能,当断电再来电后,设备将继续按照断电前的设定参数运行。

1.4.31　六联电炉

1. 通电前,确保开关置在"关"挡上,检查是否有断路或漏电现象。

2. 加热容器是玻璃制品或金属制品时,电炉上应垫上石棉网,以防电炉丝短路和触电。

3. 使用电炉连续工作的时间不宜过长,以免影响其使用寿命。

4. 电炉凹槽中要保持清洁,及时清除灼烧焦糊物。

5. 设备长时间不用应存放在干燥处。

1.4.32　瓶口分液器

1. 一般情况下瓶口分液器不需要进行灭菌处理,除非要分装无菌液体或分液器被异常污染等特殊情况(具体操作见说明书)。

2. 禁止分装侵蚀特氟龙(ETFE、FEP、PFA、PTEE)材料或氧化铝的液体,如溶解的叠氮化钠。

3. 禁止分装侵蚀光学玻璃的液体,如氢氯酸。

4. 禁止分装可被铂铱合金催化分解的液体,如双氧水。

5. 禁止分装烟酸、三氟乙酰酸、四氢呋喃、二硫化碳及悬浮液。

6. 禁止分装盐酸、硝酸、氯代烃类和氟代烃类及可形成沉淀物的液体。

7. 分液器使用之后,要让活塞保持在下端的位置。

8. 分液器和试剂的温度要在15～40 ℃。

1.4.33 超声波清洗器

1. 检查电源是否正常,开关是否正常,指示灯、指示表是否正常,保证清洗槽干净。

2. 放入清洗液,方可打开工作电源,观察电流指示表的读数是否在80～100 A,清洗液温度在40～60 ℃,同时水槽会出现微小气泡并伴随有"吱、吱……"的声响,这就表示开始正常清洗。

3. 在超声波清洗过程中必须戴上绝缘手套。

4. 清洗物件不能直接放置在缸底,以免影响清洗效果,应放在专用清洗篮内或采用散装方法。清洗液的高度也会影响清洗质量,对不同物件的清洗应摸索其最佳位置(注:清洗液的量与清洗槽的体积比为3∶4)。

5. 缸内无清洗液时切勿开机,以免损坏换能器。

6. 长期不使用时,机器应保存在干燥处。

7. 清洗完成后,必须切断工作电源,防止事故的发生。

1.4.34 COD(化学需氧量)自动消解回流仪

1. 仪器在通电使用前,应从回流管注水口处加满蒸馏水(不要溢出),保证冷却效果。

2. 样品处理及分析方法参照标准分析方法《水质 化学需氧量的规定 重铬酸盐法》(HJ 828—2017)。

1.4.35 水质硫化物酸化吹气仪

1. 水质硫化物酸化吹气仪使用AC220 V、50 Hz电源,并有良好接地。

2. 该仪器内部有电加热元件,仪器请远离易燃易爆物品。

3. 请在通风的环境中使用。

4. 如该酸化吹气仪的散热风扇发生故障,请勿使用。

5. 打开电源前,须确认水浴锅内已经倒入蒸馏水、纯水、离子水,干烧会损坏加热元件。

6. 停用时请将样品架停在中间的任意位置,不要将样品架停在低位或高位的自动停止位置。

1.4.36 甲醛检测仪

1. 开机如显示"bAt",则表示电量不足,需要充电。
2. 仪器表面清洁只能用湿布擦净。
3. 仪器不使用时,置于洁净干燥环境中,避免极端的高低温度。
4. 按期间核查程序要求对仪器各性能指标进行期间核查,在两次校准期间至少进行一次。

1.4.37 氮吹仪

1. 不能用低于 100 ℃ 燃点的试剂。
2. 整个操作必须在通风橱内进行。
3. 注意个人安全防护。
4. 加热过程中水箱不能移动。
5. 不能用于酸、碱类物质。

1.4.38 氢气发生器

1. 仪器使用时应注意流量显示是否与色谱仪用气量一致,如流量显示超出色谱仪实际用量时,应停机检漏。
2. 使用过程中透过观察窗检查过滤器中的硅胶是否变色,如变色请马上更换,更换三次变色硅胶,更换一次分子筛。
3. 仪器使用一段时间后,电解液会逐渐减少,电解液位接近下限时应及时补水,此时只需加两次蒸馏水或去离子水即可,加液时不要超过上限水位线。
4. 用户不要自行将电解池拆卸打开(用户无法自行修理),以免影响整机。
5. 仪器如需搬运,请将储液桶中的电解液用吸耳球吸干净。

1.4.39 空气发生器

1. 若 10 min 内压力表的压力仍保持在 0.4 MPa,表明仪器正常,自检合格;若 10 min 内压力表的压力降低超过 0.02 MPa,说明仪器有漏气现象,请自行检漏。
2. 定期更换过滤器中的吸附材料,三个月更换一次(过滤器中装有粒度 0.5～1.5 mm 的活性炭),更换过滤器时仪器内部不得有压力。

1.4.40 六联电热套

1. 第一次使用时冒白烟是正常现象,待无白烟后即可正常使用。
2. 受潮后,有时产生感应电,不要用手接触,待加热 1～2 min 即可正常。
3. 旋钮只能旋转 270°,不要用力过大以致损坏。
4. 不调温时,可将固定开关调在固定位置,相当于直热式,可延长其使用寿命。

1.5 安全保障

1.5.1 户外采样安全管理制度

1. 为了保证采样人员作业时的人身安全必须考虑气象条件;在大面积水体上采样时应穿救生衣或戴救生圈;为了防止安装在河岸上的仪器和其他设备被洪水淹没或破坏,应采取适当的防护措施。

2. 涉水采样应有两人以上同时进行,并限制在卵石河床断面,采样前应用探深杆对水深进行探测,水深到大腿处时不许涉水采样;如果采样人员不能确定自己的蹚河能力或水流较急时,应在河岸坚固的物体上系一根安全绳并穿一套经安全检查合格的救生衣。

3. 在桥上采样时应在人行道上作业,防止发生事故;如果因采样作业干扰交通,应提前与地方交通部门协商,并在桥上设置"有人作业"标志;在通航河流的桥上采样时,现场作业应特别注意航行来往船只和航行安全;在船上采样必须有两人以上且船要有良好的稳定性。

4. 采样过程中船要悬挂信号旗以示采样工作,防止商船和捕捞船只靠近;采样人员自行划船采样必须经过专门训练,熟悉水性并按照水中安全规则与规定作业,测船严禁超载,在较小河流中用橡皮船采样时,应安全绳系在河岸坚固的物体上,船上还须有人拉绳随时做好保护;需要破冰采样的地方应预先小心地检查薄冰层的位置和范围,做好标识后再行走,采样时应有专人做监视工作,防止采样人员掉进冰窟内。

5. 采样过程中应注意不要接触有毒植物,以防止意外事故的发生,严重污染的河流可能有细菌、病毒及其他有害物质,应注意防护安全。

6. 利用酸或碱来保存水样时,应戴上手套、保护镜,穿上实验服,小心操作避免烟雾吸入或直接与皮肤、眼睛及衣服接触;酸碱保存剂在运输期间应妥善储存防止溢出,溢出部分应立即用大量的水冲洗稀释或用化学物质进行中和。

1.5.2 实验室作业安全管理制度

1. 室内应保持整洁、安静、严肃、严禁吸烟,未经实验室负责人批准任何人谢绝进入实验室。

2. 实验室必须配备符合本室条件的消防器材,消防器材要摆放在明显、易于取用的位置,并定期检查,确保完好有效,严禁将消防器材移作别用。

3. 实验室内使用的化学试剂应有专人保管、分类存放,并定期检查使用及保管情况。使用易燃、易爆、自燃、氧化、过氧化、有毒和腐蚀等危险化学品要严格执行危险化学品安全管理办法。

4. 实验室供电线路应由专业电工布设,切实执行安全用电规定,禁止私拉乱接电源,线路负载不得擅自放大或超载。

5. 实验室的特种设备(如高压灭菌锅、高压钢瓶等压力容器)应做好验收、年检等工作,并指定专人持证上岗。

6. 实验操作过程严格遵循实验操作规程及各项安全措施,没有自动进样器的仪器,用酸消解样品的操作,加热、加压的操作等步骤严禁离人,必须守在现场。

7. 实验室在实验中产生的各种有毒有害废液不得未经处理任意排放,做好隔离及警示标识,按相关规定集中收集封存并妥善处置。

8. 实验室内需配置视频监控系统、门禁系统和报警系统等安防措施,并定期做好维护保养及安全检查。

9. 每天下班前必须进行安全检查,必须关闭电源、水源、气源和门窗,熄灭火源,锁好门。

1.5.3 实验室安全岗位责任制度

1. 安全员对实验室的安全负主要责任,应经常对实验人员进行安全教育,制定安全措施,消除安全隐患。

2. 各实验组长对本组安全负责,应经常检查仪器设备的安全情况和操作规程的执行情况。

3. 实验室所有人员应自觉遵守安全制度,严格执行操作规程,正确使用仪器设备。

4. 新来的实验人员应先接受安全教育,才能进入工作岗位。

5. 实验室每季度进行一次安全检查,及时发现问题,及时解决问题。

6. 易燃易爆物品应严格保管,并由专人负责。

7. 下班前要检查电源、水源是否关闭,检查合格后方可下班。

8. 下班时,要关好门窗,以防万一。

1.5.4 安全教育培训制度

1. 教育内容

(1) 安全技能教育:本岗位使用的设备,安全防护装置的构造、性能、作用,实际操作技能;处理意外事故的能力和紧急自救、互救技能;使用劳动防护用品、用具的技能。

(2) 安全知识教育:一般业务技术知识;一般安全技术知识;专业安全技术知识。

(3) 安全法规教育:国家安全生产法律;行业安全生产法规,相关强制性标准;企业安全生产规章制度等。

(4) 安全思想教育:思想教育;纪律教育。

2. 非公司内部调动、从外单位调入人员,调换工种人员,必须重新进行安全教育,经培训合格,方可上岗。

3. 脱岗 6 个月以上复工者,必须对其进行复工返岗安全教育,方可复工上岗。

4. 在新工艺、新技术、新设备、新产品投产使用前,要对操作人员和管理人员进行新操作方法和新岗位的安全教育。除此之外,还要建立健全安全生产规章制度与岗位安全操作规程。否则,不得投入使用。

5. 管理层人员的安全教育每年不少于一次,技术人员及安全专员的安全教育每个月至少一次,并以考试的形式验证培训效果,要求合格率为 100%。

6. 在例会等会议形式上,把安全作业作为一项大事进行宣传和教育,开展如"安全生产月"这样的活动,提高安全生产意识和安全责任感。

1.5.5 持证上岗制度

1. 实验室操作人员必须经考核合格后方可上岗。
2. 上岗证考核由技术部门出题,公司技术负责人主持,合格后发放上岗证,并登记归档。
3. 无上岗证人员不得进实验室独立操作,且无技术文件、报告的签字权。
4. 违纪违规者必须经复训、考核合格后方可继续上岗。
5. 造成严重后果者还可以给予取消上岗证、警告、扣发奖金、开除及其他法律方面的处罚。
6. 发放的上岗证只限实验室内部使用。

1.6 作业流程

1.6.1 采样工作规范

1. 应统一穿着工作服,穿劳保鞋;正确佩戴工作证;整体形象应干净整洁,让人信赖。
2. 准备仪器耗材时要分工合作,提高效率;仪器应轻拿轻放,不得扔、摔、踩、踏;准备必要的安全防护用品。
3. 不要将仪器设备、耗材等压在重物下面;玻璃瓶、三脚架等容易在运输过程中碰撞、挤压导致损坏,应当予以隔离放置;贵重仪器、精密仪器、易损耗材要专人看管保护。
4. 一些关键的原始记录信息,如天气参数、采样点位、水温、pH、溶解氧等现场监测指标一定要在现场进行记录。
5. 采样结束后要检查采样记录关键信息是否都已填写完整,并要仔细清点样品和采样仪器是否齐全,不要遗落。
6. 仪器和仪器配件箱要清理干净后方可将其登记入库。
7. 仪器设备如果在使用时出现损坏或存在故障,要主动告知仪器管理员,以便及时维修维护,防止他人再次使用有故障的仪器。
8. 相关采样原始记录填写完毕后,采样负责人要检查记录信息、样品及样品标签是否一一对应,确保没有错误,方可交样。

1.6.2 检测工作规范

1. 实验室分析

(1) 实验室接样员在与现场人员交接样品时根据现场填写的《样品登记流转记录表》清点样品,并复核样品时效性和保存条件是否满足分析要求,确定样品是否完好并签字。

(2) 接样员及时登录《接样流转登记表》,并通知分析组签字接收样品,开展检测分析。

（3）实验过程中产生有毒、有害的废液时集中收集，按照类别放到指定区域，分批次外送处置，填写相关处置、销毁记录。

（4）检测员根据样品来源、方法要求和时效性要求合理安排分析，及时记录分析原始数据和样品检验信息。

（5）分析完成后，由实验室各组长审核数据的准确性和逻辑性等，审核无误后，在《报告审核记录表》实验室分析部分签字，并将分析原始记录和采样原始记录一起装订，随后流转至报告组。

2. 报告编制

（1）报告组接收到原始记录后需核实记录的完整性，确认是否有未完成项目，对单子滞后和出错内容进行登记。

（2）报告编制依据《检测报告管理程序》和相关规范、标准，特殊情况下根据客户要求选择标准报告或简易报告格式以及客户提供的执行标准对分析结果进行评价。编制完成后进行二级审核，同步填写完成《报告审核记录表》审核部分，交由授权签字人完成三级审核并签字确认。

（3）对于审核过程中发现的问题，及时沟通后修改补充，并登记《检测工作质量缺陷登记表》，每周交实验室负责人审核。以采样完成后为时间节点，实验室应在4个工作日内完成报告的编制审核和签发，特殊情况除外（如项目分析时间要求超过4天的、需要重新采样复测的等）。

（4）实验室应该按照《环境检测报告编制作业指导书》规定的报告模板和备注要求出具检测报告。

3. 发放报告

（1）报告组在报告签字盖章后，填写《技术资料归档清单表》，确认该项目资料全部齐全。

（2）报告组登记《检测报告发放登记表》主动送交业务部门相关人员签收，由业务部门相关人员通过邮寄或者其他方式送达客户，或者经过业务部门授权后报告组登记发放给客户。

第二章　管理视觉

本章规定了南水北调东线江苏水源有限责任公司水文水质监测中心水质固定实验室运行管理的管理视觉。

作业队伍专业化,即从外在形象到内在素质的全面专业化,主要包括仪态仪表、单位形象、专业术语、成果展示及辅助协调,形成"统一穿着工作服、统一携带工具箱、统一佩戴上岗证、统一规范术语"的四个统一的专业服务形象。

2.1　仪态仪表

2.1.1　外出工作服

制作规范	1. 规格:个人体形 2. 材料:65%聚酯纤维+35%棉 3. 印刷:丝网印刷(简称丝印)
着装要求	工程观测外业及其他对外施工着外出工作服
样图	

2.1.2　化验、检验服

制作规范	1. 规格：个人体形 2. 材料：府绸面料，30％棉＋70％涤纶 3. 印刷：丝印
着装要求	外出采样、实验室内开展检测工作着白大褂
样图	

2.1.3　救生衣

制作规范	1. 规格：个人体形 2. 材料：尼龙布或氯丁橡胶面料 3. 印刷：丝印
着装要求	户外涉水作业着工作服
样图	

2.1.4　荧光背心

制作规范	1. 规格：个人体形 2. 材料：网眼布＋反光晶格或高亮度反光布 3. 印刷：丝印
着装要求	道路观测、站点观测四季着工作服
样图	

2.2 单位形象

2.2.1 胸牌

制作规范	1. 胸牌规格:90 mm×55 mm 2. 颜色:符合安全色标准 3. 材料:聚氯乙烯(PVC)
安装方式	胸牌挂绳
样图	

2.2.2 工位牌

制作规范	1. 规格:100 mm×180 mm 2. 颜色:符合安全色标准 3. 材料:亚克力 4. 字体:思源黑体
安装方式	摆放桌上
样图	

2.2.3　设备信息卡

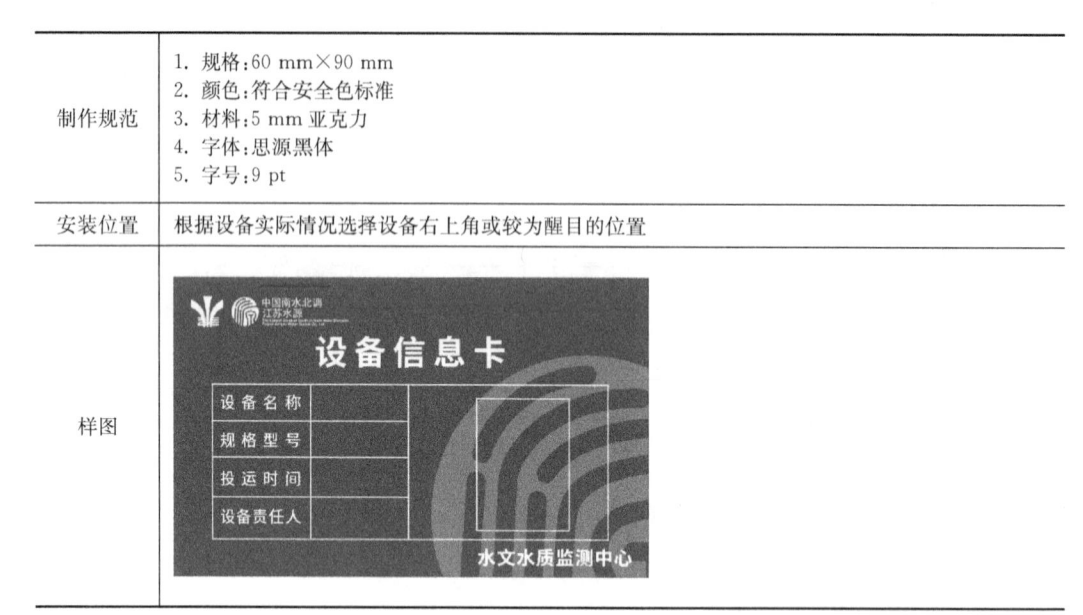

制作规范	1. 规格:60 mm×90 mm 2. 颜色:符合安全色标准 3. 材料:5 mm 亚克力 4. 字体:思源黑体 5. 字号:9 pt
安装位置	根据设备实际情况选择设备右上角或较为醒目的位置
样图	

2.2.4　旗帜

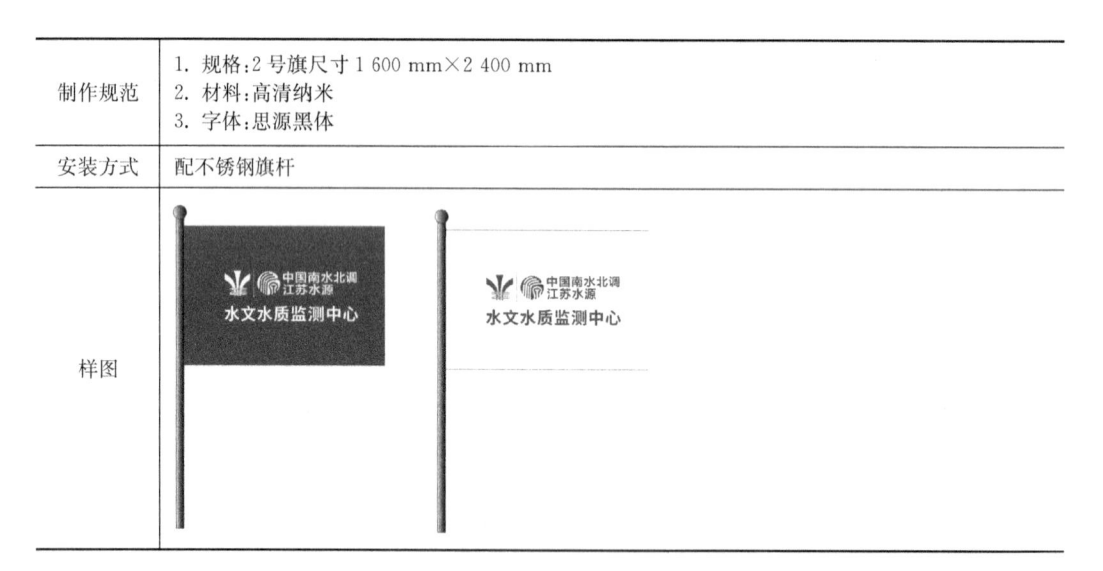

制作规范	1. 规格:2 号旗尺寸 1 600 mm×2 400 mm 2. 材料:高清纳米 3. 字体:思源黑体
安装方式	配不锈钢旗杆
样图	

2.2.5　大门铭牌

制作规范	1. 规格:600 mm×400 mm 2. 材料:不锈钢 3. 字体:思源黑体 4. 字号:98 pt
安装方式	玻璃胶固定

续表

安装位置	一楼大门外墙左侧
样图	

2.2.6 腰线

制作规范	1. 规格：12 cm（高），长度按具体玻璃门实际的宽度 2. 颜色：蓝底白色 3. 材料：户外背胶
安装方式	背投胶粘贴
安装位置	玻璃门上
样图	

2.2.7 主背景墙

制作规范	1. 材料和工艺：10 mm 亚克力水晶字雕刻 2. 字体：思源黑体 3. 字号：800 pt/700 pt
安装方式	玻璃胶固定
安装位置	大厅进门墙面
样图	

2.2.8　大厅两侧文化墙

制作规范	1. 规格:1 500 mm×5 300 mm 2. 材料和工艺:3 mm+3 mm 亚克力烤漆丝印 3. 字体:思源黑体
安装方式	双面胶加玻璃胶固定
安装位置	大厅两侧墙面
样图	

2.2.9　走廊文化标牌

制作规范	1. 规格:1 070 mm×350 mm 2. 材料和工艺:5 mm+3 mm 亚克力烤漆丝印 3. 字体:思源黑体
安装方式	玻璃胶固定
安装位置	走廊两侧墙面
样图	

2.2.10　车身贴

制作规范	1. 规格:30 cm(高)×40 cm(宽);字号 800 pt 2. 材料:贴纸 3. 字体:思源黑体
安装方式	背投胶粘贴
安装位置	水质监测车车身侧边
样图	

2.2.11 外出设备标签

制作规范	1. 规格:60 mm×40 mm/90 mm×30 mm;根据实际设备等比例调整 2. 颜色:符合安全色标准 3. 材料:高清背胶写真 4. 字体:微软雅黑
安装方式	背投胶粘贴
安装位置	根据设备实际情况选择设备背部、支架腿、箱体粘贴
样图	

2.2.12 资料文档封面

制作规范	1. 规格:A3 2. 材料:精装纸加硬纸板
安装方式	精装纸加硬纸板胶装
样图	

2.2.13 楼层索引牌

制作规范	1. 规格:1 000 mm×500 mm 2. 材料和工艺:1.5 mm厚度304不锈钢激光切割,刨槽折弯烤漆,图文丝印 3. 字号:主标题135 pt;内容60 pt
安装方式	双面胶加玻璃胶粘贴
安装位置	建筑楼宇门厅靠近楼梯处墙面上

续表

样图	(办公楼楼层索引样图)

2.2.14 类别标示牌

制作规范	1. 规格:120 mm×407 mm 2. 材料和工艺:5 mm 亚克力烤漆丝印
安装方式	玻璃胶粘贴
安装位置	货架侧边顶端
样图	(类别:采样设备 存放物品:采样瓶、运输箱、采样器等)

2.2.15 物资信息牌

制作规范	1. 规格:60 mm×40 mm 2. 材料和工艺:5 mm 亚克力反绘 3. 字号:7 pt
安装方式	玻璃胶粘贴
安装位置	货架横梁
样图	(内容/型号/名称/数量/规格/厂家 信息牌样图)

2.2.16 设施编号牌

制作规范	1. 规格：120 mm×60 mm 2. 材料和工艺：5 mm 亚克力反绘 3. 字号：50 pt
安装方式	玻璃胶及双面胶固定
安装位置	器皿柜、试剂柜、通风橱
样图	器皿柜AD001

2.2.17 各部门标识牌

制作规范	1. 规格：360 mm×180 mm 2. 材料和工艺：8 mm 亚克力烤漆丝印 3. 字号：中文 132 pt；英文 58 pt
安装方式	玻璃胶及双面胶固定
安装位置	房间门距离门框顶部 50 mm 处
样图	主 任 室 Director's Office

2.2.18 温馨提示牌

制作规范	1. 规格：360 mm×180 mm/360 mm×150 mm 2. 材料和工艺：8 mm 亚克力烤漆丝印 3. 字号：中文 120 pt
安装方式	玻璃胶及双面胶固定
安装位置	根据实际情况安装在不同位置
样图	禁止吸烟

2.2.19 卫生间门牌

制作规范	1. 规格:410 mm×220 mm 2. 材料和工艺:1.2 mm 厚度 304 不锈钢激光切割,刨槽折弯烤漆,丝印图标,亚克力切割烤漆 3. 字号:80 pt
安装方式	玻璃胶及双面胶固定
安装位置	男女卫生间门外墙上
样图	

2.2.20 通道标识牌

制作规范	1. 规格:360 mm×180 mm 2. 材料和工艺:8 mm 亚克力烤漆丝印 3. 字号:80 pt
安装方式	玻璃胶及双面胶固定
安装位置	通道处(距地 30 cm)
样图	

2.2.21 配置标准

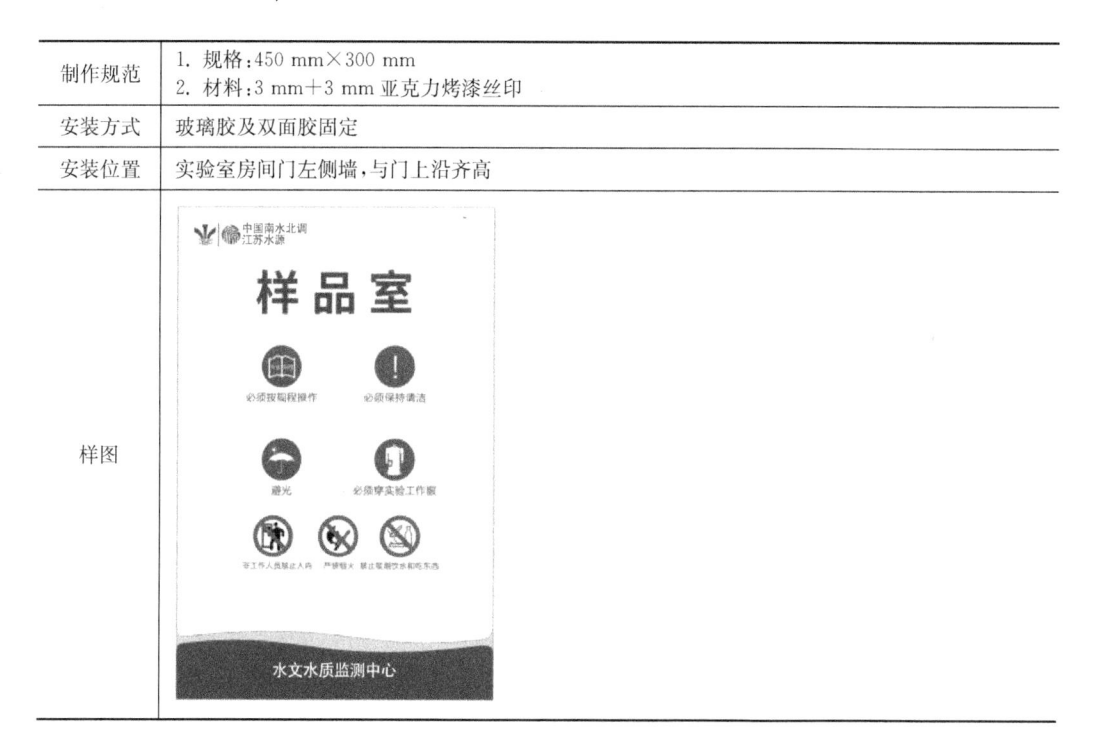

制作规范	1. 规格:450 mm×300 mm 2. 材料:3 mm＋3 mm 亚克力烤漆丝印
安装方式	玻璃胶及双面胶固定
安装位置	实验室房间门左侧墙,与门上沿齐高
样图	

2.2.22 人员信息牌

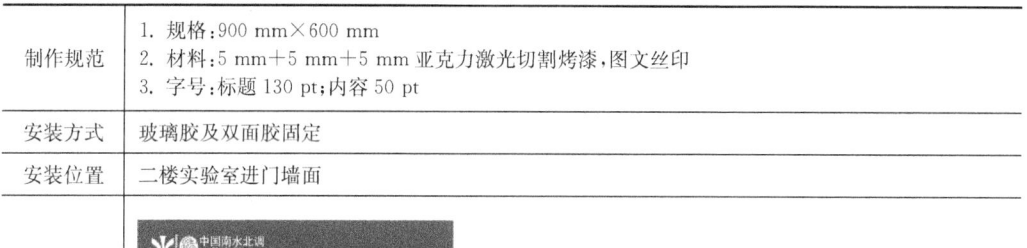

制作规范	1. 规格:900 mm×600 mm 2. 材料:5 mm＋5 mm＋5 mm 亚克力激光切割烤漆,图文丝印 3. 字号:标题 130 pt;内容 50 pt
安装方式	玻璃胶及双面胶固定
安装位置	二楼实验室进门墙面
样图	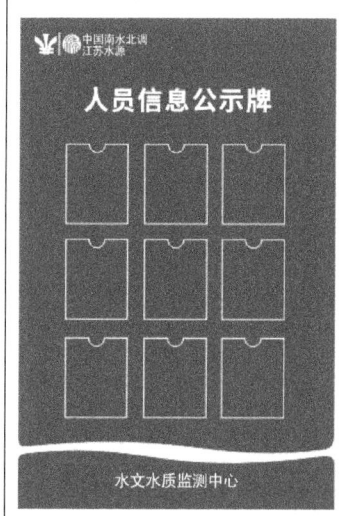

2.2.23 制度牌

制作规范	1. 规格:900 mm×600 mm 2. 材料和工艺:5 mm＋5 mm＋5 mm亚克力激光切割烤漆,图文丝印 3. 字号:标题 120 pt;内容 50 pt
安装方式	玻璃胶及双面胶固定
安装位置	实验区域各房间(距地 1 700 mm)
样图	

2.2.24 二维码牌

制作规范	1. 规格:100 mm×100 mm 2. 材料和工艺:5 mm 亚克力烤漆丝印
安装方式	玻璃胶
安装位置	各设备面板适当位置,便于扫描
样图	

2.2.25 开关功能贴

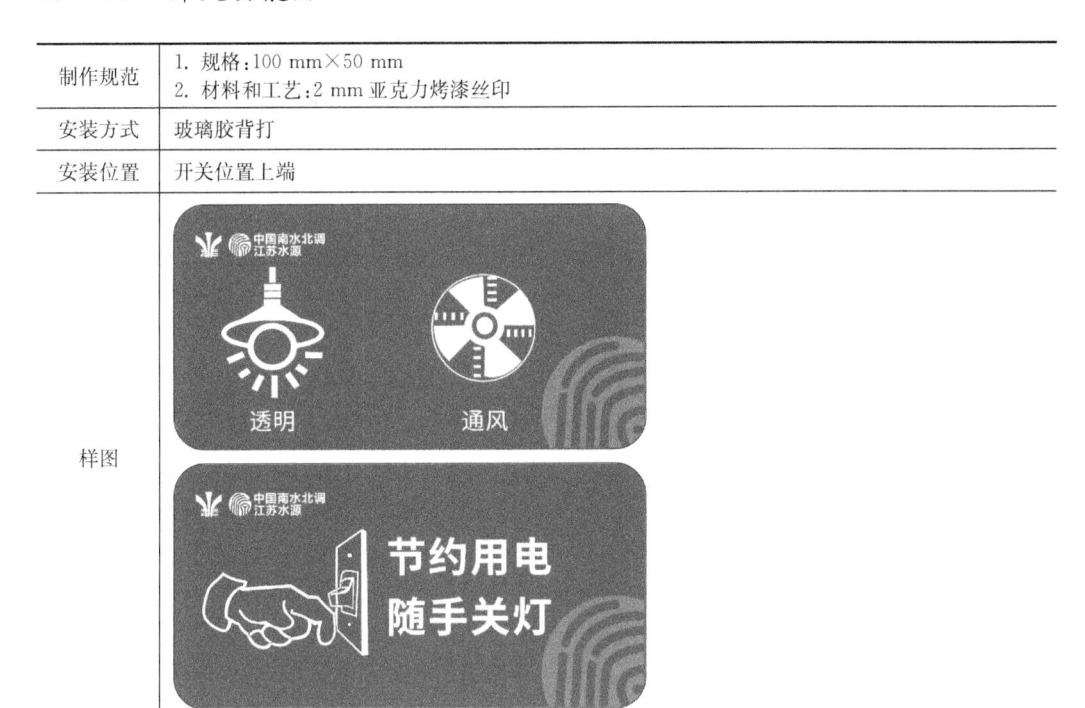

制作规范	1. 规格:100 mm×50 mm 2. 材料和工艺:2 mm 亚克力烤漆丝印
安装方式	玻璃胶背打
安装位置	开关位置上端
样图	

2.2.26 检测项目卡

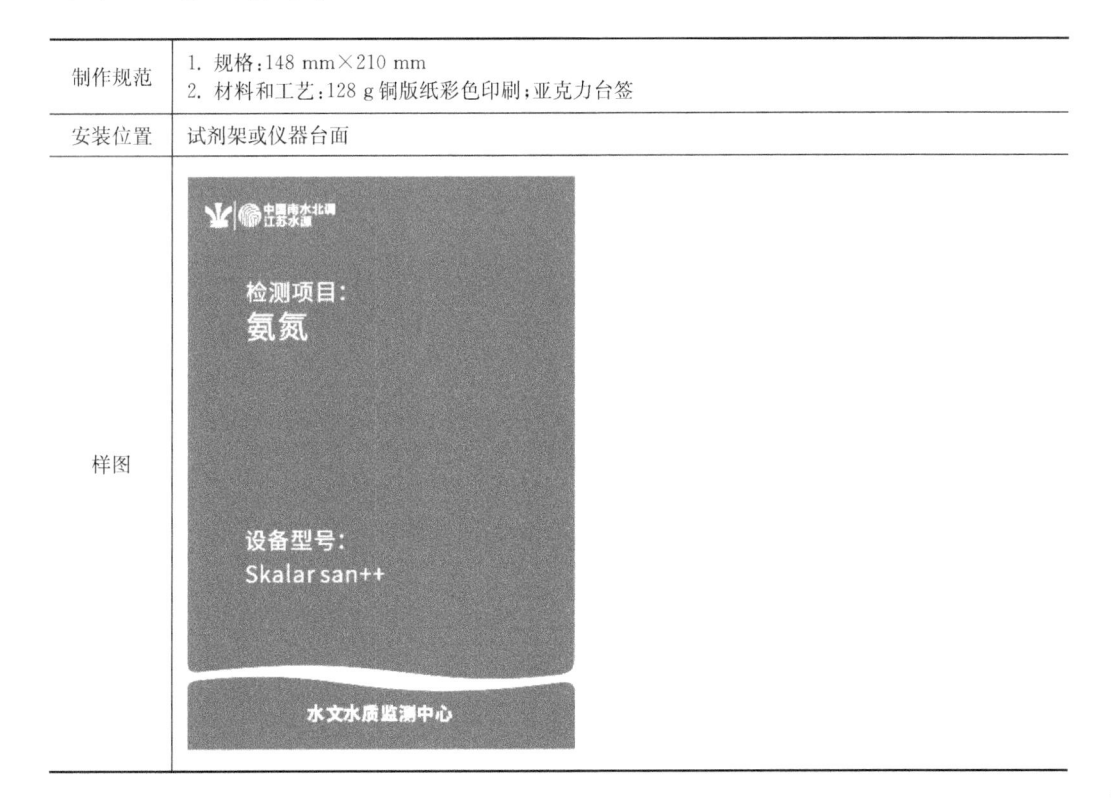

制作规范	1. 规格:148 mm×210 mm 2. 材料和工艺:128 g 铜版纸彩色印刷;亚克力台签
安装位置	试剂架或仪器台面
样图	

2.2.27 管路名称及流向标识

制作规范	1. 规格：20 mm×50 mm/60 mm×180 mm 2. 材料：高清背胶写真
安装方式	自带胶直接粘贴
安装位置	实验室内各类管路
样图	（氮气/N₂、氩气/Ar、乙炔/C₂H₂、氦气/He 管路标识样图）

2.2.28 消防栓标牌

制作规范	1. 规格：800 mm×550 mm 2. 材料和工艺：5 mm 亚克力烤漆丝印
安装方式	玻璃胶及双面胶固定
安装位置	消防栓
样图	（消防栓的使用方法标牌样图，火警电话 119，水文水质监测中心）

2.2.29 小心台阶牌

制作规范	1. 规格:200 mm×300 mm 2. 材料和工艺:5 mm 亚克力烤漆丝印
安装方式	玻璃胶及双面胶固定或者锚固
安装位置	各楼梯上下台阶处
样图	（注意 Caution 小心台阶 Watch Your Step）

2.2.30 编号标牌

制作规范	1. 规格:直径 80 mm/80 mm×80 mm 2. 材料和工艺:滴塑工艺或亚克力丝印
安装方式	玻璃胶及双面胶固定
安装位置	柜体、箱体
样图	（1 2 编号标牌样图）

2.2.31 设备状态标牌

制作规范	1. 规格:90 mm×60 mm/120 mm×80 mm 2. 颜色:蓝底白字,"合格"部分底色为绿色 3. 材料和工艺:亚克力烤漆丝印,状态可旋转 4. 标识:设备三种状态(合格、准用、停用)
安装方式	强磁加强力胶
安装位置	仪器正面醒目位置
样图	

第三章　管理行为

本章规定了南水北调江苏水源公司水文水质监测中心水质固定实验室运行管理的管理行为,主要包括仪器设备的操作步骤等内容。

行为指导手册化,即是对实验室的各类设备按步骤操作。本手册以设备单元的操作方法为编写标准,具体拟定各类设备的操作步骤,对仪器设备的操作使用、各类设备的工作流程等编制工作手册,引导手册化作业。

3.1 连续流动分析仪操作步骤

3.1.1 开机步骤

1. 启动冷却循环槽,先开电源开关,再开制冷开关。
2. 打开蒸馏器开关,开始加热。
3. 检查管路连接是否正确,连接氰化物、挥发酚(简称"氰酚")样品管和进样针,将氰化物的进比色池管路与检测器的进比色池管路相连,氰化物出比色池管路也与检测器的出比色池管路接头相连接。更换 600 nm 氰化物滤光片。
4. 待蒸馏器温度达到 100 ℃后,盖上泵压盘,启动泵并吸取纯水。检查每根连接管是否接好,是否有松动漏液。10 min 后将所有试剂管放入对应的试剂中。
5. 插上氰化物模块加热器的电源插头。打开进样器、检测器电源开关。

3.1.2 开启软件

1. 双击打开 AACE 软件,登记后在 AACE 对视窗单击"图表",在对话框点击"OK"(确定),通道窗口自动弹出(图 3.1~图 3.5)。

图 3.1　AACE 7.11 工作界面

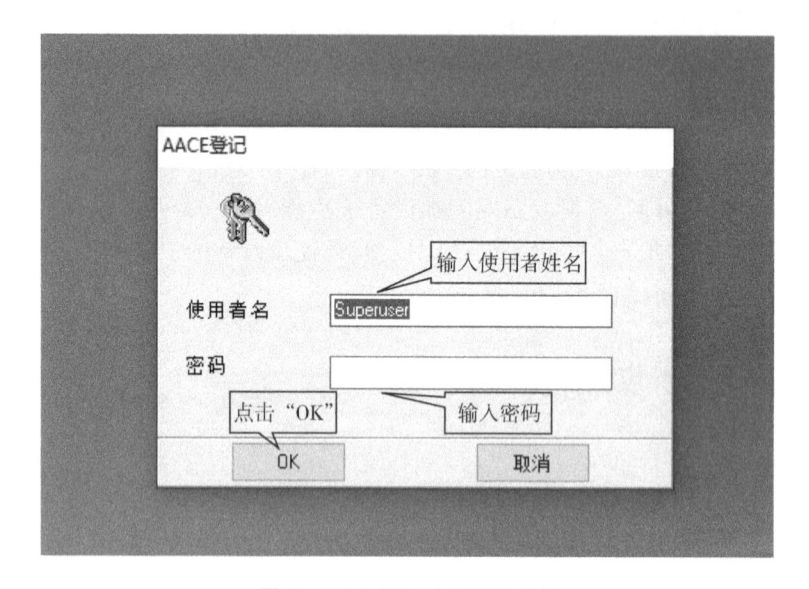

图 3.2　AACE 7.11 登记界面

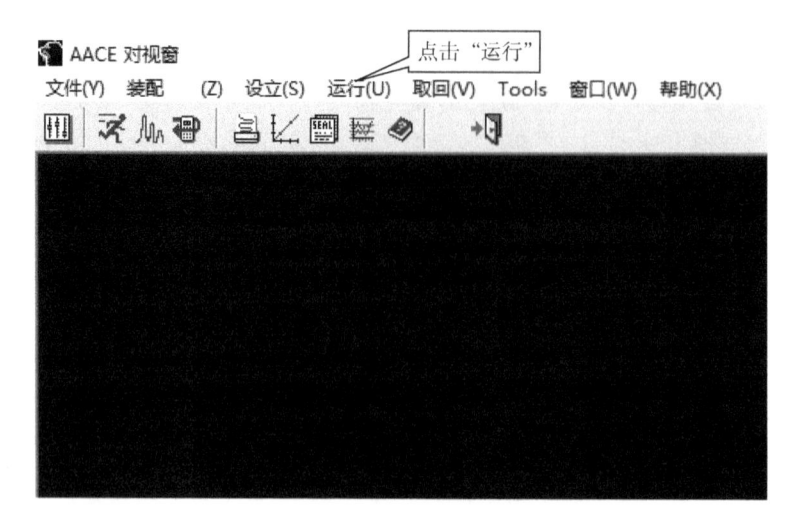

图 3.3　AACE 7.11 对视窗运行界面

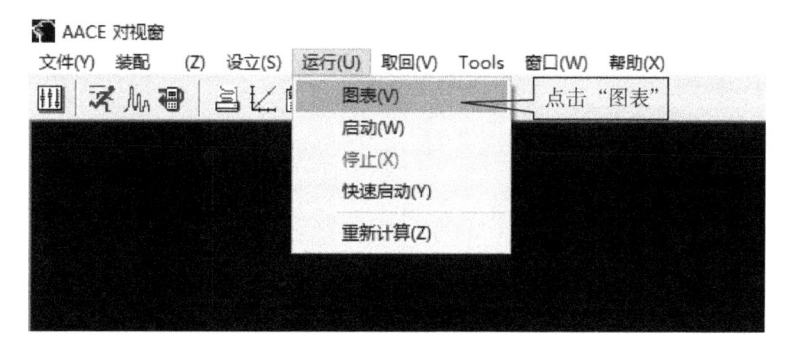

图 3.4　AACE 7.11 对视窗图表运行界面

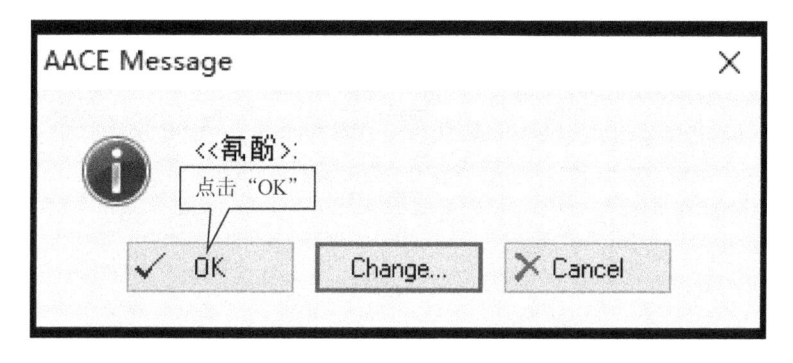

图 3.5　AACE 7.11Message 界面

2. 设立运行文件。点击软件菜单"设立"—"分析",双击"Data"(数据),选择分析方法,如"氰酚",选择要拷贝的运行文件名,如"160225C.run",点击右边的"拷贝运行文件"(图 3.6～图 3.8)。

图 3.6　AACE 7.11 对视窗设立界面

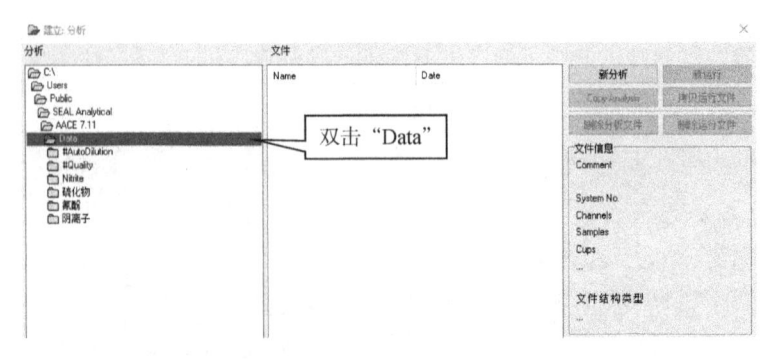

图 3.7　独立分析界面

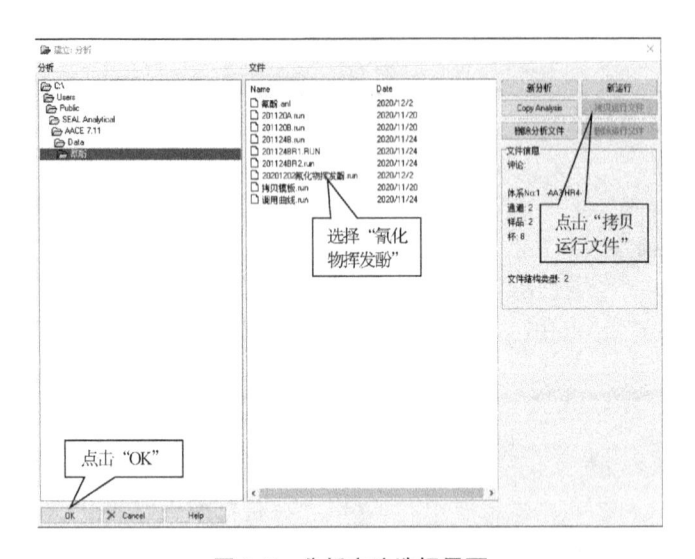

图 3.8　分析方法选择界面

3. 在 Main Page(主页)页面,系统会自动生成运行名,也可以手动修改(图 3.9)。

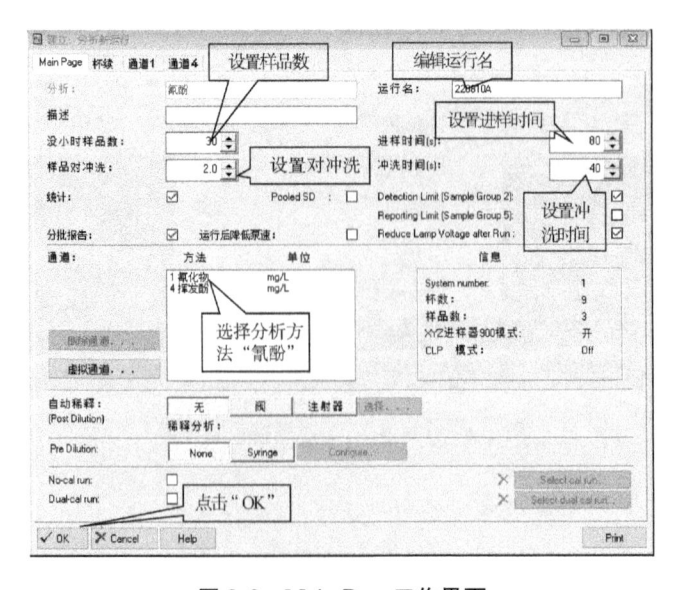

图 3.9　Main Page 工作界面

4. 在杯续页面依次设置"启动杯"、"漂移杯"、"校准杯"和"样品杯",点击右边功能按钮可添加修改(图 3.10)。

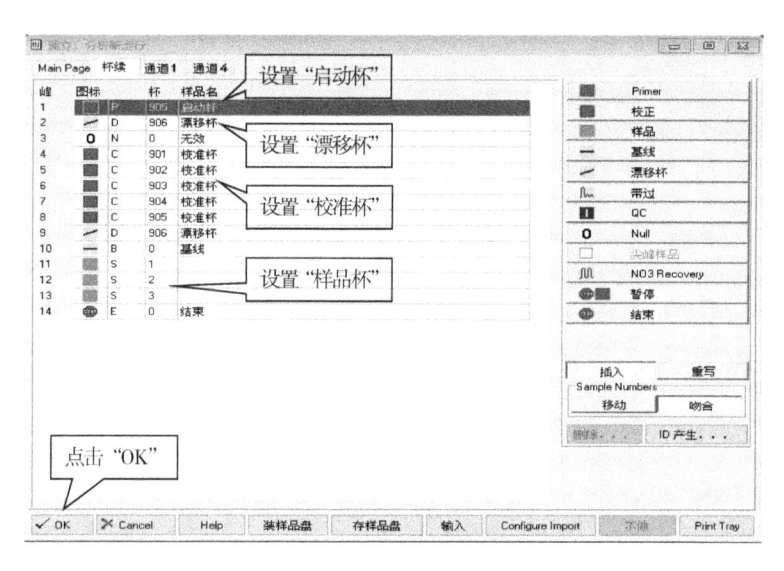

图 3.10 杯续工作界面

5. 在通道页面,拷贝过来的文件参数都为之前的设定值,一般无须修改。注意标准的浓度输入要与摆放次序一致。运行文件全部设置好后,点击"OK"保存(图 3.11)。

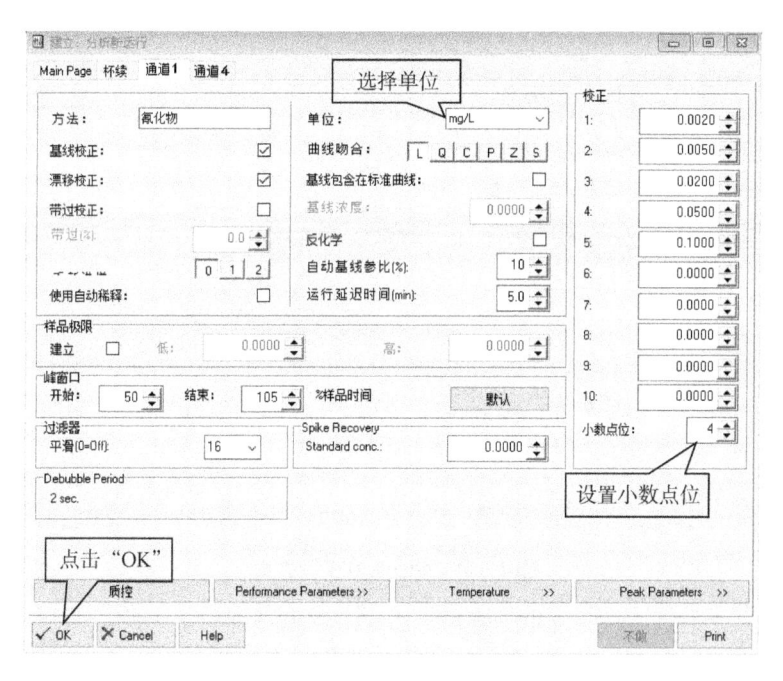

图 3.11 通道 1 界面

6. 在通道窗口单击右键,选择"建立基线",等待基线稳定(图3.12)。

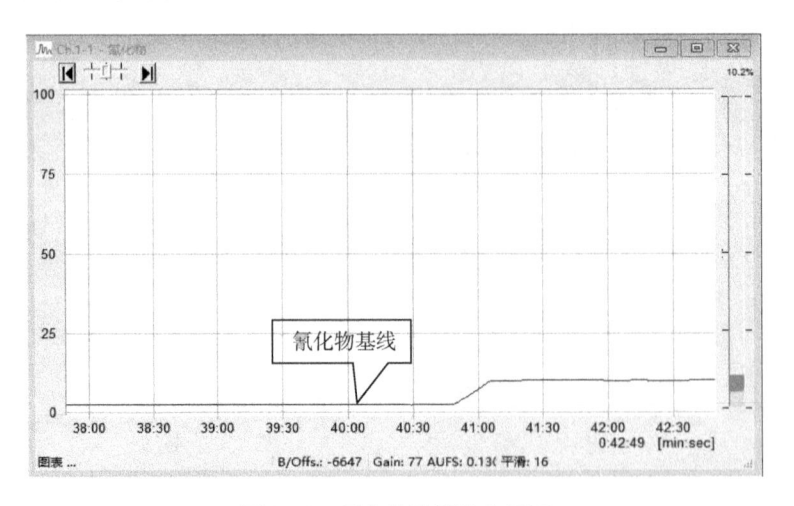

图3.12 氰化物基线稳定界面

7. 在系统窗口菜单中,单击"停止"(图3.13),关闭所有通道窗口以保存相关参数(增益、基线值和灯强度),然后单击系统窗口菜单"运行",选择设置好的运行文件,运行开始(图3.14)。运行结束后,会自动出现提示对话框,按"OK",完全结束分析(图3.15),或在AACE对视窗点击"运行"—"停止",结束分析(图3.16)。

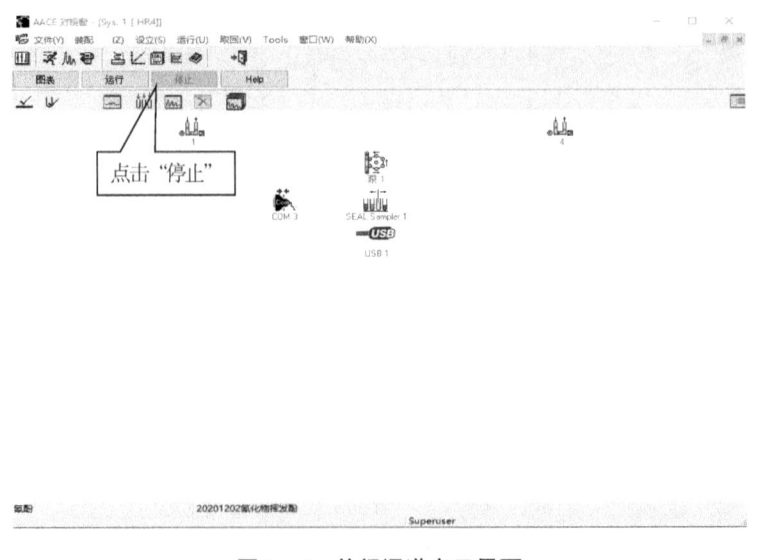

图3.13 关闭通道窗口界面

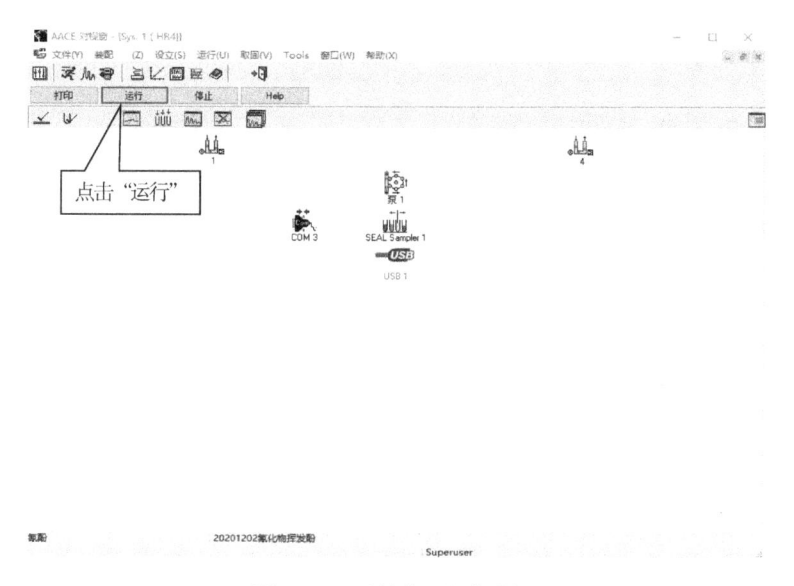

图 3.14　系统窗口运行界面

图 3.15　建立运行界面

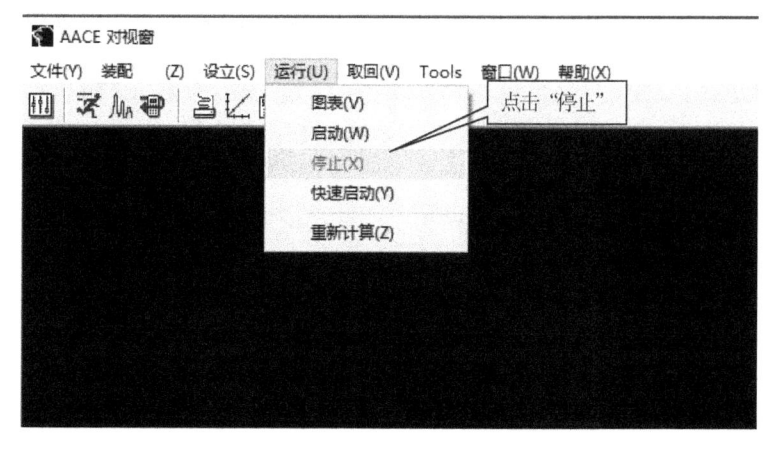

图 3.16　运行停止界面

3.1.3 结束步骤

1. 运行结束,先关闭蒸馏器的电源,拔下氰化物模块加热器的电线插头。再将所有试剂管路从试剂瓶中取出,将管壁擦干或用纯水冲洗干净后放入纯水清洗至少 30 min。

2. 同时将挥发酚蒸馏试剂和吸收试剂管路放入纯水中,其他试剂管路放入 1 mol/L HCl 溶液中 5 min,然后放入纯水中至少清洗 30 min。

3. 最后将所有试剂管路从纯水中取出,将泵调到快速,将模块排干。

4. 关闭泵电源,取下泵压盘,将右边泵管塑料卡条放松,将泵压盘倒放在原位置。关闭进样器和检测器电源,关闭冷却循环槽电源,实验结束。

3.2 气相色谱分析仪操作步骤

3.2.1 安装

根据分析要求选择合适的毛细管柱,分别将两端按要求接入进样口及检测器接口,拧紧。安装要求如下:

1. 进样口端:调整色谱柱位置,使其伸出密封垫末端 4~6 mm,用隔垫固定此位置,将色谱柱螺母旋入进样口,用扳手拧紧。

2. 检测器端:将色谱柱轻插入接口,直至底部;用手拧紧色谱柱螺母,将色谱柱抽出约 1 mm,再用扳手将螺母拧紧。

3.2.2 开机及分析准备

开机顺序为:开载气通气→老化色谱柱→分析方法平衡,具体操作如下:

1. 开机

(1) 打开载气源(钢瓶)阀门,打开空气发生器及氢气发生器电源;

(2) 打开 GC 电源,GC 自检通过后,应处于"关机"方法状态(仪器关机前执行的最后一个方法程序,可通过仪器键盘"上""下"键观察和确认各参数),此时仪器温度较低且开始通过载气,保持该状态 10~20 min,使载气充满毛细管柱;

(3) 打开电脑,根据配置(直接进样或顶空)设置仪器,设置完成后,双击"Chromeleon7.3"工作站图标,进入配置选择的"自动进样器"或"顶空"模式的界面。

2. 色谱柱老化

在 GC Trace1310 面板上,直接设置与色谱柱相应的老化方法,设置完成后自动执行该方法进行老化。一般老化温度可设置为比分析方法的最高温度再高 10 ℃,低于柱最高使用温度 20~30 ℃,注意不可超过该柱的最高使用温度。当仪器各参数达到设定值后,自动点火。

3. 分析方法平衡

老化 20~30 min 后,在 GC Trace1300 面板上,直接设置需要的分析方法,设置完成后自动执行该方法进行平衡。选择"监视基线",观察仪器信号,基线平稳后即可进行分析。

3.2.3 样品的分析

创建数据仓:点击电脑左下角"开始"→"程序"→"Chromeleon 7.3"→"数据仓管理器"→"创建"→"下一步"→输入"名称"与"数据仓路径"→完成。

3.2.4 仪器方法的建立

1. 分析方法建立

（1）点击"创建→仪器方法",进入仪器方法建立界面(图 3.17)。按照向导以及需要,对进样口温度、检测器温度、柱温(等温或程序升温)、洗针、分流比、柱流速、氢气、空气、尾吹气的流量等进行设置,设置完成后进行保存。

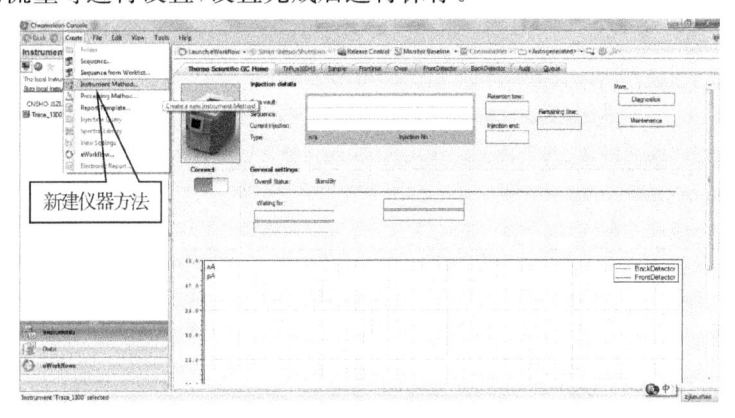

图 3.17 仪器方法建立界面

（2）点击"柱信息建立",设置毛细管柱的详细信息(图 3.18)。

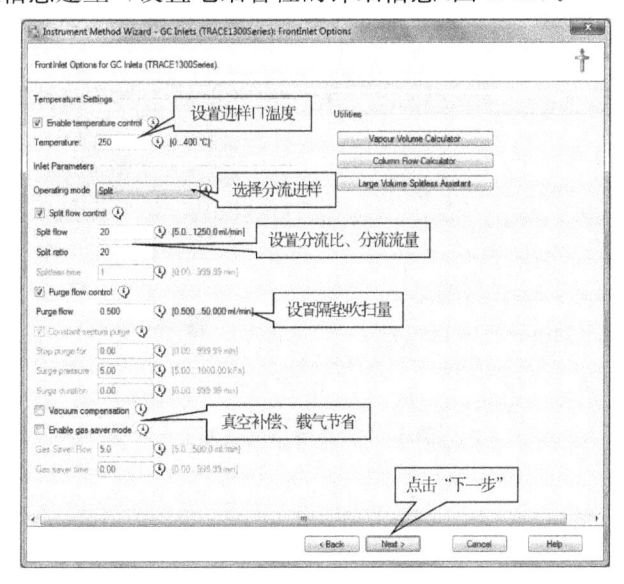

图 3.18 柱信息设置界面

注:气相色谱分析仪操作界面使用英文,文中以相应中文描述。

2. 分析方法建立的注意事项

(1) 气相色谱柱都有其最高使用温度,超过时会造成固定相流失,导致色谱柱损坏。建立方法时必须注意,设定柱温不得超过该色谱柱的最高使用温度。一般设定的柱温应比最高温度低约 30 ℃。

(2) 设定温度时,检测器温度必须高于其他温度,以防止高沸物的污染。一般应遵循检测器温度≥进样口温度≥柱温。

3. 处理方法的建立

点击"创建→处理方法",弹出"创建处理方法",选择"二维定量模板"。设置处理方法的名称及保存路径,点击"完成"。采集完毕,可以对其中的参数进行优化,完善该处理方法文件并保存。

4. 报告模板的建立

点击"创建→报告模板",弹出"创建报告模板"。一般的检测器可以选择"系统设定",点击"下一步"。设置名称及保存路径,点击"完成"。

5. 序列建立

(1) 直接进样序列的建立

① 依法配制样品,装入 2 mL 进样小瓶内,放入样品架;

② 点击"创建→序列",进入编辑序列界面,输入样品瓶号、进样量(可自定义输入或选择"使用方法")、样品 ID、方法、数据文件名(含路径),确认无误后点击"保存"进行保存(图 3.19～图 3.21);

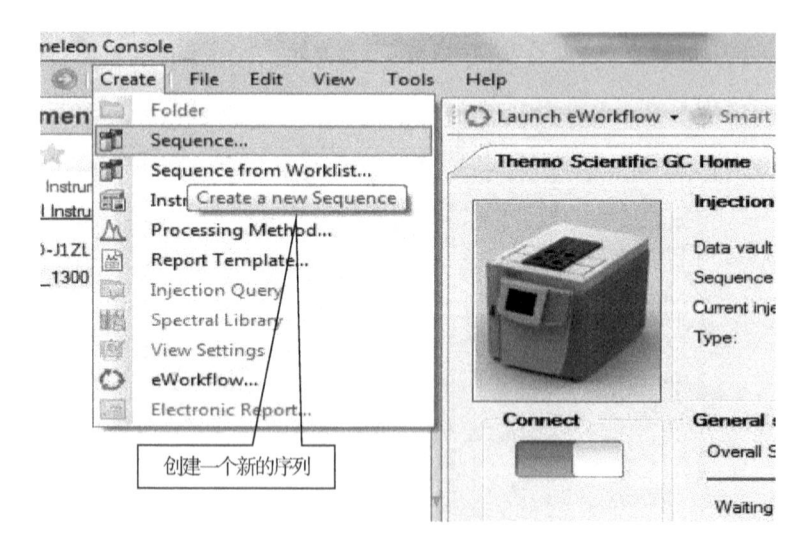

图 3.19 新建序列界面

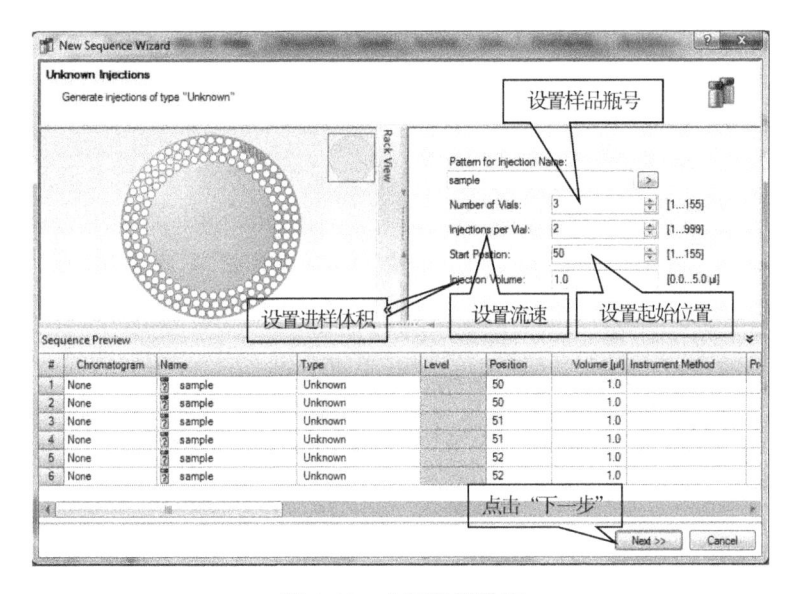

图 3.20　序列编辑界面

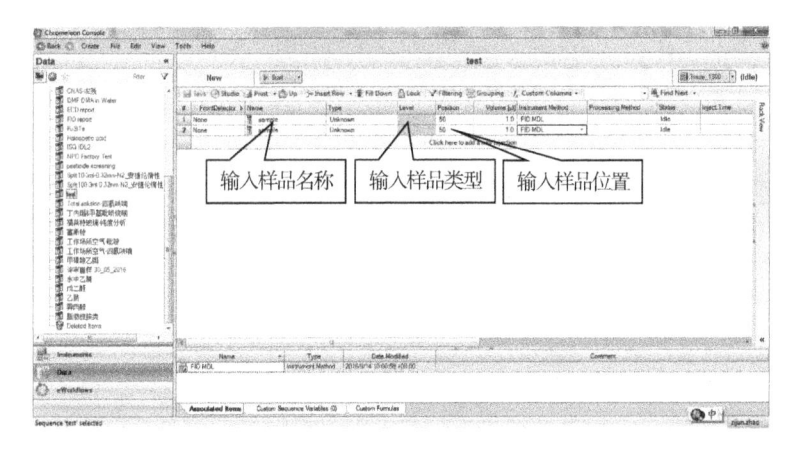

图 3.21　样品信息设置界面

③ 方法平衡后,点击"选定的序列→开始",即运行序列测定。

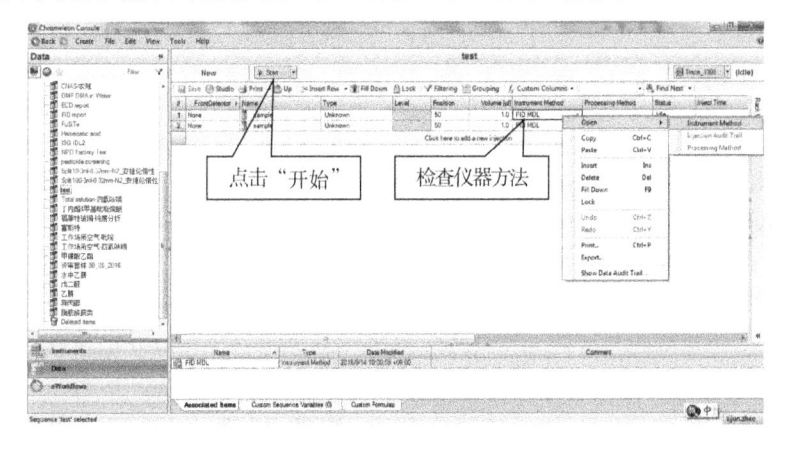

图 3.22　运行开始界面

3.2.5 数据处理

1. 进入需要处理的样品序列

点击"数据→需处理的序列",在右边的工作区显示样品序列中所有样品的信息。双击序列表中某个标准品可切换到色谱数据处理区(Chromatography Studio)。进入色谱数据处理区在"预置"区中点击"结果"图标,显示色谱图和结果;点击功能区"校准和处理方法"图标,可进入校准和处理方法界面,在检测界面,可以点击"进行Cobra向导"执行检测参数的优化。也可通过直接点击工具栏"数据处理主页"右边的"处理",出现一排彩色图标,进入检测参数区的"Cobra向导"和"SmartPeaks"对检测参数进行快速和智能的优化。

2. 执行"Cobra向导"进行积分参数优化

点击"Cobra向导→积分区域",用光标在色谱图上拖出一个积分区域,点击"下一步"进入"基线噪声范围"软件,会自动确定基线范围,直接点击"下一步"进入"Cobra平滑宽度",在色谱图上点击一个最窄的峰,如果发现积分标记线有问题,可选中下面的"平滑宽度",输入合适的值,点击"下一步"进入"最小峰面积",在色谱图上点击一个面积最小的标准物质的峰,小于这个面积的峰都不积分,点击"下一步"进入通道和进样类型,直接点击"完成"(图3.23～图3.27)。

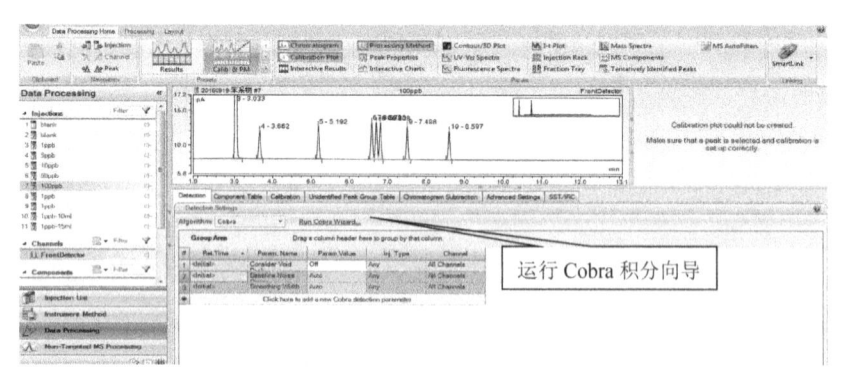

图3.23　Cobra积分向导运行界面1

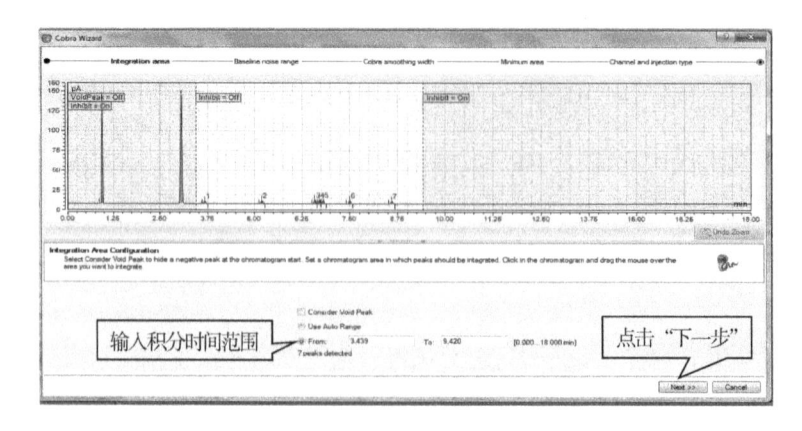

图3.24　Cobra积分向导运行界面2

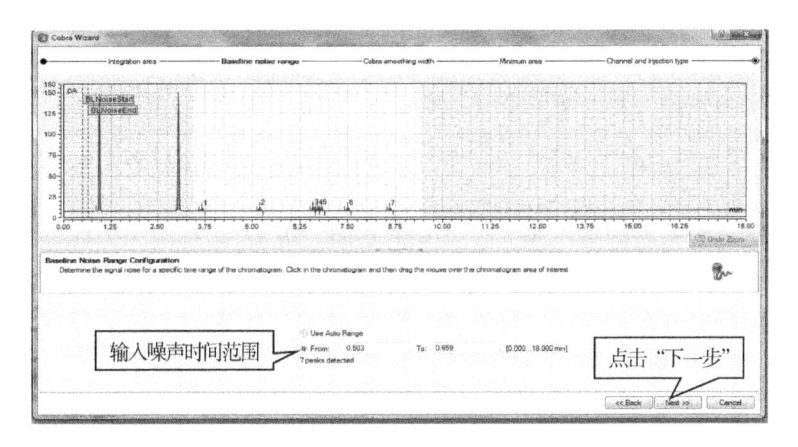

图 3.25　Cobra 积分向导运行界面 3

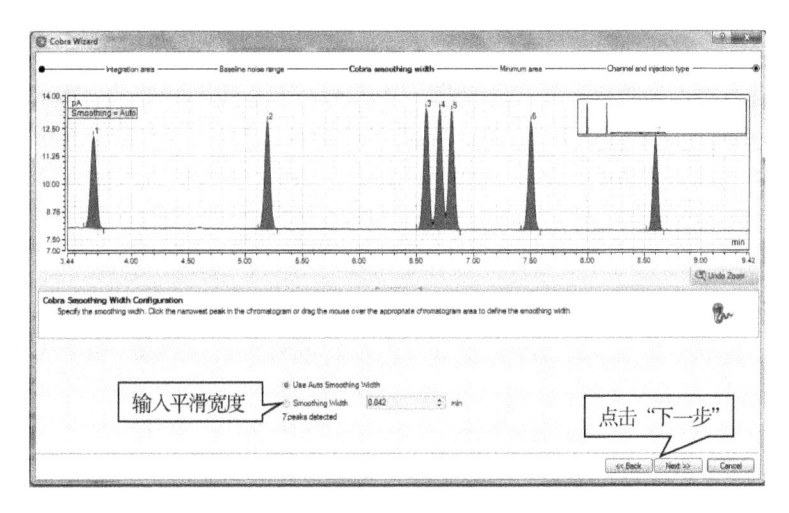

图 3.26　Cobra 积分向导运行界面 4

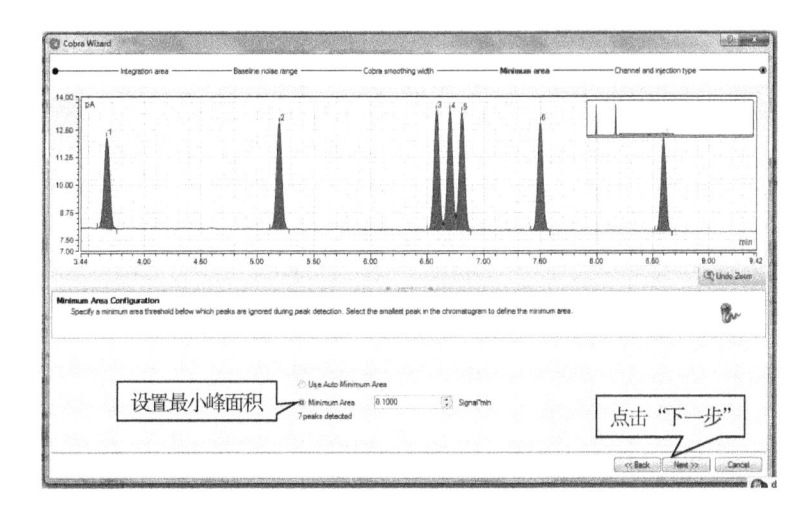

图 3.27　Cobra 积分向导运行界面 5

3. 执行"SmartPeaks"向导进一步进行积分优化处理

双击需要处理的样品图标,在上部"检测参数"区,点击"SmartPeaks"向导,在色谱图上画框选定并放大要进行处理的色谱区域,可以根据需要从软件提供的五种模式中进行选择,单击"确定"(适用于测得的色谱峰之间未达到完全基线分离,尤其是复杂样品的色谱分析)。

4. 组分表的编辑

点击"处理→组分表向导",进入组分编辑界面。点击"运行组分表向导"会弹出一个对话框告知当前的 Cobra 向导处理方法已包含峰组分的处理,选择"更新"做演示,进入"时间范围",使用自动范围,点击"下一步"。进入"筛选",先前软件已处理好,如果不合适,可选中"筛选峰",输入合适的峰面积,点击"下一步",进入"复核",在下面组分表中可以输入样品名称,点击"完成"。如图 3.28~图 3.29 所示。

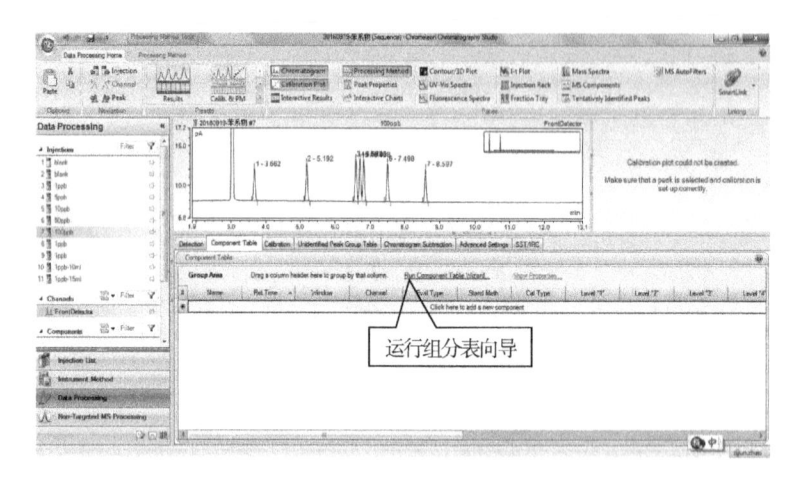

图 3.28　组分表向导运行界面 1

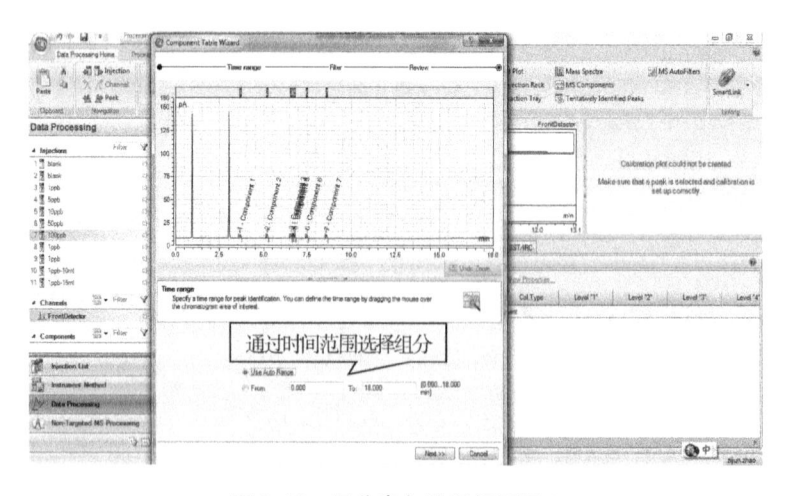

图 3.29　组分表向导运行界面 2

5. 数据图谱比较

单击"布局"项比较功能区的"叠加"或"堆栈"图标,再点击"添加叠加"图标选择要比较的数据,还可以在数据处理模块中的"进样"项下右击选择要叠加的样品,在弹出的图谱界面中,点击右键,在下拉菜单中选择"属性",弹出"属性"对话框,可根据需要设定相关的参数条件。

6. 报告格式的编辑修改和打印

(1) 在数据处理区,点击"报告设计器"进入结果报告和打印报告界面。点击工具栏的"页面布局",进入需要打印的界面(图 3.30～图 3.31)。

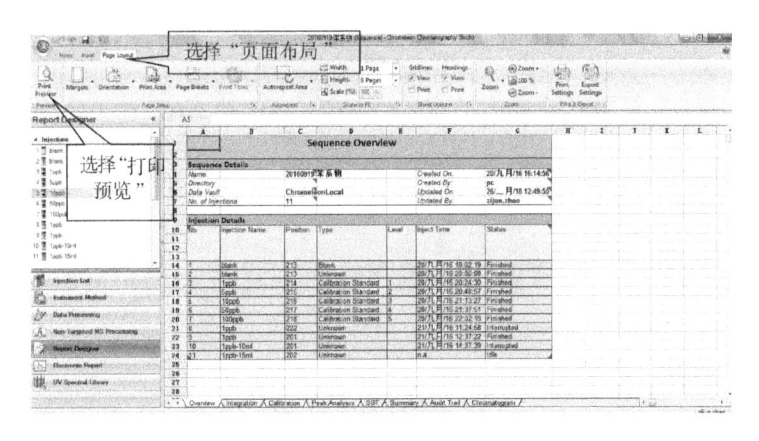

图 3.30　报告打印界面 1

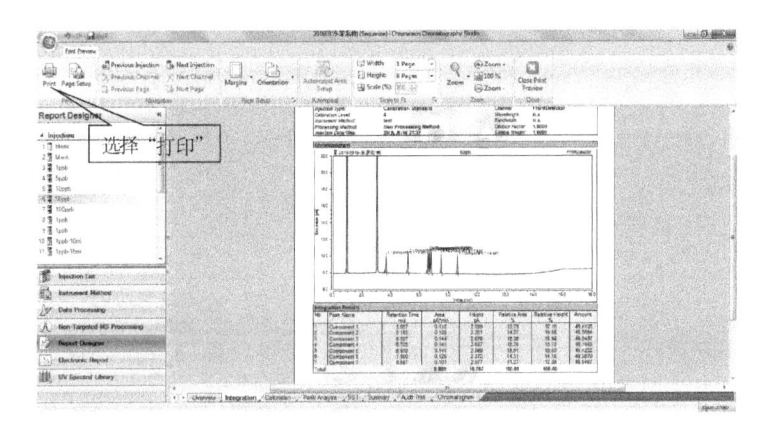

图 3.31　报告打印界面 2

(2) 修改报告的表头

在表头区域先删除原表头"色谱图和结果"并输入要输入的名称,选用功能区中的"字体"和对齐区的"编辑"使其达到满意的效果;双击右侧带红色的箭头的单元格,可以对显示的参数进行修改,但是不能直接输入,会把变量换成常量。

(3) 谱图区域的优化

双击谱图区域或点击右键在下拉菜单中选择"属性",弹出"属性"对话框,可根据需要选择相应的信息进行修改。

(4) 积分结果表的修改

改变列名:双击积分结果表中的列名处,弹出"属性报告列"框,在弹出框中"峰结果"右边选择连接的变量,通过修改可以得到所要求的满意的结果报告列内容。

表格属性的修改:在列名处点击右键,弹出下拉菜单,可以进行表格属性的修改,也可以进行插入列、删除列的修改。

3.2.6 关机

1. 测定结束后,调用老化方法将色谱柱老化约 30 min,以除去测定中可能残留在系统内的高沸点物质,如使用顶空进样器,此时可关闭顶空进样器电源及其氮气阀。
2. 老化后,调用关机方法,使 GC 降温(此时可关闭氢气与空气发生器)。
3. 检测器与进样口温度降至 70 ℃以下后,关闭 GC 电源,关闭氮气钢瓶总阀。
4. 关机注意事项:为防止高温下氧气对色谱柱的损害,在温度未降到规定值前不得关闭载气。

3.3 气相色谱质谱联用仪操作步骤

3.3.1 开机步骤

1. 开机前准备
(1) 确认 GC 进样口端和检测器端安装好毛细柱;
(2) 确认 ISQ 的放空阀旋紧;
(3) 检查载气净化器是否失效,如已失效需更换新的;
(4) 如需更换机械泵油、进样针、隔垫及衬管,开机前进行更换。

2. 开机
(1) 打开载气(氦气)钢瓶的开关,确认总压大于 2 MPa,分压表调至 0.5 MPa;
(2) 确认插座,保证 GC 和 ISQ 已经接通电源;
(3) 打开电脑、GC、ISQ 和自动进样器的电源开关,等待仪器自检;
(4) 打开电脑桌面上的工作站软件,连接仪器,检查软件通信是否正常;
(5) 找到对应设置柱信息的命令标签(Column Properties),输入使用柱子的柱长、内径等参数;
(6) 设置进样口的温度、载气和分流流量等参数,勾选"真空补偿";
(7) 在 ISQ 仪表板中查看 ISQ 状态,分子涡轮泵开始启动,待转速达到 100%之后,在 ISQ 仪表板中选择仪器控制,设定 MS 传输线温度至 250 ℃,离子源温度至 280 ℃,发送参数给仪器;
(8) 建议抽真空过夜(前级泵压力≤80 mTorr[①]),再做质谱状态核查,并进行调谐或使用仪器。

3.3.2 联机稳定仪器

1. 点击桌面上的 Chromeleon7 图标,进入仪器控制"Chromeleon Console"界面。连

---

① mTorr:即毫托,压强单位,1 mTorr=0.133Pa。

接 GC、自动进样器(AS)、ISQ,浏览并设定仪器参数,稳定仪器。

2. 进入"GCMS Home"界面。

3. 自动进样器"AI/AS1310"界面(图 3.32)

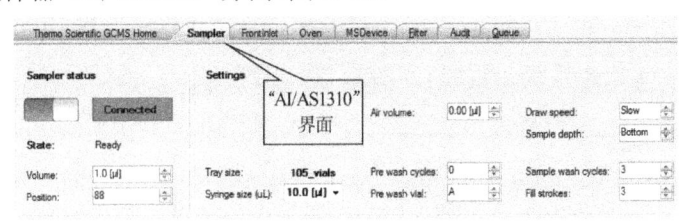

图 3.32 "AI/AS1310"界面

4. 进样口"Front/Back Inlet"界面(图 3.33)

图 3.33 "Front/Back Inlet"界面

5. 炉温"Oven"界面(图 3.34)

在该界面可浏览并设定炉温相关参数。

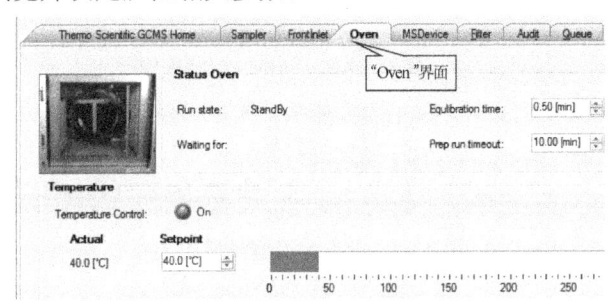

图 3.34 "Oven"界面

6. 质谱"MSDevice"界面(图 3.35)

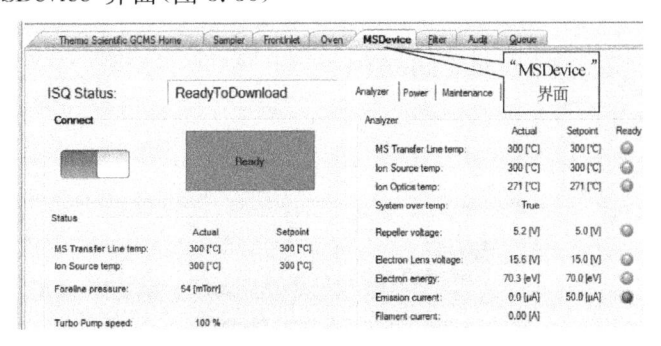

图 3.35 "MSDevice"界面

3.3.3 质谱状态核查和调谐

1. Air & Water/Tune(空气 & 水/调谐)

点击桌面上的"ISQ Dashboard"(ISQ 仪表板)图标,选择"Air & Water/Tune"。

(1) Air/Water 检查系统是否漏气(图 3.36～图 3.37)

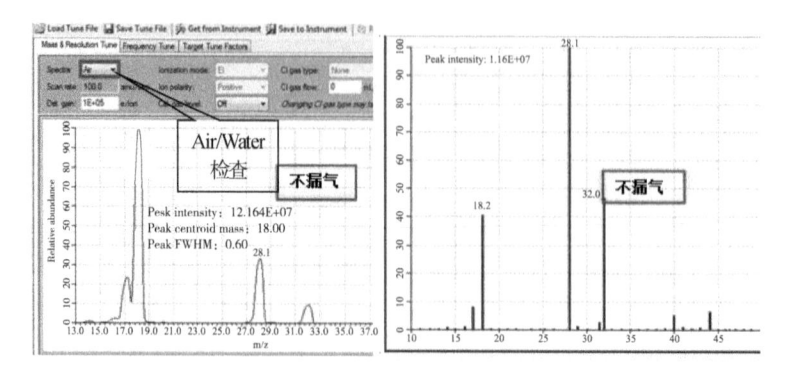

图 3.36　检查是否漏气界面 1

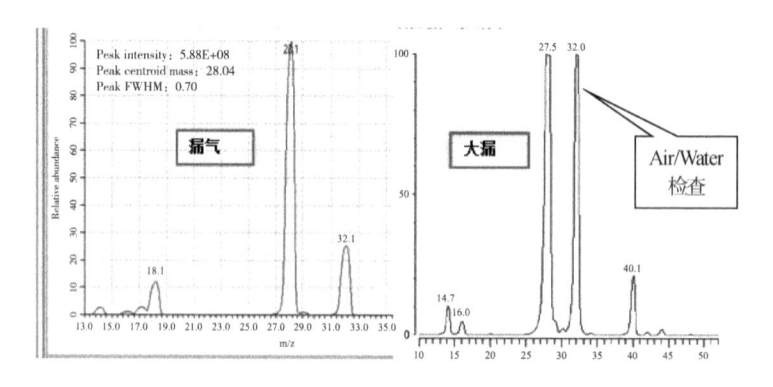

图 3.37　检查是否漏气界面 2

(2) 核查背景值(图 3.38)

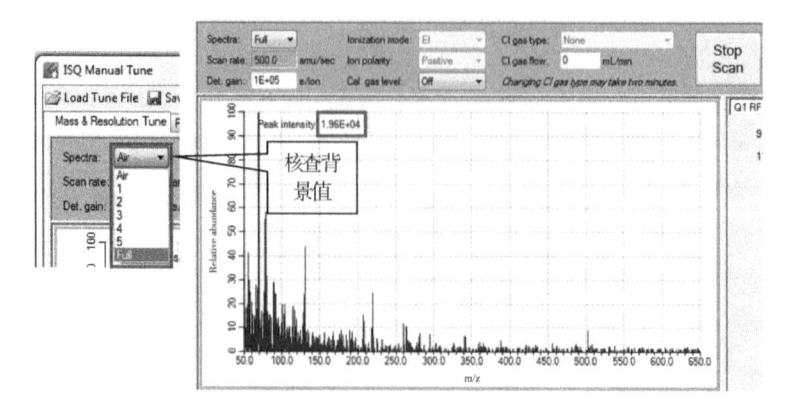

图 3.38　核查背景值界面

(3) 打开校正气检查仪器状态(图 3.39)

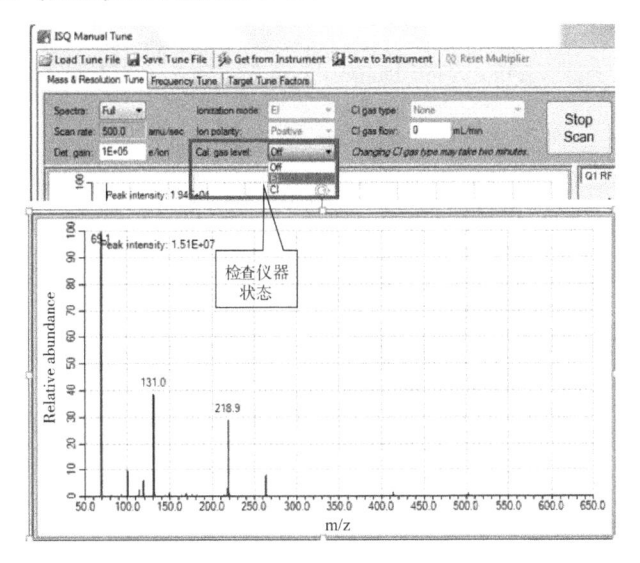

图 3.39 仪器校准界面

2. Autotune(自动调谐)

(1) 在 ISQ 仪表板里选择"Autotune",根据实际情况选择自动调谐的类型(图 3.40)。

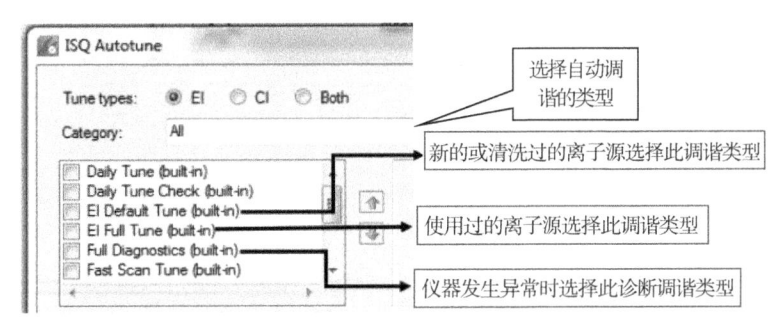

图 3.40 "Autotune"界面

(2) 调谐报告的查看。(图 3.41)

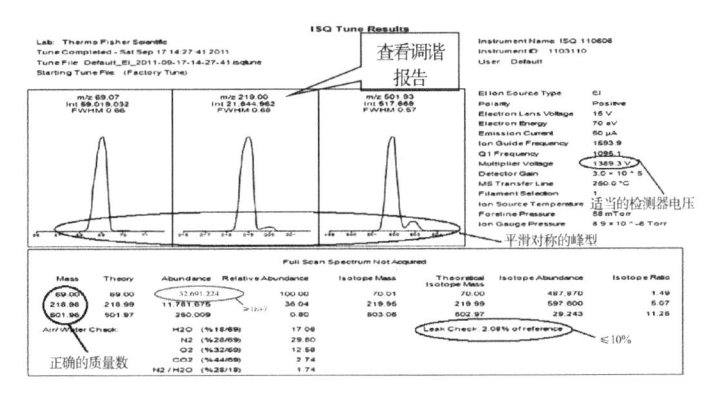

图 3.41 调谐报告界面

3.3.4 创建仪器方法

点击"Create"(创建)菜单,选择"Instrument Method"(仪器方法),进入创建仪器方法向导(图3.42)。

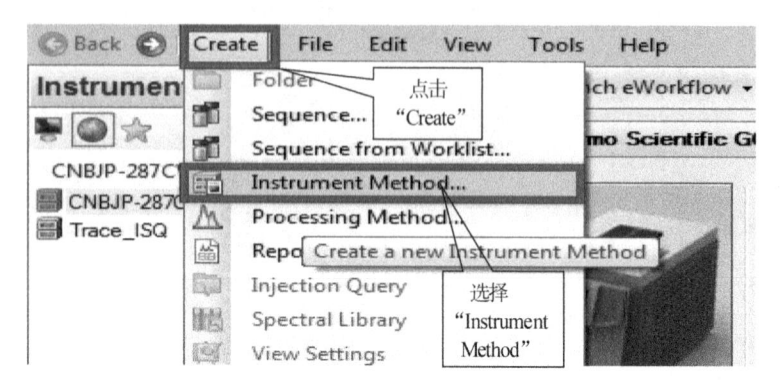

图 3.42 创建仪器方法向导界面

1. General Setting(常规设置)

(1) 设定运行时间"Run Time",一般建议输入 1 min 后点击"Next"(图 3.43)。

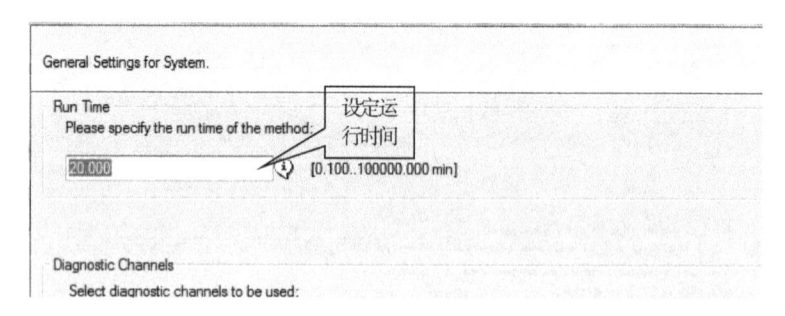

图 3.43 输入时间界面

(2) 选择自动进样还是手动进样(图 3.44)。

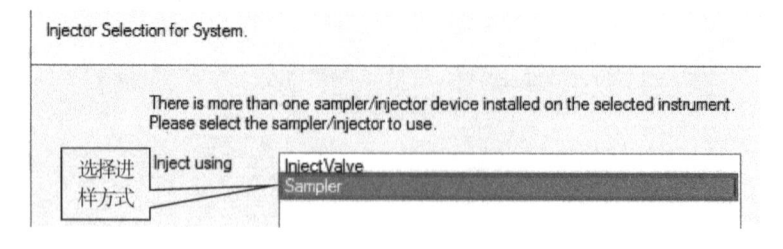

图 3.44 选择进样方式

2. 编辑 AI/AS1310 自动进样器参数

（1）编辑 AI/AS1310 取样参数，设定后点击"Next"（可按图 3.45 中参数进行设置）。

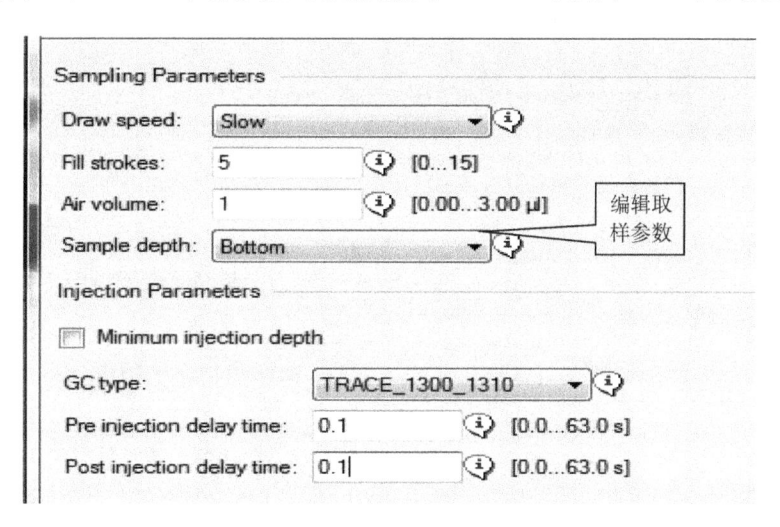

图 3.45　编辑取样参数

（2）编辑 AI/AS1310 洗针参数，设定后点击"Next"（图 3.46）。

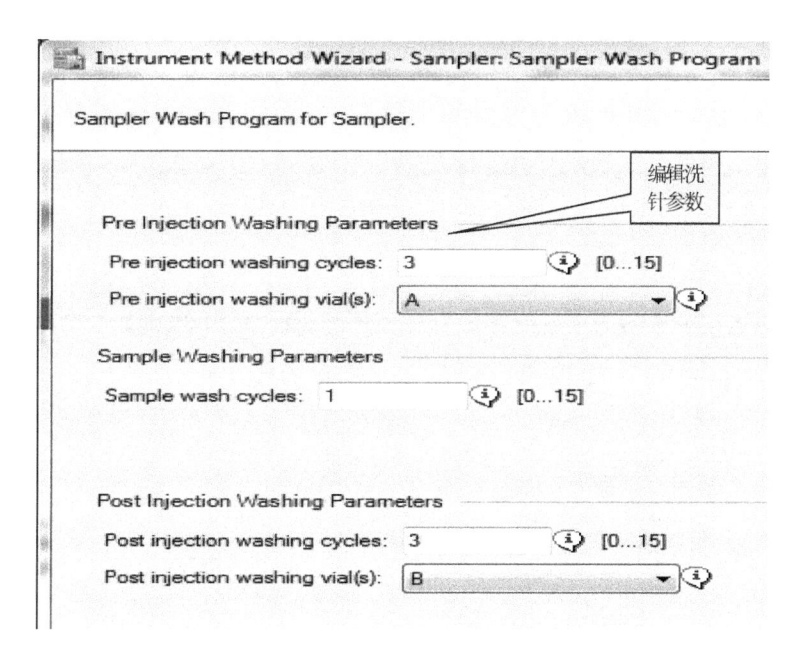

图 3.46　编辑洗针参数界面

3. 勾选仪器使用的进样口和检测器并编辑相关参数(图3.47)。

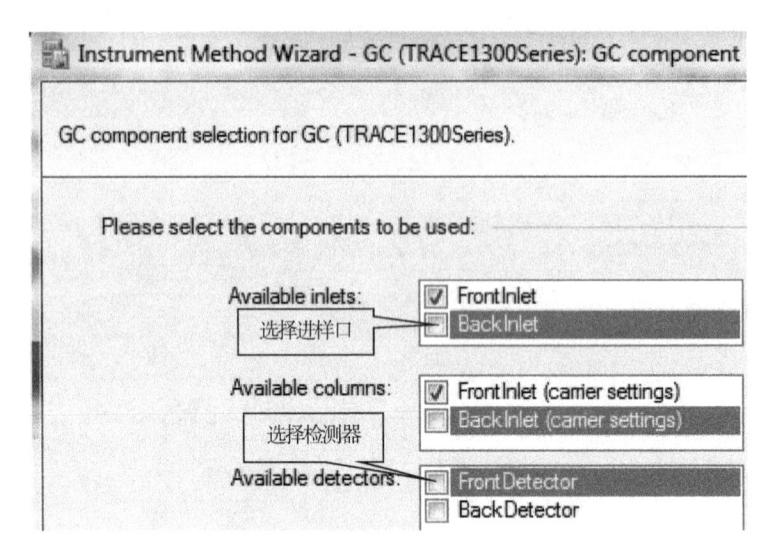

图3.47 进样口、检测器选择界面

(1) 编辑进样口载气模式

选择进样口载气模式,如果选择恒流"Constant flow",需输入载气流速,设定后点击"Next"(图3.48)。

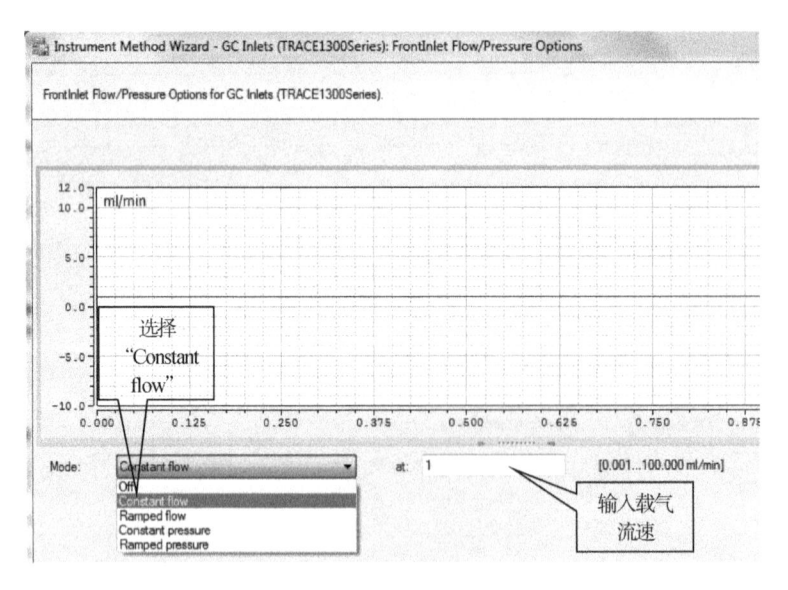

图3.48 进样口载气模式界面

（2）编辑分流不分流进样口（SSL）参数（图3.49）

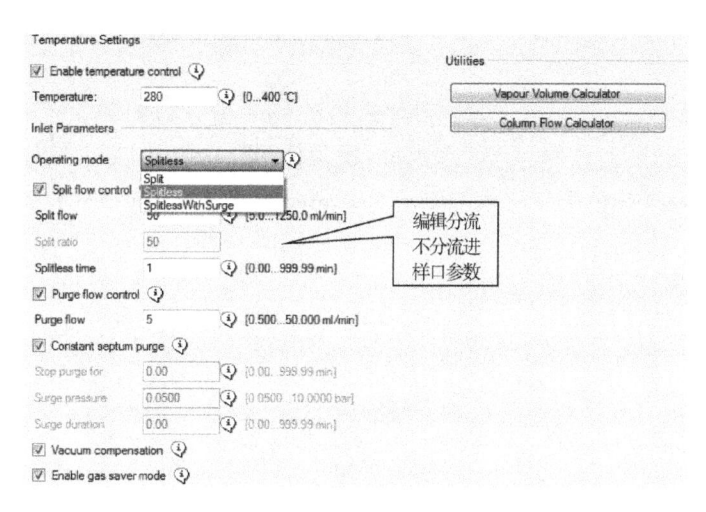

图3.49　分流不分流进样口（SSL）参数界面

对Trace 1300/1310气相色谱，其进样口的运行温度通常在200～400 ℃。常用的进样模式见下：

① 不分流进样（Splitless）

在该种进样模式下，目标物几乎全部被转移至分析色谱柱中。在不分流进样模式下，推荐的不分流时间是1 min，分流口流量设置大于等于50 mL/min。

② 分流进样（Split）

当目标物浓度较高时，一般要求使用分流进样以减少因大浓度样品进入系统带来的污染，浓度高时把分流比也相应调高（如果配置有顶空进样器，或者吹扫捕集进样器，请设置为分流进样方式，分流比建议为20∶1）。

（3）编辑炉温"Oven"参数（图3.50）

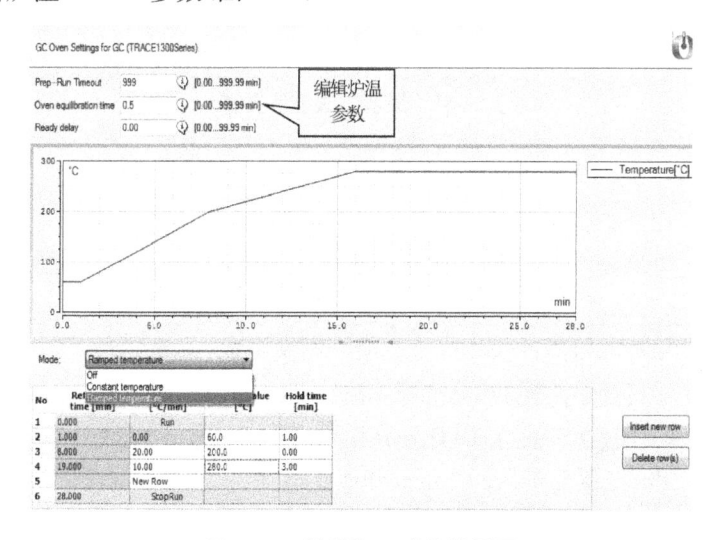

图3.50　炉温"Oven"参数界面

在该窗口中,几个参数的含义如下:

Max Temperature:可允许使用的最高炉温,该温度与色谱柱允许使用的最高温度关联;

Pre Run Timeout:气相色谱等待进样的最长时间,建议设置为 999 min;

Equilibration time:柱箱温度平衡时间,通常使用默认值 0.50 min;

Ready delay:气相色谱在进入"Ready to Injection"前的延迟时间,该值通常设置为 0 min。

(4) 验证色谱柱信息(图 3.51)

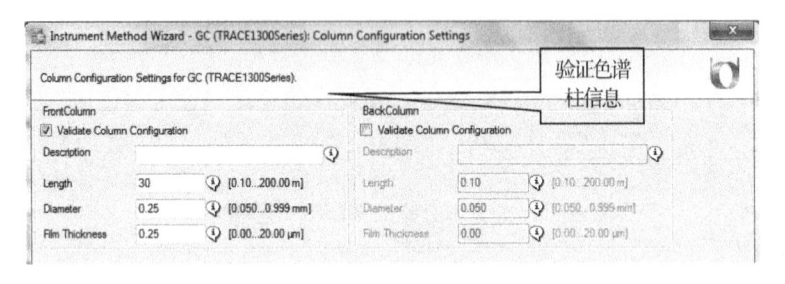

图 3.51　验证色谱柱信息界面

4. 编辑 ISQ 参数

(1) Acquisition-General(采集方法设置)(图 3.52)

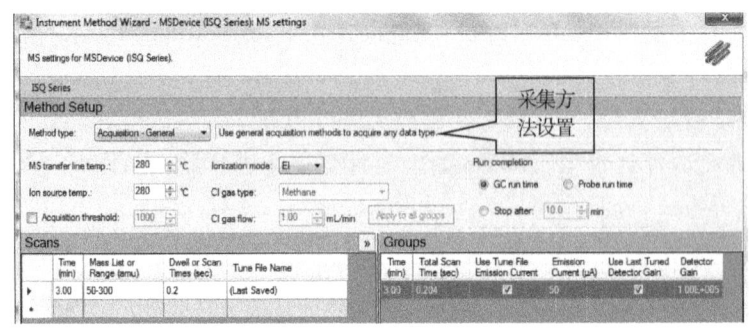

图 3.52　采集方法设置界面

在该窗口中,可进行 Full Scan(全扫描)或是 SIM 采集模式。除了我们已经在图示上进行的注解外,还有如下参数需要关注:

MS transfer line temp.:传输线温度,该参数一般等于程序升温的结束温度;

Ion source temp.:离子源温度,推荐使用温度为 250~300 ℃;

Acquisition threshold:采集阈值,该选项可不做设置;

Ionization mode:离子化模式,可选择 EI 或者 CI;

CI gas type:CI 气类型,共有 Methane(甲烷气)、Ammonia(氨气)、Isobutane(异丁烷)、Carbon Dioxide(二氧化碳)及 Other(其他)反应气供选择;

CI gas flow:CI 气流速。

(2) Acquisition-Timed(采集定时)采集模式

自动分段采集窗口通常用于 SIM 模式扫描。这种模式的优点是多组分检测时不需要人为划分时间窗口,而是由软件根据保留时间及窗口范围自动划分。该窗口中需要设置的参数如下(图 3.53):

Name:目标物名称;
RT:保留时间;
Ion Polarity:离子极性(CI 模式时才需要对此项进行设置);
Window:扫描窗口宽度(通常可设置为 1min);
Mass:SIM 离子(质荷比,m/z)。

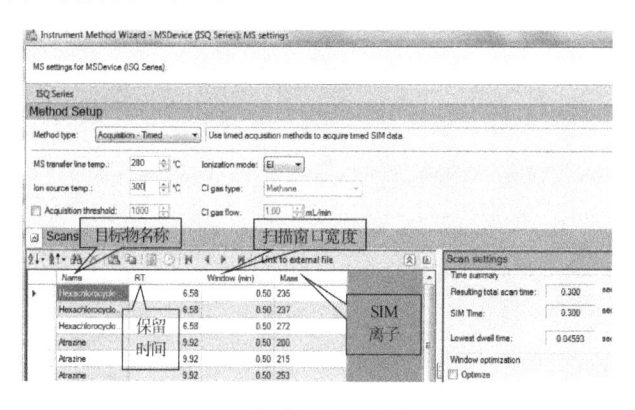

图 3.53　自动分段采集窗口界面

一旦完成方法中的采集列表,点击页面左上方的"ISQ Series"(ISQ 列表),选择"Export timed scans"(导出定时扫描)即可自动导出此采集列表,此列表会用于建立处理方法组分表的信息(图 3.54)。

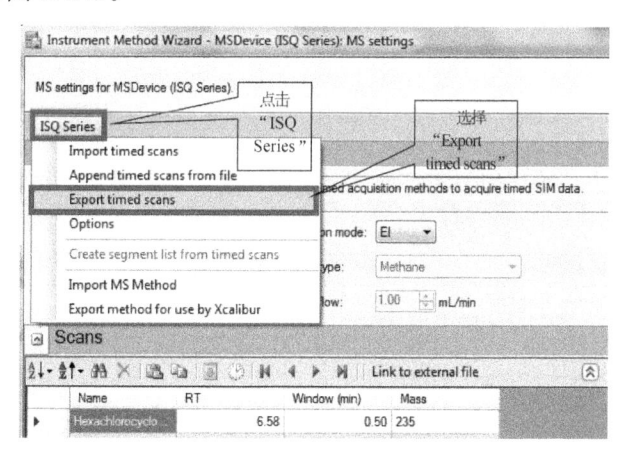

图 3.54　采集列表界面

ISQ 参数设置完毕后,点击"Next"。在弹出的"Comment"(评论)界面可不进行设置,直接点击"Finish"(完成)。

在弹出的界面里浏览编辑好的仪器方法,如果需要修改,可以点击对应模块进行修改,保存该方法(图 3.55),然后关闭仪器方法编辑界面。

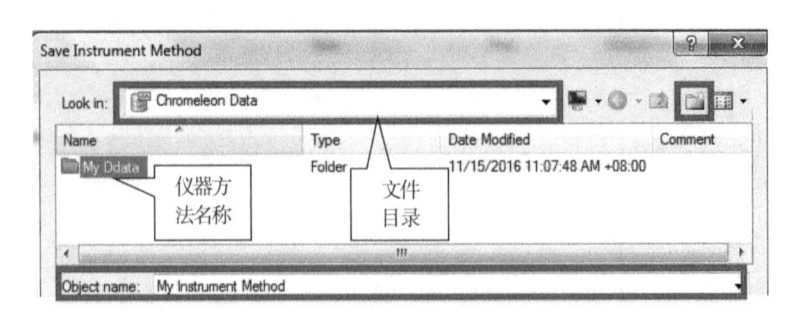

图 3.55 仪器方法保存界面

3.3.5 创建处理方法

在"Chromeleon Console"(仪器控制)点击创建"Create",在下拉菜单中点击处理方法"Processing Method"(图 3.56)。

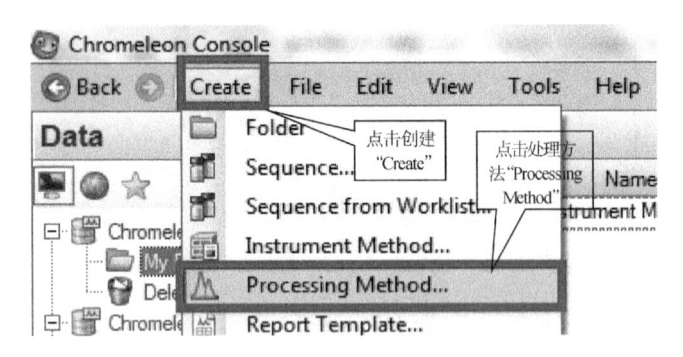

图 3.56 创建处理方法

上一步点击后弹出"Create Processing Method"(创建处理方法)的界面。Chromeleon 7.2 软件已为用户设置了处理方法模板,从图 3.57 中选择"MS Quantitative"(MS 定量),处理方法是在进完样后对采集到的谱图进行处理数据时需要用到的,所以现在不需要做任何改动,直接命名并保存。

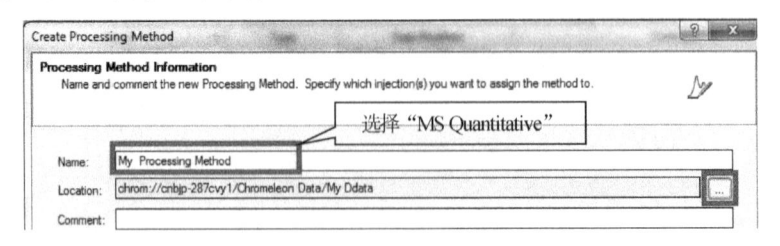

图 3.57 保存文件界面

3.3.6 创建报告模板

在"Chromeleon Console"的创建"Create"菜单的下拉菜单中点击报告模板"Report

Template",选择"Default MS Report",点击"OK"。最后选择模板保存路径,定义报告模板名称,点击"OK"完成(图 3.58)。

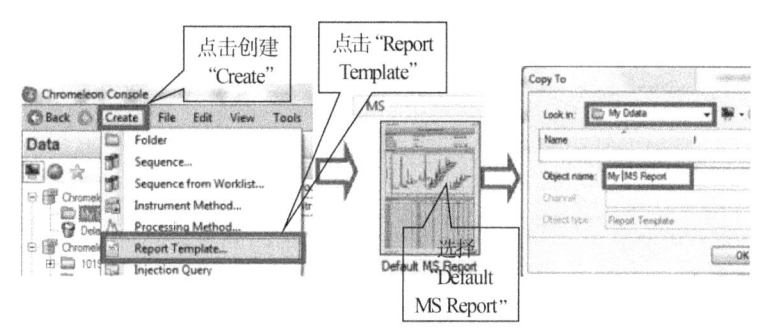

图 3.58　创建报告模板

3.3.7　创建序列(样品表)

在 Chromeleon Console 的创建"Create"菜单的下拉菜单中点击序列"Sequence"(图 3.59),弹出"New Sequence Wizard"(新建序列向导)页,选择运行该序列所使用的仪器,点击"Next",在之后弹出的界面内选择是自动进样器进样或是手动进样。在图 3.60 界面中输入待测样品的名称、样品数等信息。

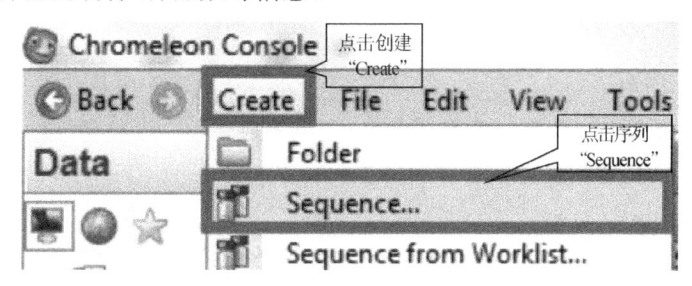

图 3.59　创建序列

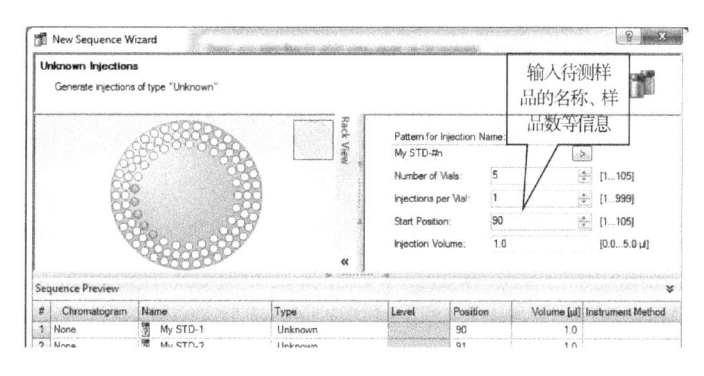

图 3.60　选择参数 1

在图 3.61 中为新建的样品序列选择分析时所要采用的仪器方法、处理方法和报告模板,可以一一从右边浏览中选择。

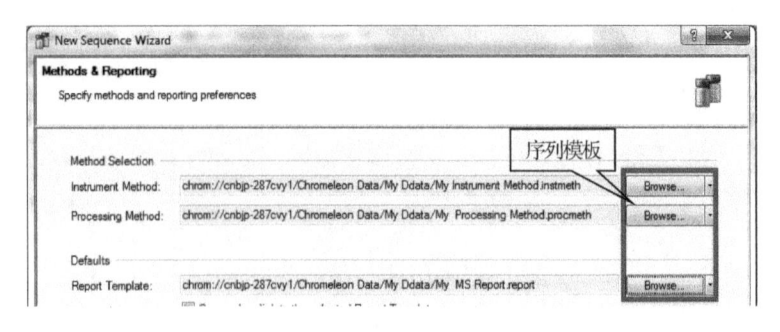

图 3.61　选择参数 2

点击"Next",再点击"Finish",在弹出的界面内输入该序列的名称,并选择该序列的存储路径(图 3.62)。

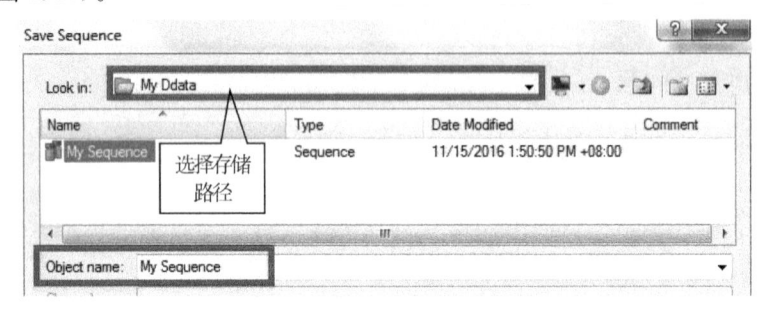

图 3.62　选择存储路径

点击"Save"后,序列编辑向导会自动转入序列界面,该界面显示详细的序列信息。点击"Start",仪器开始采集数据(图 3.63)。

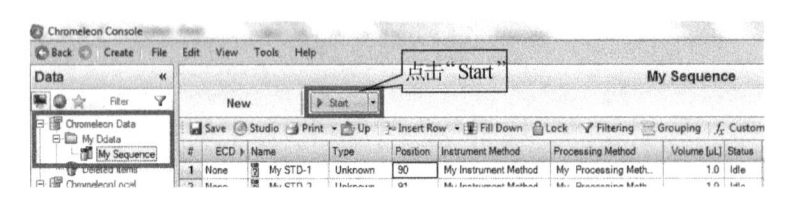

图 3.63　采集数据界面

3.3.8　浏览数据及手动谱库检索

双击序列表中某个已经采集完毕的数据,界面切换到色谱数据处理区"Chromatography Studio"。点击校正和处理方法"Calib. & PM"图标,进入处理方法界面,在此界面内可以浏览数据并进行谱库检索。

点击功能区中的色谱图"Chromatogram"和质谱图"MS Spectra"图标,可浏览色谱图和质谱图(图 3.64)。

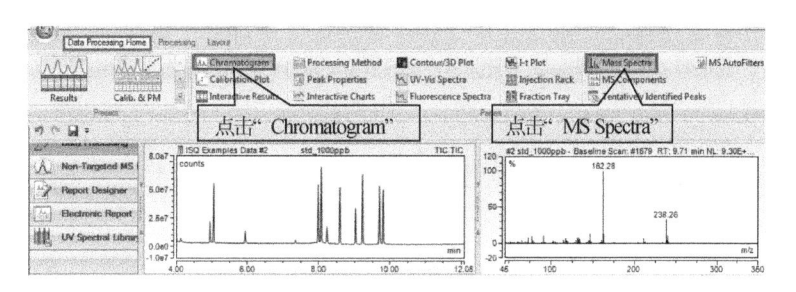

图 3.64　浏览色谱图和质谱图

在页面布局"Layout"界面中，点击"Time Spectra Tool"（时间谱工具）后，鼠标点击色谱峰上即可查看该色谱峰对应的质谱图。点击"Baseline Correction Tool"（基线校正工具）后，鼠标在色谱峰基线范围内会出现图标，在色谱峰左右基线范围内拉一段，即扣除了色谱峰两侧的背景。如图 3.65 所示。

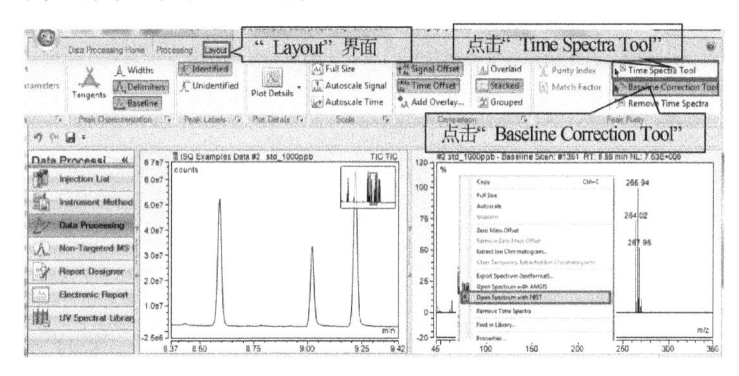

图 3.65　"Layout"界面

扣除背景后，在质谱图界面内右击，选择"Open Spectrum with NIST"（NIST 开放频谱）即可查看该色谱峰对应的谱库检索结果（图 3.66）。

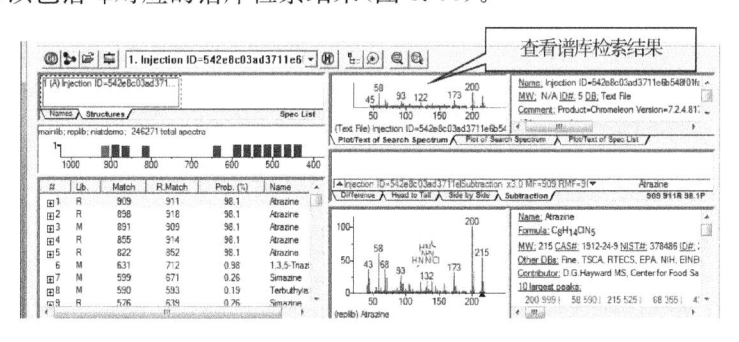

图 3.66　谱库检索结果

3.3.9　定量分析

编辑好的样品序列完成了进样，采集到色谱数据即可进行定量分析。

在"Chromeleon Console"左下侧目录条选择"Data"（数据），在数据导航界面选择样品序列,比如本例中选择"My Sequence"(我的序列)。当点击该序列后,在右边的工作区显示样品序列中所有样品的信息。将参与标准曲线的数据选为"Calibration Standard"(校准标准),并选择对应的校正水平,保存该序列。

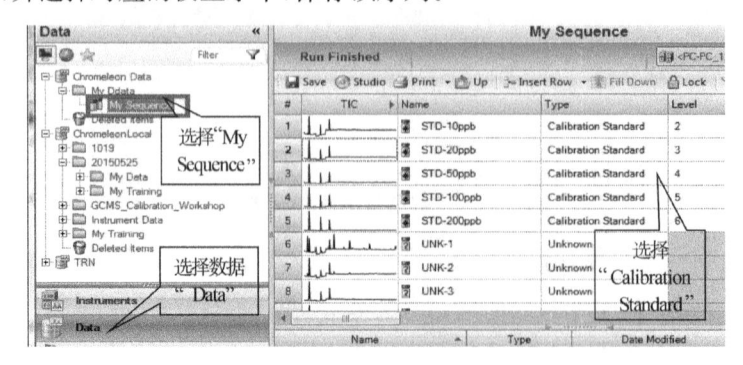

图 3.67 定量分析界面

双击图 3.67 序列表中某个标准品,进入色谱数据处理区"Chromatography Studio"。点击校正和处理方法"Calib. & PM"图标,进入处理方法界面,可对处理方法进行优化和完善;点击结果"Result"图标,显示色谱图和结果。

1. 校正和处理方法

点击功能区选项"Calib. & PM"(校正和处理方法)图标,可进入校正和处理方法界面,在色谱图下方有"MS Detection"(MS 检测)、"MS Component Table"(MS 组分表)、"Calibration"(校正)等(图 3.68)。

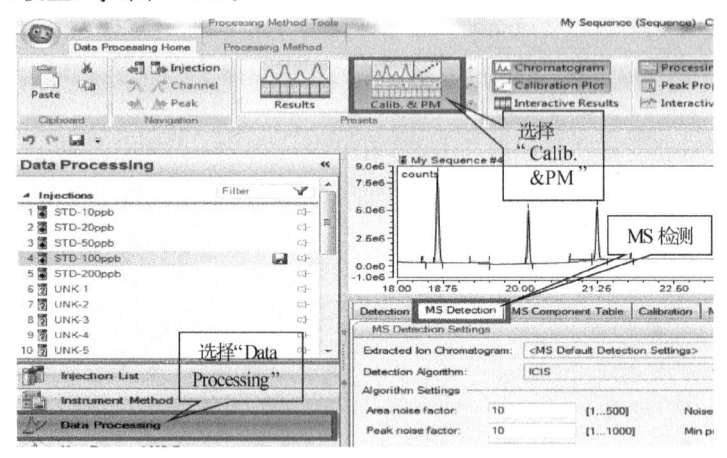

图 3.68 校正和处理方法界面

(1) MS 检测

在 MS 检测界面中,检测算法选择 ICIS,通过调整 ICIS 对应的积分参数"Area noise factor"(面积噪音因子)、"Peak noise factor"(峰噪音因子)和"Baseline window"(基线窗口),以保证色谱图内所有的目标物都被积分(图 3.69~图 3.70)。

此界面设定的参数是模板值,可能无法满足所有的色谱峰积分都符合要求,只要保证所有的目标物都有积分即可,具体参数可在 MS 组分表中再进行修改。

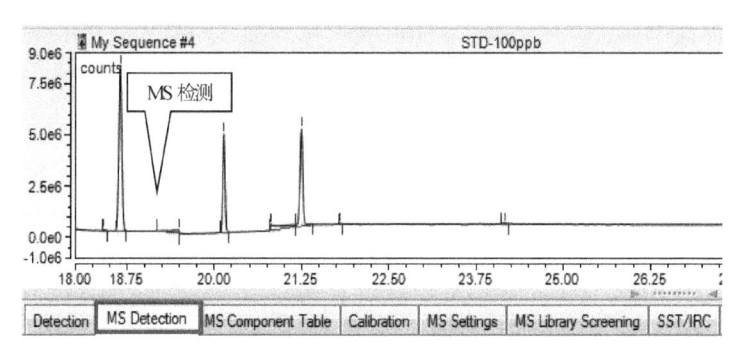

图 3.69　MS 检测界面

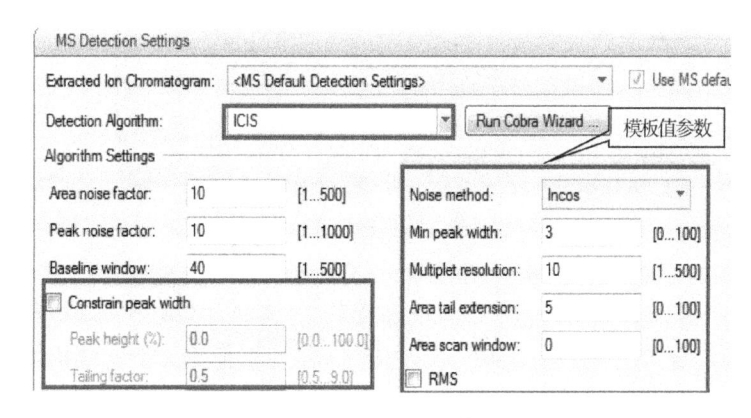

图 3.70　ICIS 对应积分参数界面

（2）编辑 MS 组分表

Import Compound Data（导入组分数据）- Acquisition List（采集列表）方法适用于 ISQ 中有"Acquisition-Timed"采集模式，或是通过软件 Auto-SIM 导出 CSV 文档的用户使用。在组分表界面中的任意一列，右键单击，在下拉菜单中点击"Import Compound Data"（导入组分数据）（图 3.71）。

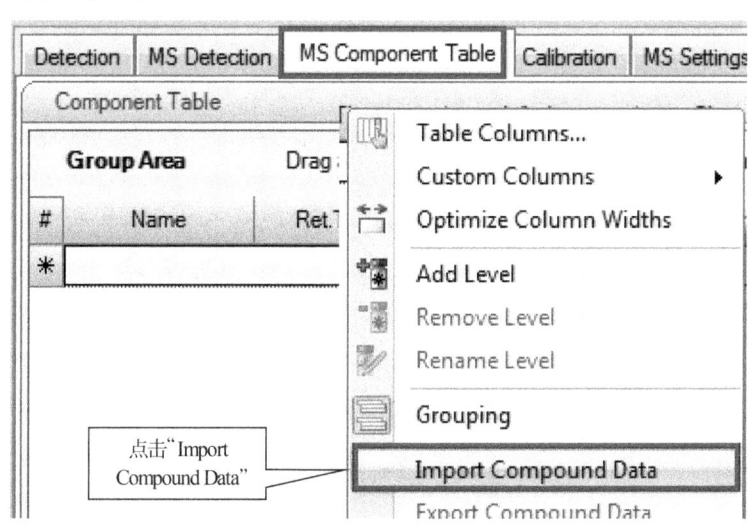

图 3.71　编辑 MS 组分表

在弹出的界面中，点击"Browse"后面的倒三角图标，选择"Acquisition List"（采集列表）选项，导入之前存好的 CSV 文档（图 3.72）。

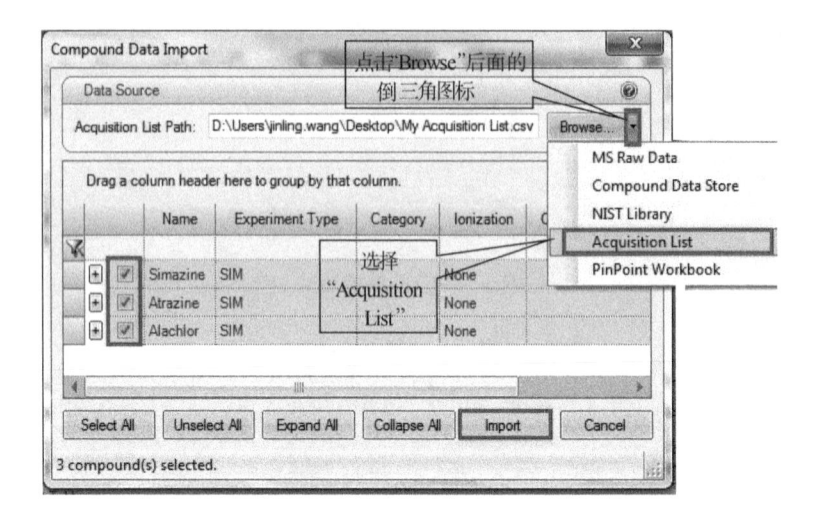

图 3.72　导入文档

勾选化合物，点击"Import"（导入），化合物名称、定量和定性离子自动被填充至组分表中（图 3.73）。定量离子和定性离子的选择见"MS Quantitation Peak & MS Confirming Peak"（定量峰和定性峰）。

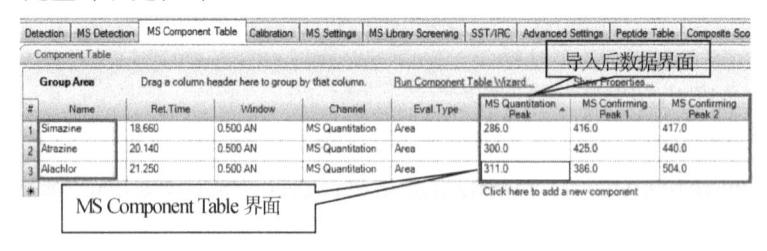

图 3.73　数据界面

组分表各列的解释和编辑：

①Name（组分名称）：在峰名称列中输入组分的名字。

②Ret. Time（保留时间）：保留时间列中各组分的保留时间是根据标准样色谱图中组分自动生成的。

③Window（保留时间的正负范围窗口）：窗口列中是自动生成的保留时间允许的正负范围。此界面内容可按图 3.74 所示进行设置。点击"Close"，点击"F9"或者右击，选择"Fill Down"（向下填充），窗口值会自上而下自动填充。

④Eva. Type & Stand. Method（评估类型和标准方法）：双击"Eva. Type"列下小格，在图 3.75 中选择用峰面积或是峰高等作为定量依据，并选择定量标准方法是 External（外标法）或是 Internal（内标法），如果选内标法，必须要指定内标峰，并且目标物要指定某一个内标峰。

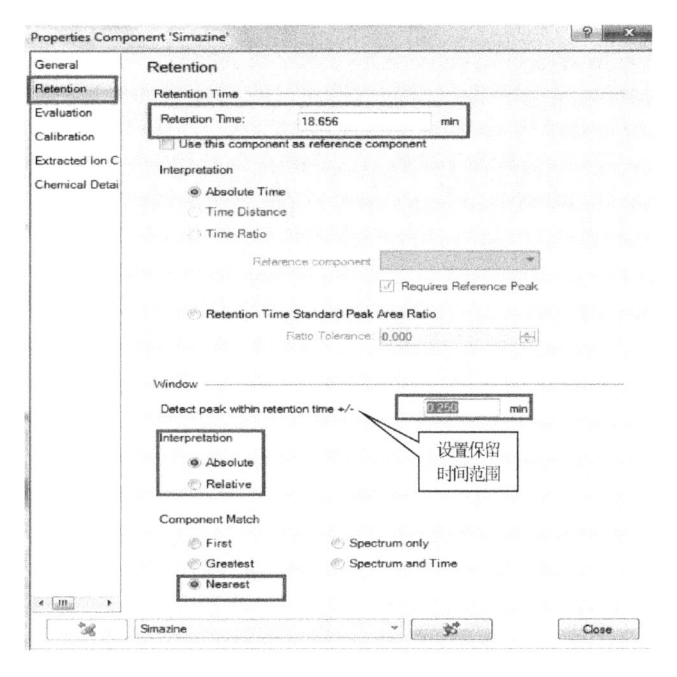

图 3.74　Window 设置界面

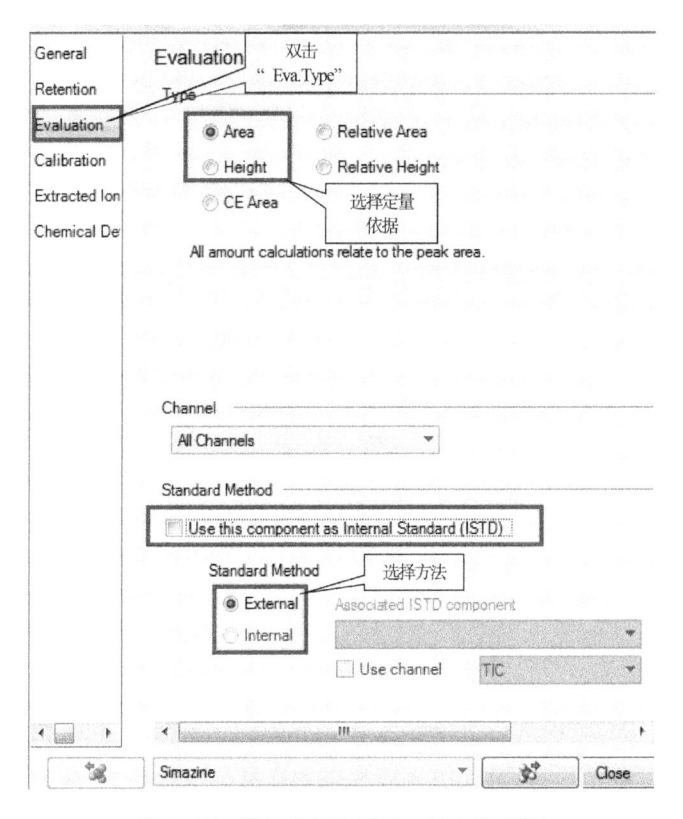

图 3.75　评估类型和标准方法选择界面

⑤Cal. Type(校准类型)：双击"Cal. Type"列下小格，在图 3.76 中选择标曲类型、加权等。多点校准法一般选择自动校准、线性、无加权、忽略原点，单点校准法一般选择自动校准、线性、无加权、强制通过原点。此界面内还可以输入浓度单位和校准级别。

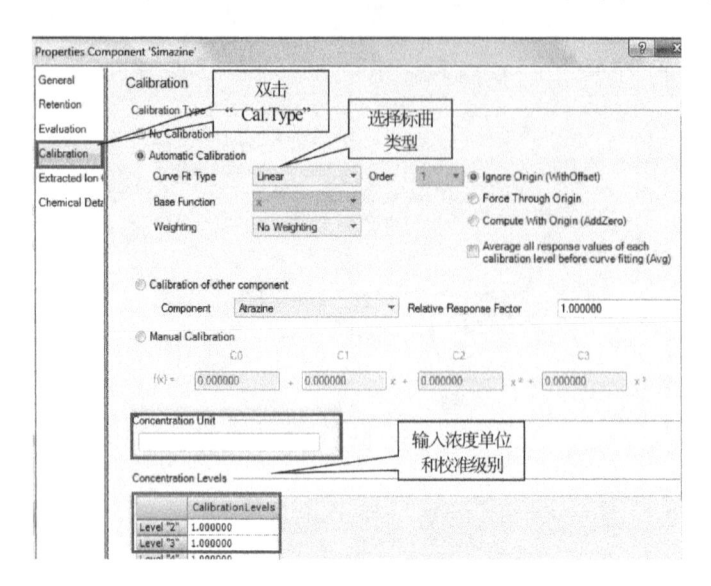

图 3.76　校准类型界面

⑥Level(校准级别)：在样品序列表中已设定标准品，在此处输入校准级别的浓度，可以只填写首行，点击"F9"或者右击，选择"Fill Down"(向下填充)，窗口值会自上而下自动填充。如果是同一个浓度，那么浓度级别为 1，即单点校准。在图 3.77 组分表中显示共有 5 个浓度级别列，表示是多点校准。（注意：某些单位要求进几针平行标准样品，则要求平行标准都选择同一级别。）

图 3.77　校准级别界面

⑦Conc. Unit(浓度单位)：在此栏输入标准品的浓度单位。

⑧Factor(因子)：如果某标准品的纯度为 98%，在响应因子下可为其输入 0.98，也可输入生物效价等（图 3.78）。

⑨MS Quantitation Peak & MS Confirming Peak(定量峰和定性峰)：双击"MS Quantitation Peak"列下小格，进入定量峰和定性峰参数设置界面，在图 3.79 中选择信号类型，输入定量离子。点击界面中的　图标，可以继续添加定量或定性离子，也可以将

鼠标挪到质谱图内某一离子上右键,添加定量或定性峰。

图 3.78 因子界面

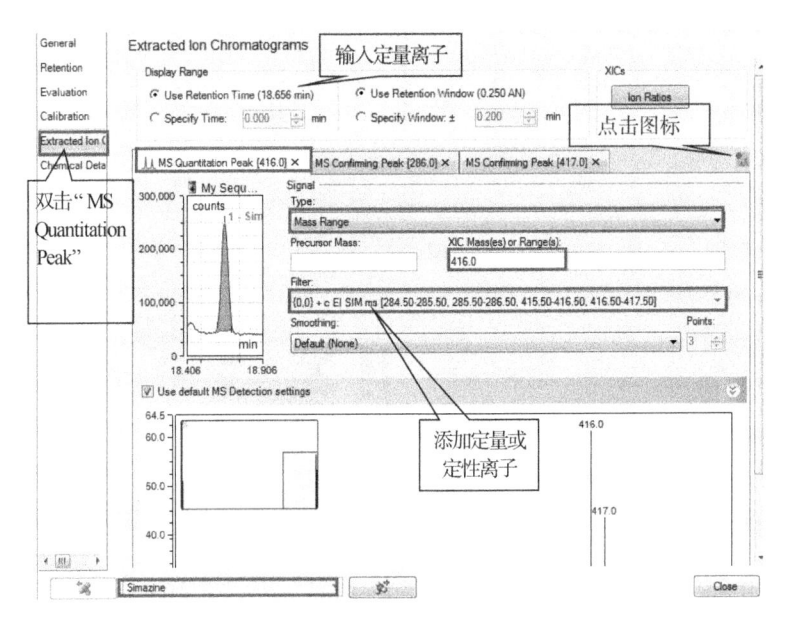

图 3.79 峰值界面

如果色谱峰的积分不符合要求,去掉"Use default MS Detection settings"(使用默认 MS 检测设置)的"√",即可调整积分参数(图 3.80)。

图 3.80 调整积分参数界面

在定性峰界面里可以调整离子比率及相关参数(图 3.81)。

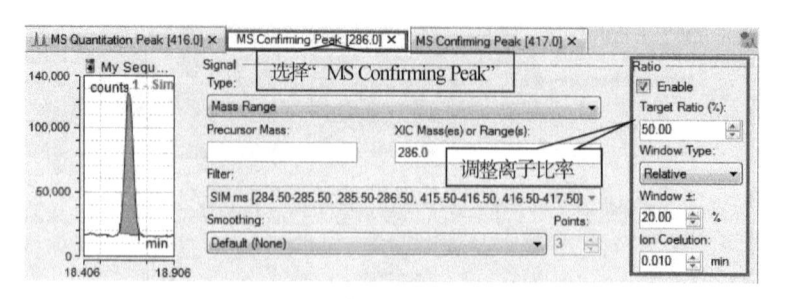

图 3.81　离子比率及参数界面

定量峰和定性峰参数修改好后,点击"Close",组分表里将显示这些离子。在组分表里右键可以删除或是添加定量定性离子(图 3.82)。

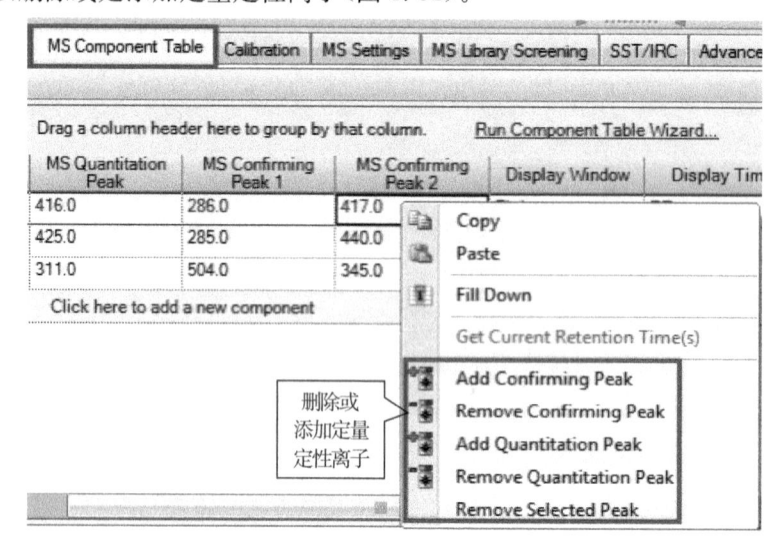

图 3.82　删除或添加定量定性离子界面

点击快捷图标"Calibration Plot"浏览标准曲线,点击"MS Components"浏览色谱峰积分情况,在此界面内,将鼠标挪至峰的起始点,即可进行手动积分,点击"MS Spectra"浏览质谱图,左侧的 Channels(通道)选择"MS Quantitation"浏览提取离子图,可通过左侧的化合物列表或是点击色谱图上的色谱峰切换其他组分(图 3.83)。组分表里的其他选项可不做修改。

(3) 编辑 Calibration(校准)

点击"Calibration"选项进入校准界面,图 3.84 中显示有 5 个标准品参与校准,共有 5 个浓度级别;上面有标准品的色谱图;其右边显示选定组分的标准曲线。如果不想让某一点参与校准,可单击"Enabled"(启用)下小格,将对应的"√"去掉,校准注译下显示"Disabled"(被禁用),表示该点不参与校准。图 3.84 中右边标准曲线下如有一个红色的梅花点,即表示该点不参与校准。

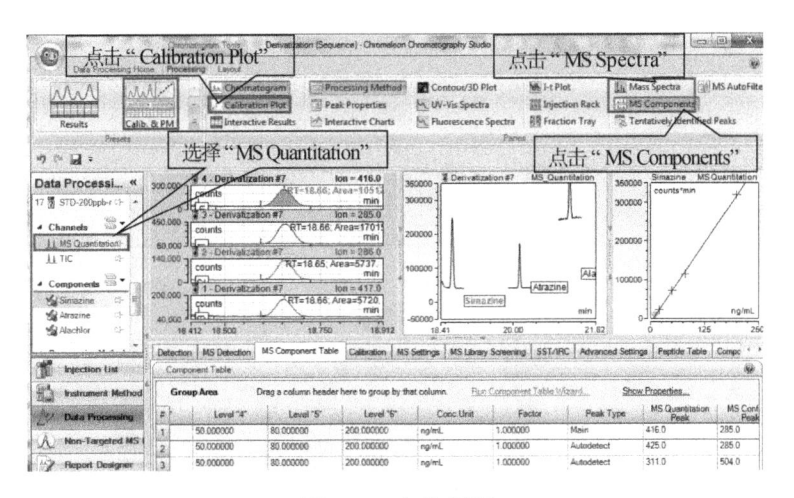

图 3.83 切换界面

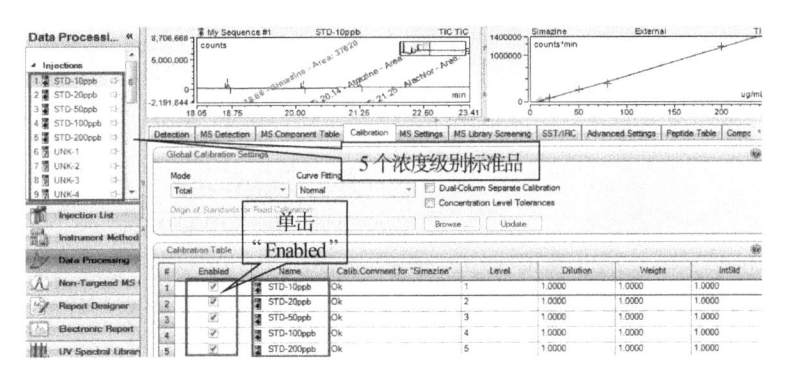

图 3.84 校准界面

处理方法编辑完后,需要保存该方法,可直接点击界面上的保存图标,也可点击"变色龙头像",选择保存。操作见图 3.85。

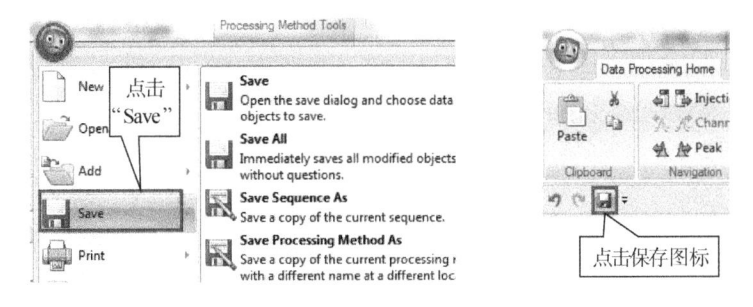

图 3.85 保存界面

2. 结果

点击功能区的"Results"(结果)图标,可以在"峰结果"里查看样品的计算结果(图 3.86)。点击表格最下面"校正"选项,可以查看线性相关系数 R^2(Corr. Coeff)或判定系数(Coeff. of Determination)、截距(Offset)和斜率(Slope)。

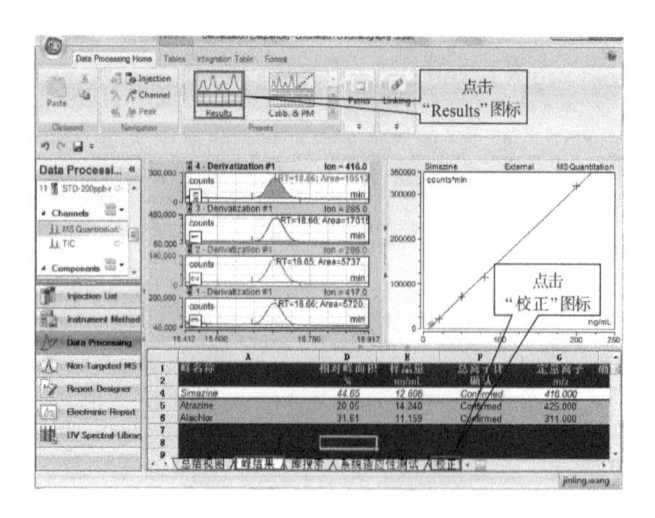

图 3.86　功能区结果查看界面

3.3.10　报告设计器

进入某一样品序列的"Chromatography Studio"(色谱数据处理区),点击左下方的"Report Designer"(报告设计器)进入结果报告和打印报告界面。该界面的功能区中有剪贴板、导航、字体、对齐、数字、单元格、编辑、保护、外部引用等区域。

点击选项卡"页面布局",选项区中有预览、页面设置、自动重复、缩放调整、工作表选项、缩放、打印和输出等区域,根据个人需要可进行结果报告的编辑和修改,完全可以制作个性化的结果报告格式(属于高级应用)。

需要打印的界面类似于 Excel 电子表格,如图 3.87 最下方,分好几页显示,有"Sequence Overview"(总览)、积分"Integration"(基本谱图和数据的报告)、"Calibration"(校准曲线报告)、"Peak Analysis"(峰分析报告)、"SST"(系统适应性)、"Library Search Summary"(谱库检索总览)、"Audit Trail"(审计跟踪)和"Chromatogram"(色谱图)等选项。

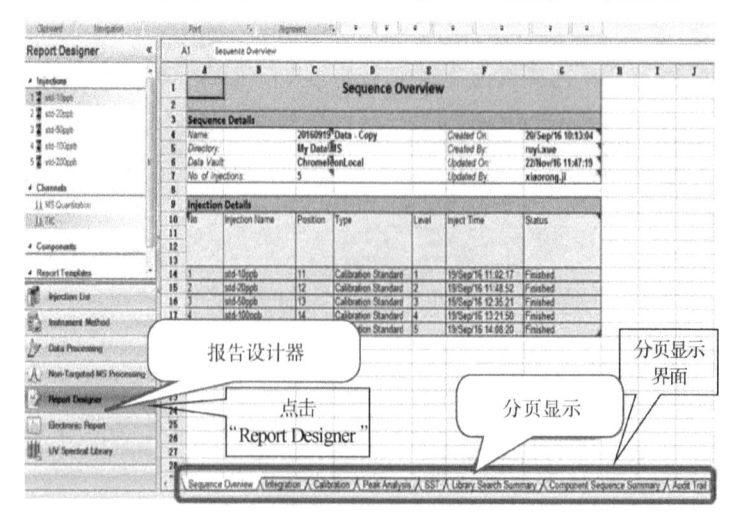

图 3.87　报告设计器结果查看界面

3.3.11 数据备份(发送、导出)和还原(导入)

1. 将软件中的文件夹或样品序列备份"Send To"(发送到)

数据备份选"Send To"(发送到),软件会以变色龙专门的.cmbx格式导出,包括该序列的仪器文件、处理文件、序列文件及数据结果,可以供有变色龙软件的设备共享或交流。出现"Send To"属性框,确认导出序列的相关设置,如路径等,点击"Start"(图3.88)。

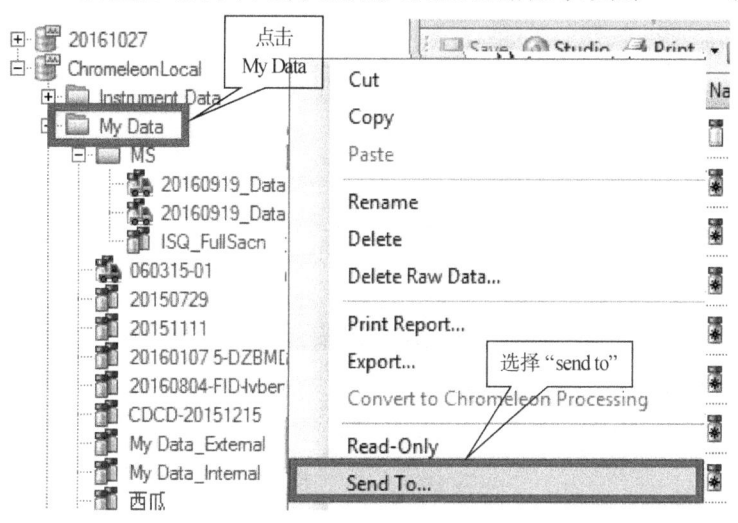

图3.88 数据备份界面

2. 文件夹或样品序列文件备份的还原

如果要把备份导回到变色龙软件,一种方法是在软件操作Console界面,点击"File"(文件)选"Import"(导入),另一种方法是直接在桌面上双击 备份文件图标。

3. 报告的打印及输出

在报告设计器"Report Designer"里进入打印和输出报告界面。

3.3.12 关机

1. 在ISQ仪表板中选择"Instrument Control"(仪器控制)中,先设定MS传输线温度至175 ℃,离子源温度至175 ℃,发送参数给仪器,等温度降下来后,点击"shutdown"(关机)选项,当状态栏显示由"shutting down"变为"shutdown"即可关闭ISQ的主电源开关。

2. 在"GCMS Home"主页界面内选择"maintenance"(维护),勾选要降温的进样口和检测器,点击开始降温。等待炉温、进样口及检测器温度都降至100 ℃以下,即可关闭气相主电源开关。

3. 关闭钢瓶总阀及分压阀。

3.4 离子色谱仪操作步骤

3.4.1 启动

1. 检查连接

确保分析仪器的所有单元(泵、自动进样器、柱温箱以及检测器)都已连接到系统控制器和光纤连接电缆。

2. 打开各仪器的电源
3. 打开计算机和打印机
4. 双击桌面上的 图标
5. 登录(图 3.89)

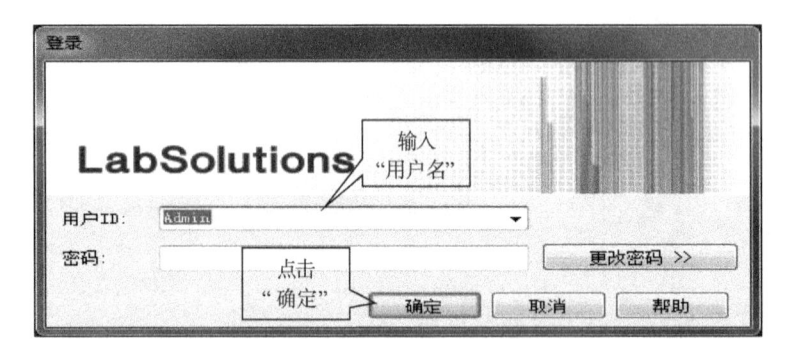

图 3.89 离子色谱仪登录界面

6. 选择项目(图 3.90)

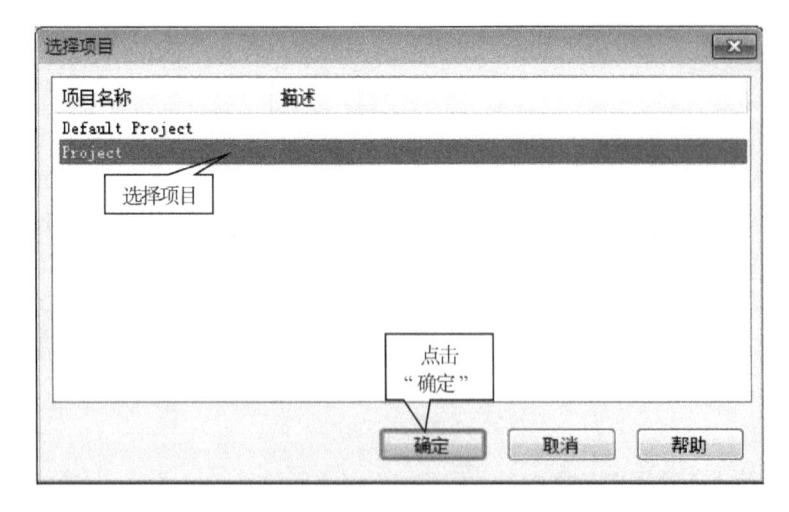

图 3.90 选择项目界面

7. 打开分析程序（图 3.91）

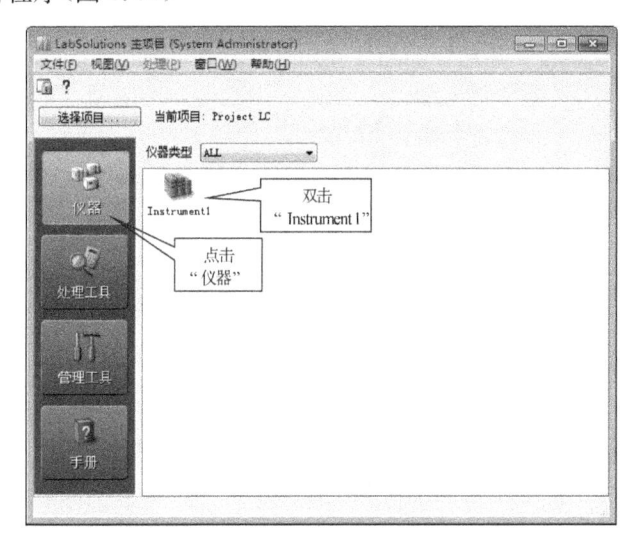

图 3.91　分析程序界面

8. 打开"数据采集"窗口（图 3.92）

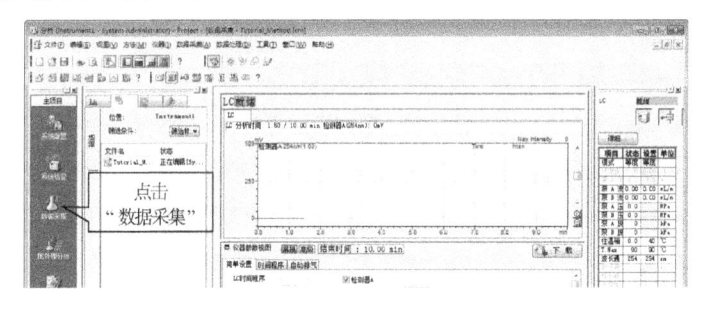

图 3.92　"数据采集"窗口界面

9. 确认状态（图 3.93）

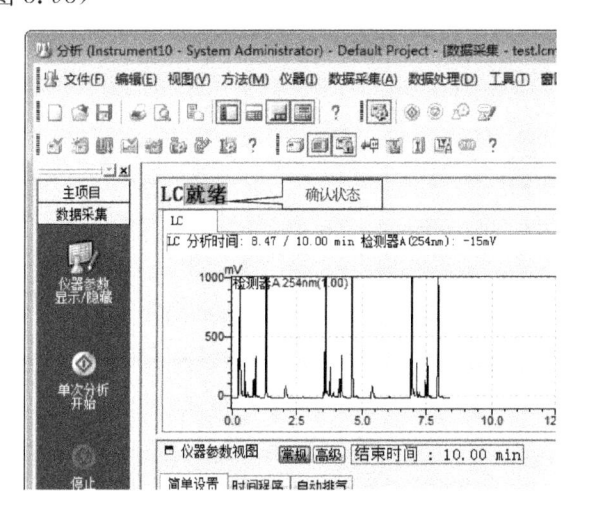

图 3.93　数据确认状态界面

3.4.2 设置仪器参数

1. 打开"数据采集"窗口
2. 在"简单设置"标签上设置每个参数(图3.94)

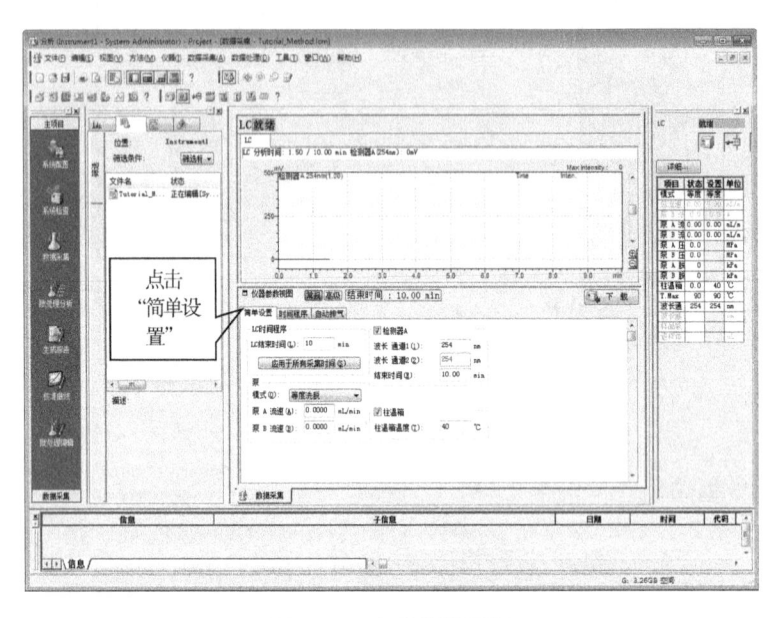

图 3.94　参数设置界面

3. 保存数据采集条件(图3.95)

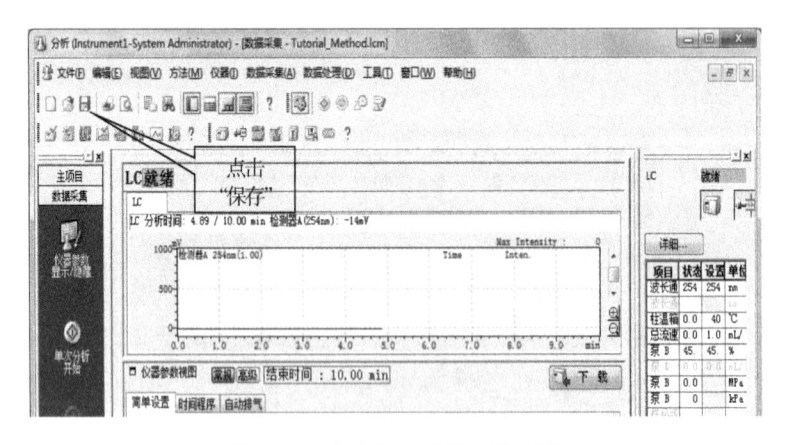

图 3.95　保存数据采集条件界面

3.4.3 基线检查

1. 设置"基线检查参数"(图 3.96)

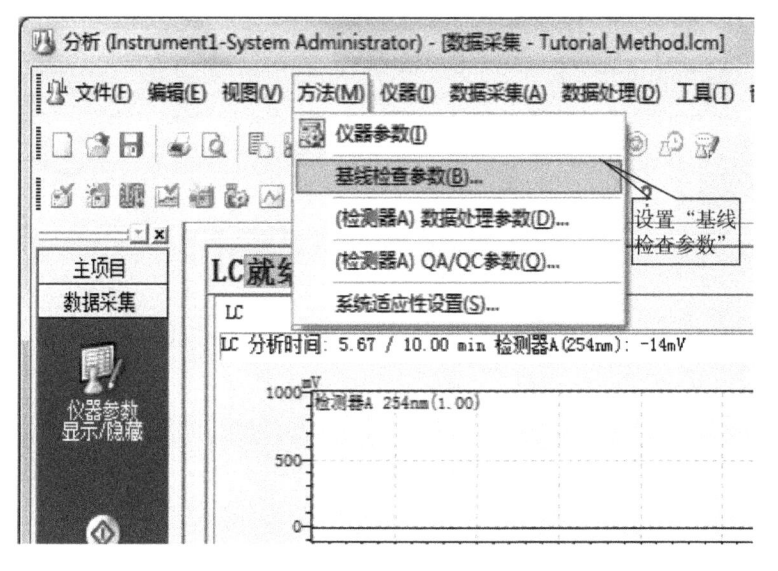

图 3.96 "基线检查参数"设置界面

2. 执行基线检查参数(图 3.97)

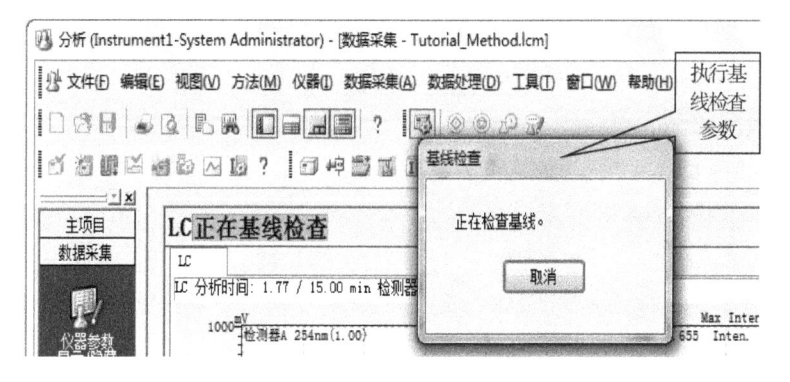

图 3.97 执行基线检查参数界面

3.4.4 单次分析

1. 打开"数据采集"窗口
2. 打开"单次分析"子窗口(图3.98)

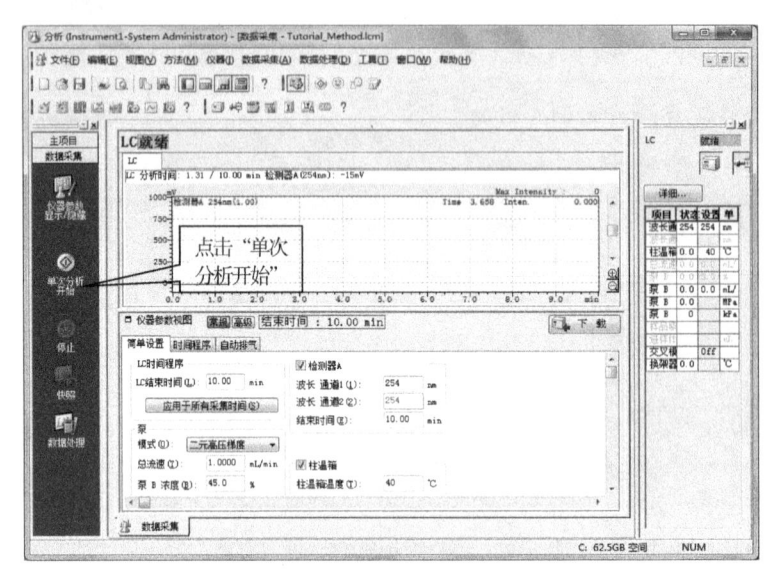

图3.98 "单次分析"子窗口

3. 设置单次分析的条件(图3.99)

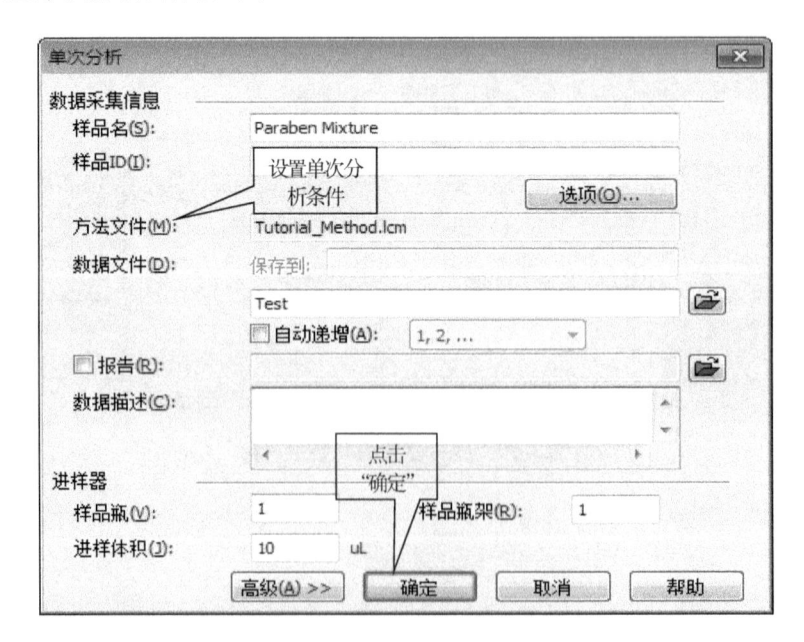

图3.99 单次分析条件设置界面

3.4.5 数据处理

1. 打开"再解析"程序(图 3.100)

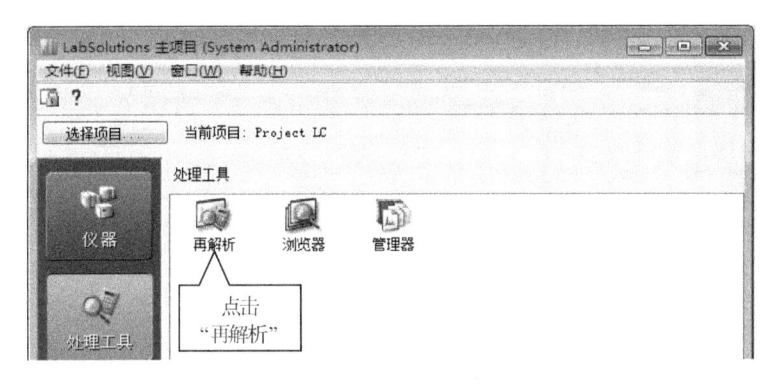

图 3.100 "再解析"程序界面

2. 打开"数据处理"窗口(图 3.101)

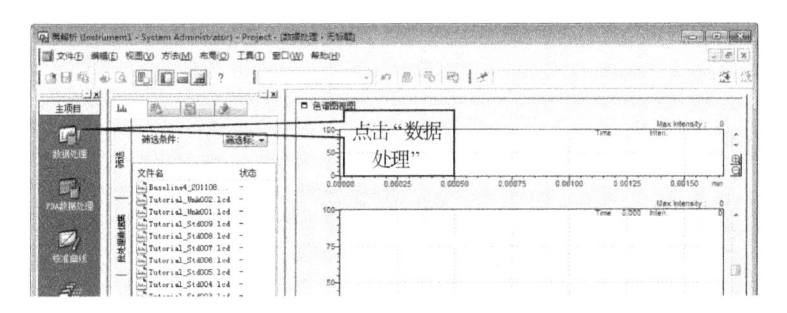

图 3.101 "数据处理"窗口

3. 打开"Test.lcd"(图 3.102)

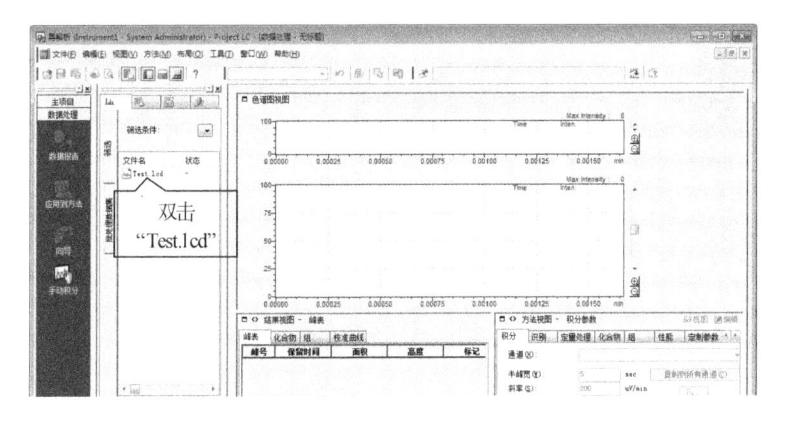

图 3.102 "Test.lcd"界面

4. 输入积分参数(图 3.103)

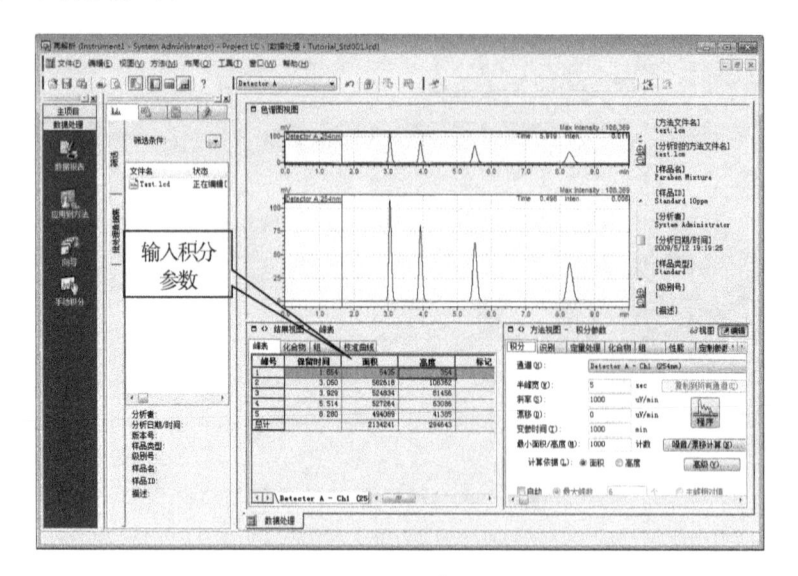

图 3.103　积分参数界面

5. 输入定量处理参数(图 3.104)

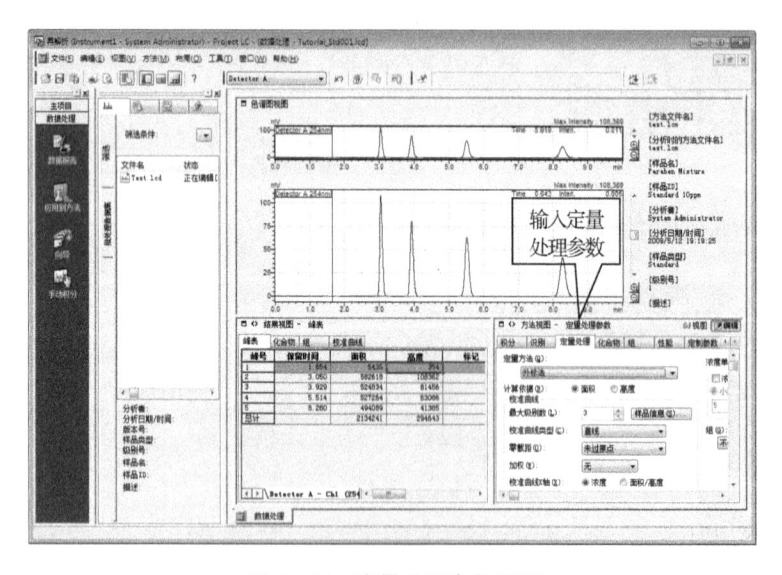

图 3.104　定量处理参数界面

6. 填充化合物表(图 3.105)

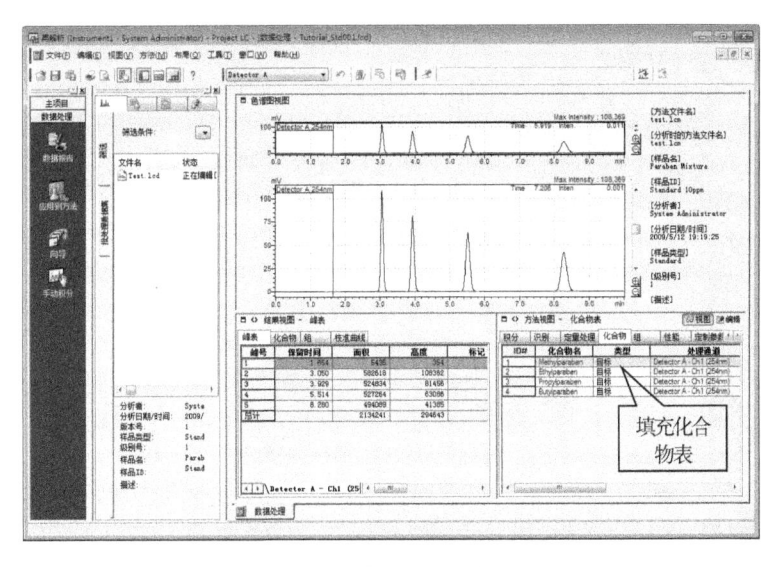

图 3.105 填充化合物表界面

7. 将处理结果保存到数据文件(图 3.106)

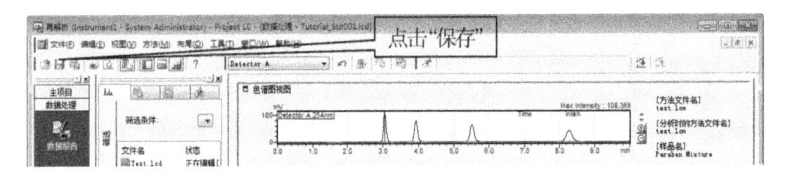

图 3.106 数据文件保存界面

8. 保存方法文件(图 3.107)

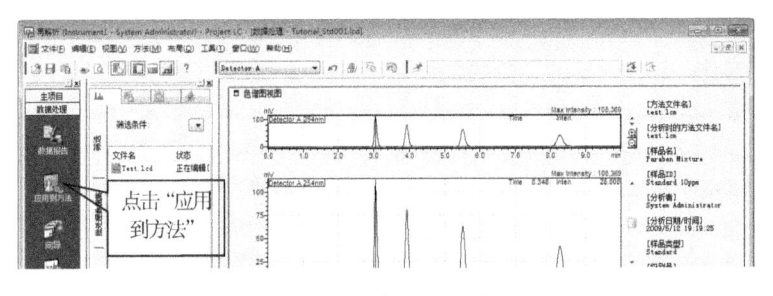

图 3.107 保存方法文件界面

3.4.6 调整校准曲线

1. 确认积分参数(图3.108)

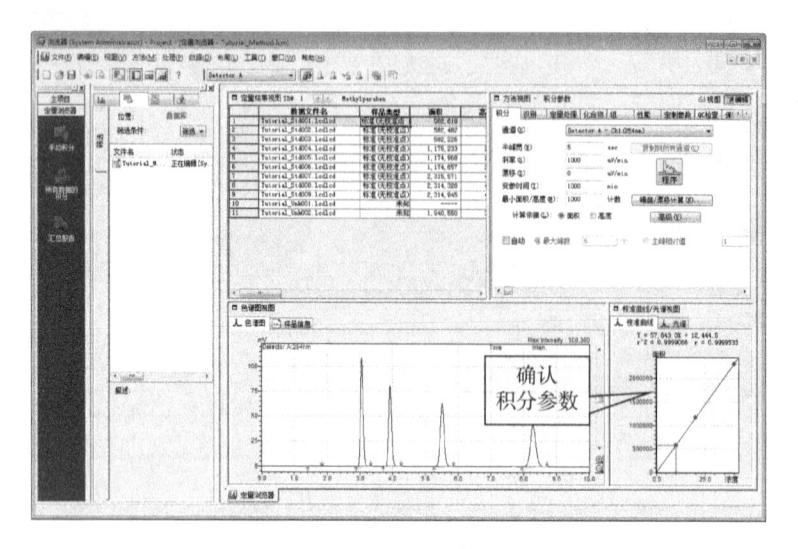

图3.108 确认积分参数界面

2. 确认识别参数(图3.109)

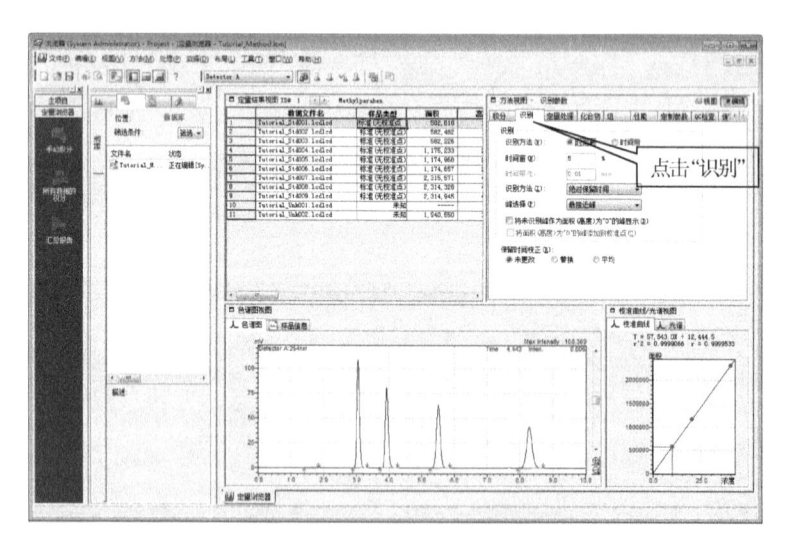

图3.109 确认识别参数界面

3. 确认化合物表(图 3.110)

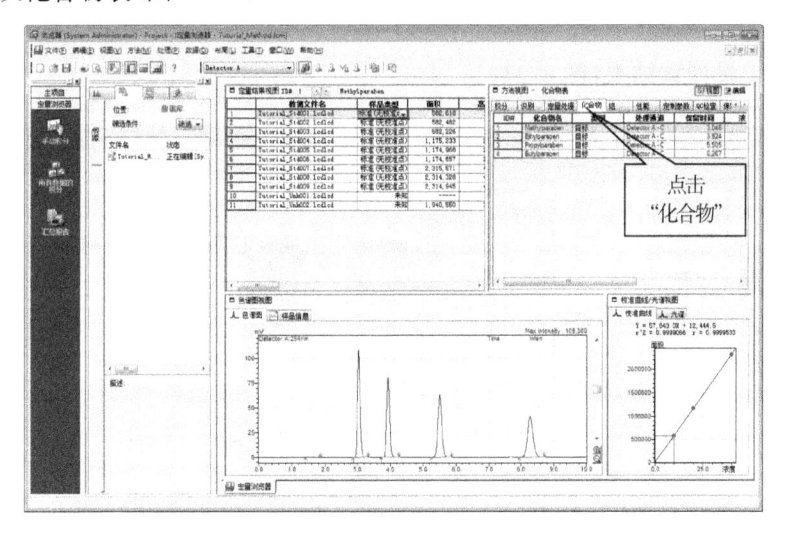

图 3.110 确认化合物表界面

4. 确认校准点(图 3.111)

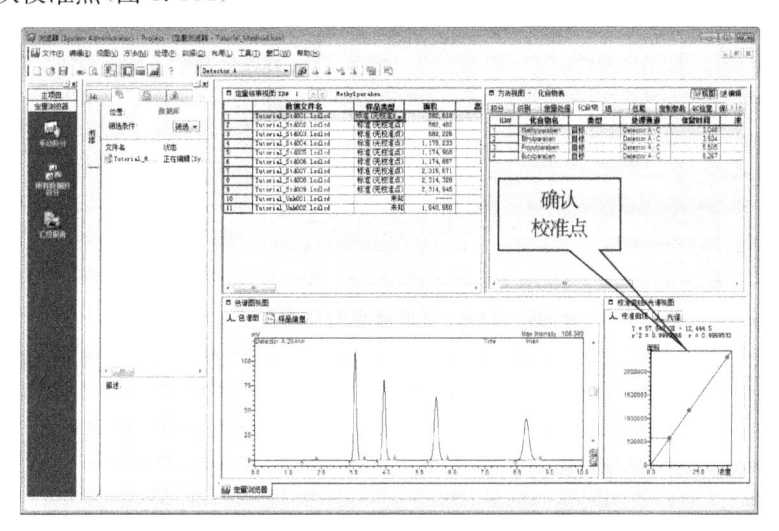

图 3.111 确认校准点界面

5. 保存方法文件和数据文件(图 3.112)

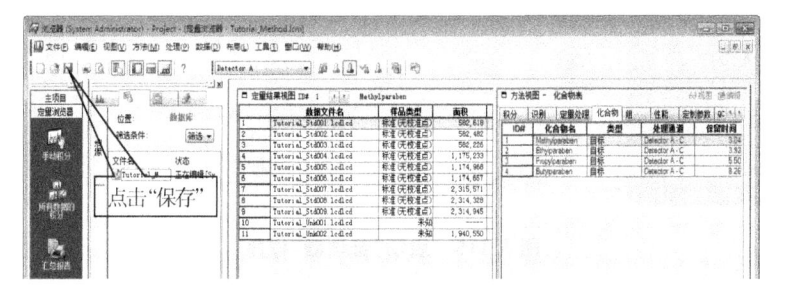

图 3.112 保存方法文件和数据文件界面

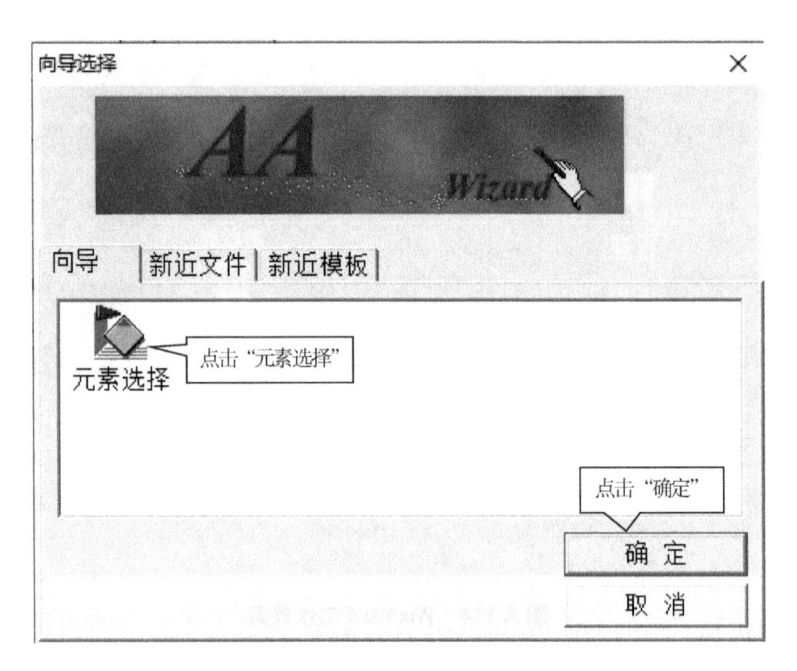

图 3.126 向导选择界面

2. 编辑参数时顺序:编辑光学参数、次序、重复测定条件、测定参数、工作曲线参数等(图 3.127～图 3.129)。

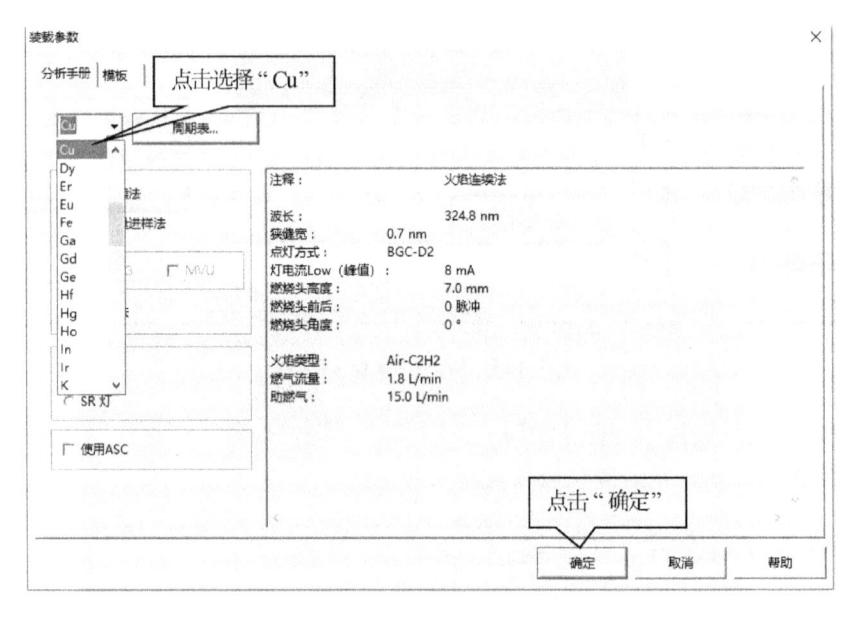

图 3.127 参数选择界面

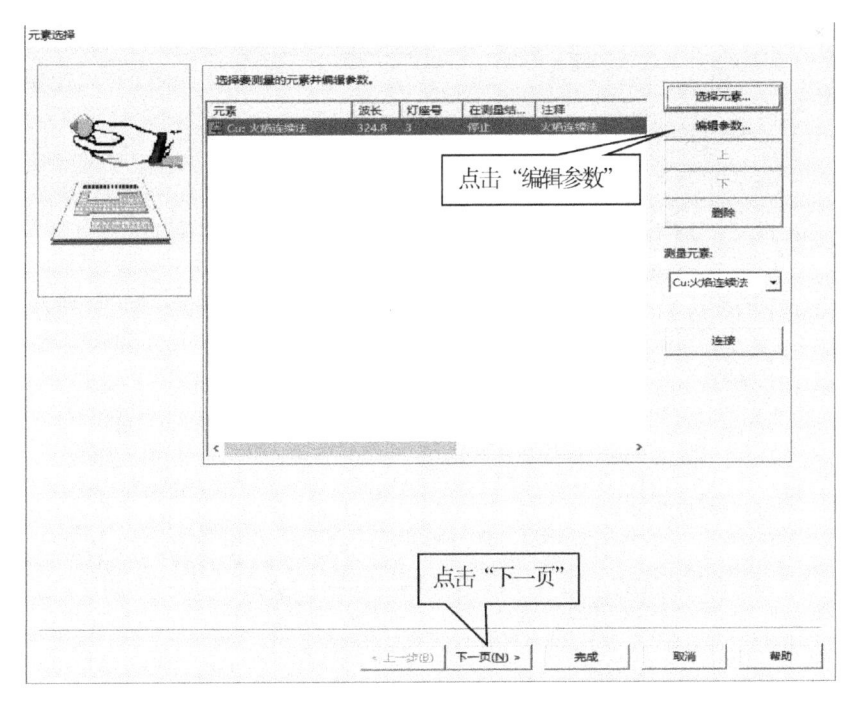

图 3.128　编辑参数界面

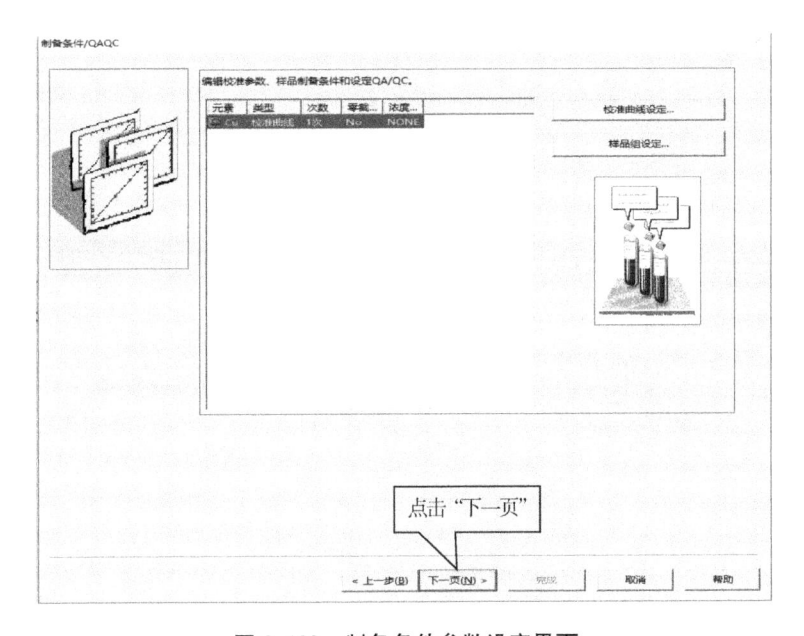

图 3.129　制备条件参数设定界面

3. 参数编辑完成后,单击"下一步",进入制备参数屏,开始标准曲线与样品的设定(图 3.130~图 3.131)。设定完成后,单击"连接/发送参数",等待仪器根据设定的参数自行进行调整(图 3.132)。调整结束后,仪器显示光学参数屏,单击"谱线搜索",仪器进行谱线搜索及光路平衡(图 3.133~图 3.134)。

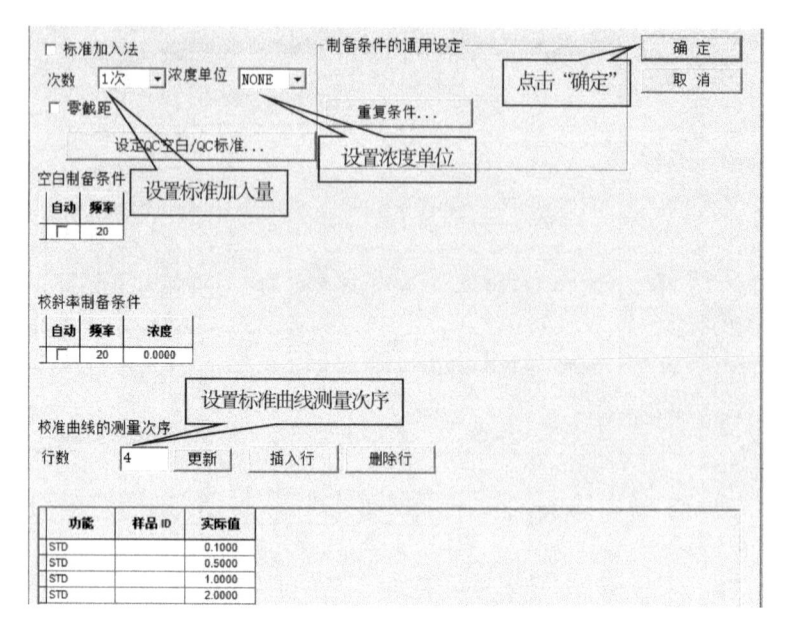

图 3.130 标准曲线设定界面

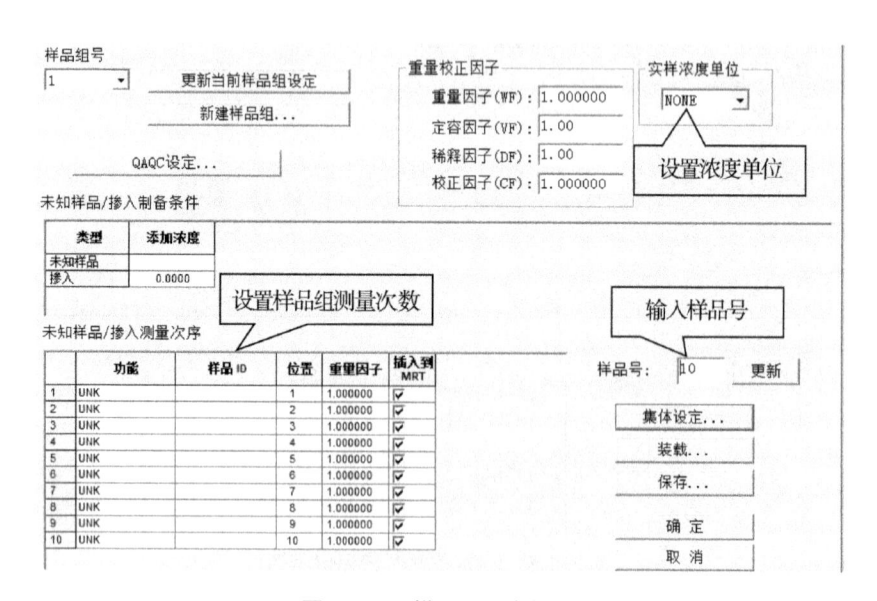

图 3.131 样品组设定界面

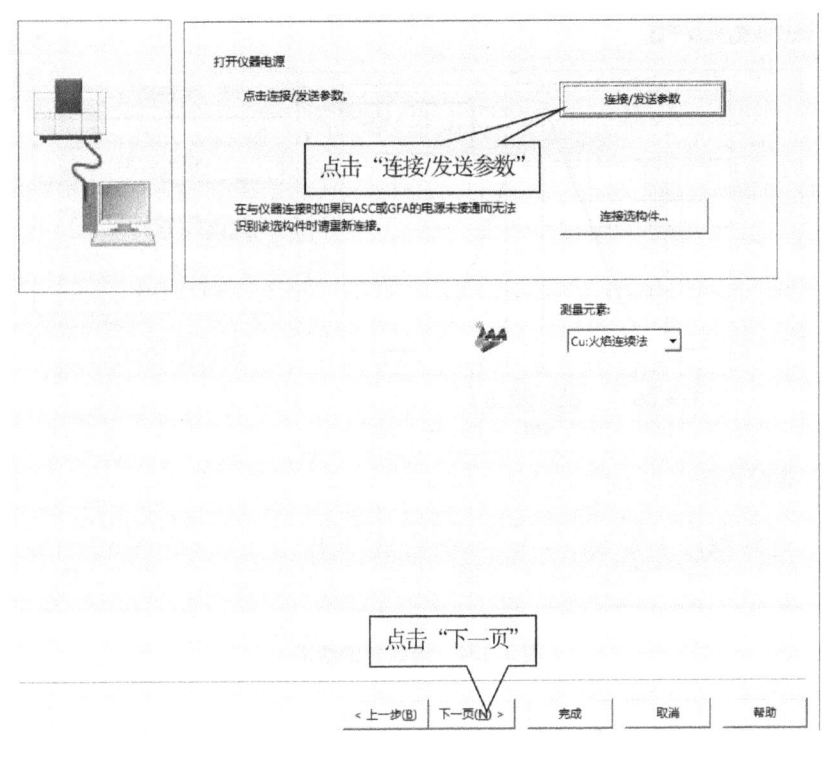

图 3.132　连接仪器发送参数界面

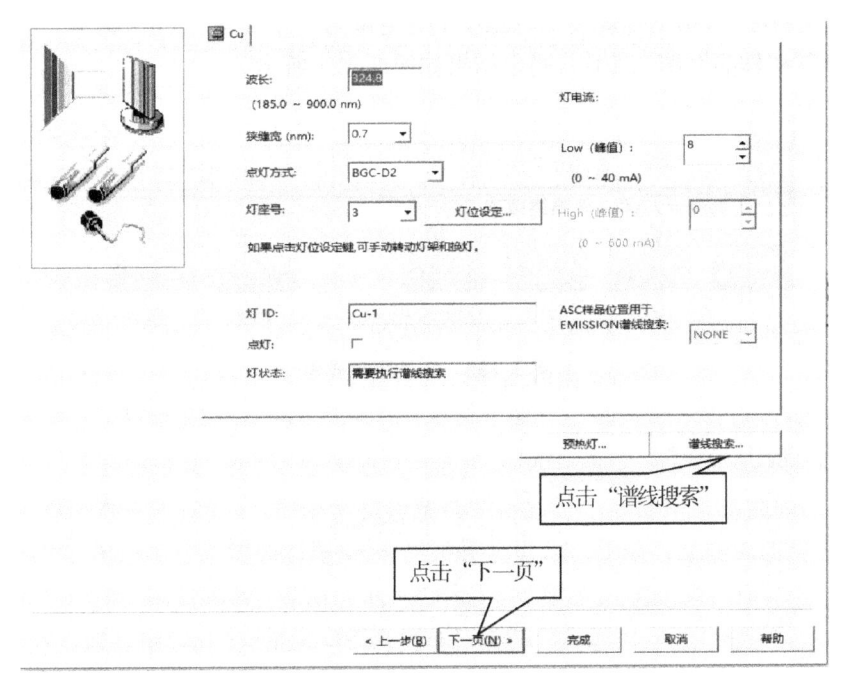

图 3.133　谱线搜索界面

里选择,"重复条件"可设定同一样品的重复测量次数,初始值为1.0,样品多时,设定周期性空白测量。在"校准曲线的测量次序"中输入标准样品的个数及设定浓度。单击"样品组设定",输入"重量校正因子""定容因子""稀释因子""校正因子","实际浓度单位"在下拉框中选择,输入样品数和样品号。

5. 连接仪器/发送参数。

6. 仪器自检。

7. 确认参数设置无误,结束"向导",显示主窗口,进行测量。按位于仪器正面的"PURGE"和"IGNITE",点燃火焰。吸入蒸馏水,待信号趋于稳定后,单击主窗口底部的"AUTO ZERO"(调零),吸入空白样品,单击主窗口底部的"BLANK"(空白),吸入标准样品,单击"START"(开始)进行测量。标准样品结束后,确认校准曲线,如果无误,可进行样品的测定。测量完成后,吸入蒸馏水 5 min 进行清洗。所有测量结束后,保存测得的数据。如需打印,从菜单里的"文件"→"打印数据/参数"或"打印表格数据"里选择,选中需打印的项目,单击"确定"。清洗结束,取出进样喷嘴,按主机前方的"EXTINGUISH"(熄灭)熄灭火焰。

8. 关闭气瓶及压缩机,退出软件,关掉仪器主机电源。

3.7 超纯水机操作步骤

首次成功启动系统,Arium® Pro 将进入操作模式。完成初次启动后,将 6 L 水灌进终端过滤器,对其进行冲洗。用附接的排气阀向终端过滤器排气后即可配给超纯水。配给超纯水后,将护盖安装至钟形装置。

3.7.1 手工配给

直接用显示器右侧的配给滑块进行手工配给,可用手指拨动滑块,无限调节超纯水流量。

1. 将手指放进滑块的凹陷处,向下移动可增加流量。

2. 可用手指向上拨动滑块降低流量。

3. 轻拍滑块顶端(带叉的水滴图案)停止配给程序,可轻拍滑块底部(三滴水塔形图案)设定最高流量。

4. 触摸滑块的中部可降低流量。

3.7.2 定量配给

如欲进行定量配给,将足够大的容器置于出水口之下,然后在操作模式下按功能键(R)"   "。

1. 按功能键(R)"开始"进行确认,随后立即开始定量配给(图 3.138 示例中为 0.2 L),显示器显示剩余的配给量。

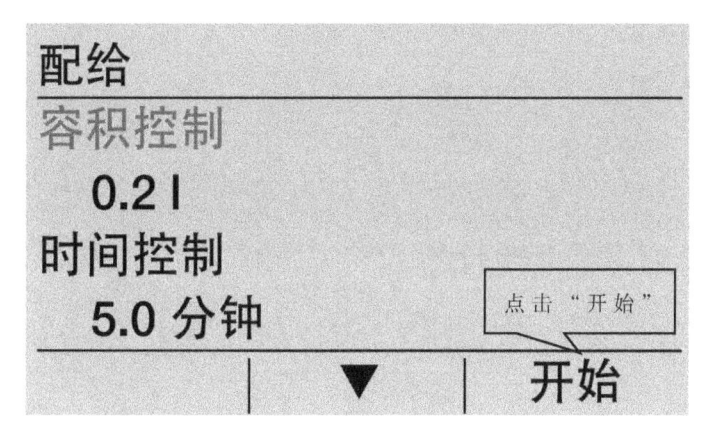

图 3.138 配给量界面

2. 可按功能键(R)"停止"取消定量配给(图 3.139),系统随后将返回操作模式。

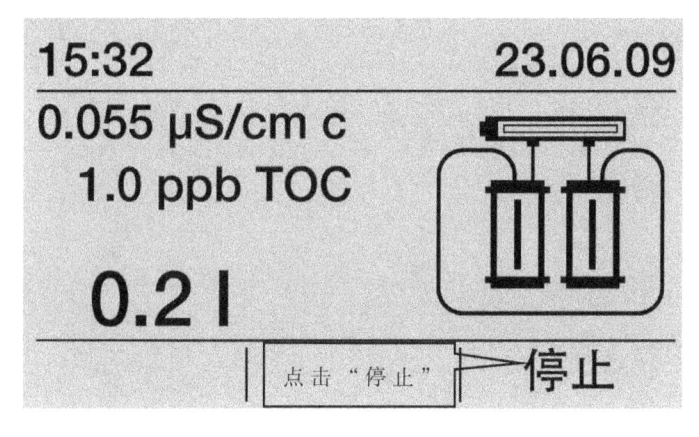

图 3.139 取消定量配给界面

3. 更改配给量

(1) 在操作模式下,按功能键(R)" ",使用功能键(M)"▼"切换到配给量输入屏幕,显示器显示最后一次输入的配给量(图 3.140)。

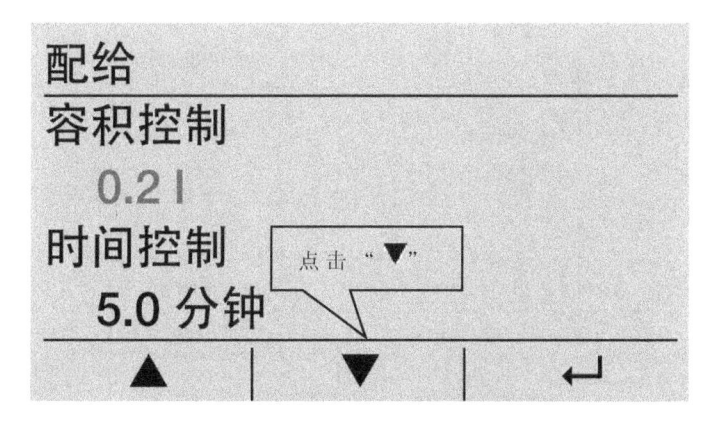

图 3.140 最后一次输入的配给量界面

（2）按功能键(R)"↵"确认选择，可用功能键(L)"▲"或(M)"▼"更改配给量，配给量设定范围在 0.1～60 L(图 3.141)。

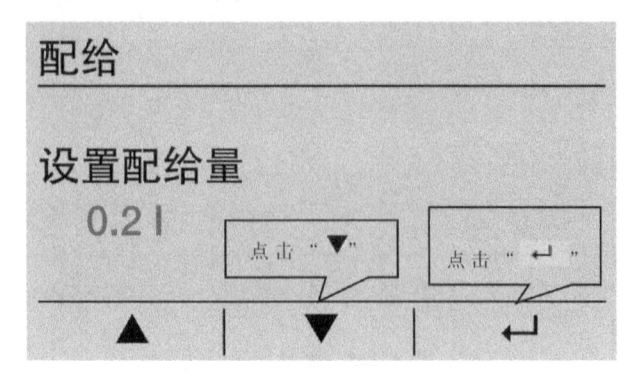

图 3.141　更改配给量界面

（3）按功能键(R)"↵"，确认所需配给量，显示器显示更改后的配给量(示例中为 0.1 L)(图 3.142)。

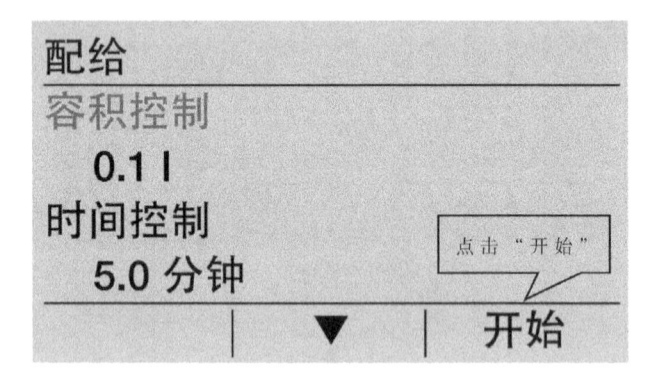

图 3.142　更改后的配给量界面

（4）按功能键(R)"开始"进行确认，随后立即开始定量配给(示例中为 0.1 L)，显示器显示剩余的配给量，可按功能键(R)"停止"取消定量配给(图 3.143)，系统随后将返回操作模式。

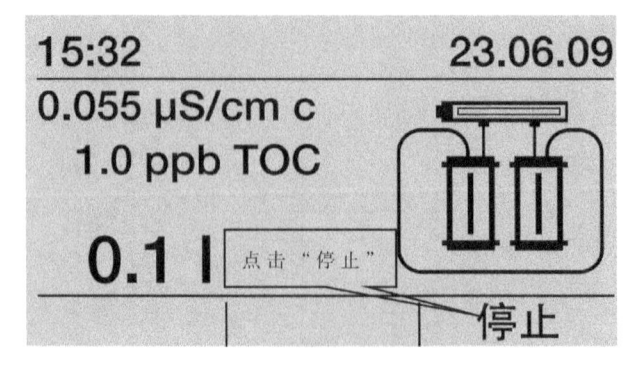

图 3.143　0.1 L 定量配给取消界面

3.7.3 定时配给

1. 如欲进行定时配给,将足够大的容器置于出水口之下,然后在操作模式下按功能键(R)"🚰"。

2. 用功能键(M)"▼"切换到定时配给,该选择被突出为灰色,按功能键(R)"开始"进行确认,随后立即开始定时配给(图 3.144 示例中为 5.0 min),显示器显示剩余的配给时间。

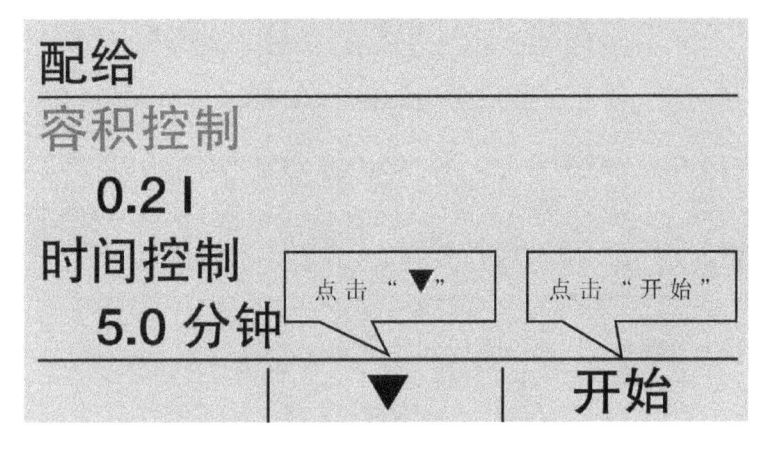

图 3.144　定时配给开始界面

3. 可按功能键(R)"停止"取消定时配给(图 3.145),系统随后将返回操作模式。

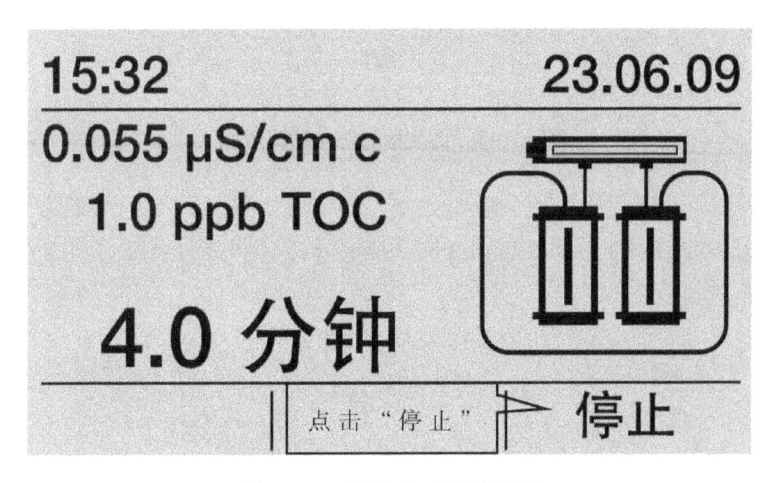

图 3.145　取消定时配给界面

4. 更改配给时间

(1) 在操作模式下,按功能键(R)"🚰",使用功能键(M)"▼"切换到最后输入的时间,显示器显示最后输入的时间,按功能键(R)"↵"确认选择(图 3.146),可用功能键(L)"▲"或(M)"▼",更改配给时间。

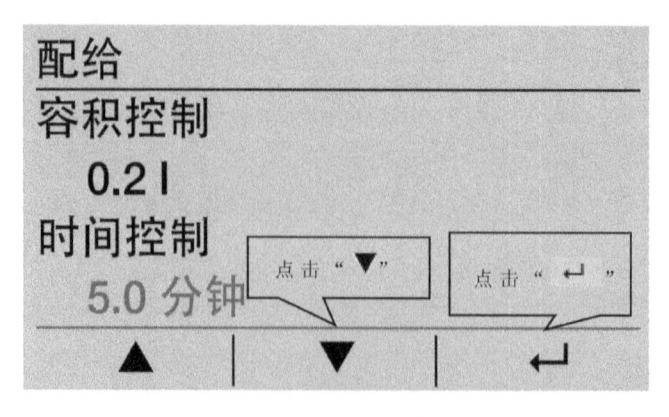

图 3.146　确认时间输入界面

(2) 配给时间的设定范围在 0.5~60 min,间隔视所需配给时间的不同而不同。

(3) 按功能键(R)"↵",确认所需配给时间,显示器显示更改后的配给时间(示例中为 2.5 min)(图 3.147)。

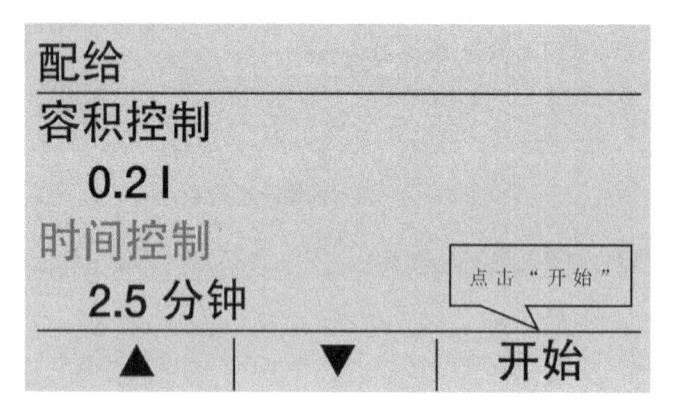

图 3.147　更改后的配给时间界面

(4) 按功能键(R)"开始"进行确认,随后立即开始定时配给(示例中为 2.0 min),显示器显示剩余的配给时间,可按功能键(R)"停止"取消定时配给(图 3.148),系统随后将返回操作模式。

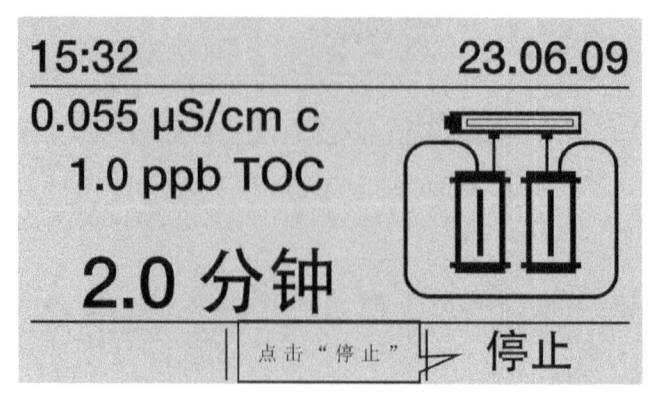

图 3.148　2.0 min 定时配给取消界面

3.8 自动液液萃取仪操作步骤

1. 取出萃取瓶,将其放在仪器支板的孔上,然后将液液萃取柱插入对应的萃取瓶中。
2. 取出导气管,将其一端与仪器底座上的排气孔相连,另一端与液液萃取柱的进气口相连(注:如无通风装置,可将液液萃取柱上的排气口用导气管连到室外)。
3. 取一定量的水样(如 500 mL 水样)从萃取瓶口慢慢倒入,再取一定量的萃取剂(如 50 mL 四氯化碳)从萃取瓶口慢慢倒入。
4. 按动仪器底座上的按钮,开始萃取,等待水样与萃取剂剧烈反应 1 min 以后关闭开关,静止等待液体分层后,拧开放液阀,将萃取液放出,萃取完毕。

3.9 原子荧光光度计操作步骤

3.9.1 前期准备

1. 打开电脑,进入 Windows 桌面。
(1) 在压力三联瓶中,分别加入载液、还原剂、纯水;在自动进样器载液瓶中加入载液,拧紧各压力瓶。
(2) 打开氩气瓶减压阀,分压表调至 0.3 MPa 左右。
(3) 更换所需元素灯,依次打开自动进样器电源、仪器主机电源,双击桌面上软件登录图标进入仪器工作站,出现登录界面,输入用户名、密码、点击"确定"(图 3.149)。选择自检项目,自检完成后进入仪器设置界面。

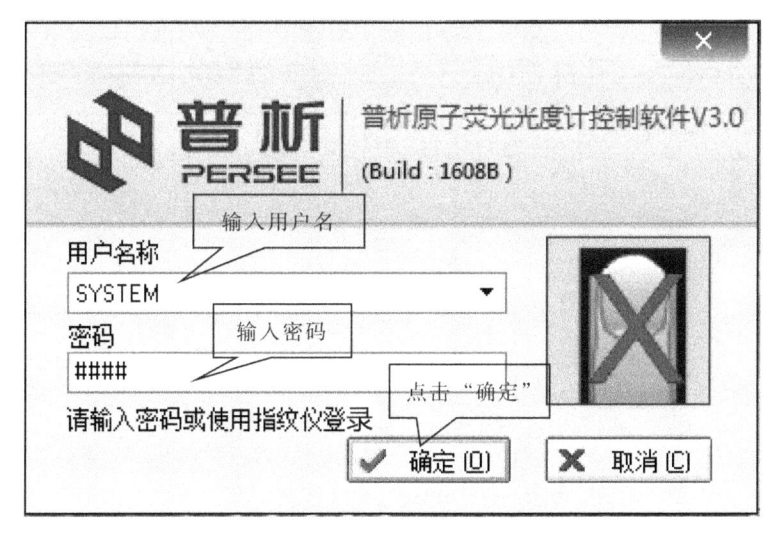

图 3.149　工作站登录界面

3.9.2 分析操作

1. 仪器设置:选择需测元素灯,设置负高压、灯电流、载气、屏蔽气等。
2. 原子化器温度:200 ℃。单击"点火""开控温",点击"下一页"或点击"进样与测量设置"(图3.150)。

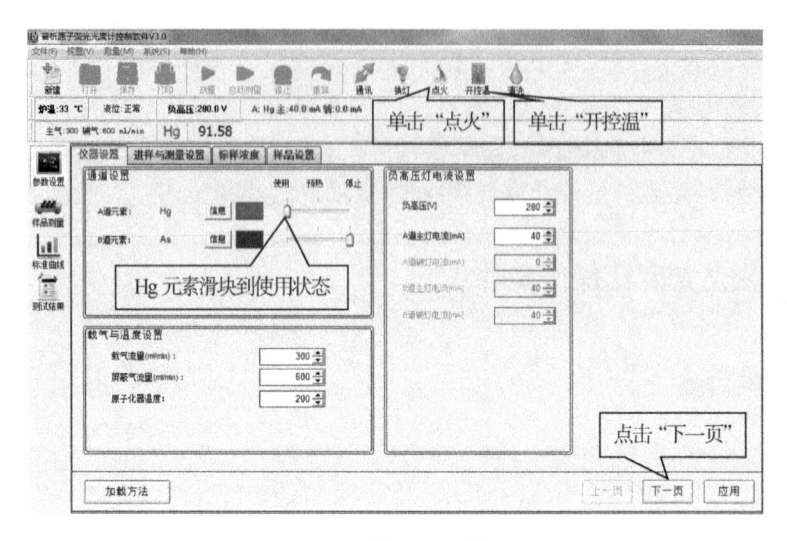

图3.150 "仪器设置"界面

3. 在"进样与测量设置"里设置测量参数与重复测量次数,点击"下一页"或点击"标样浓度"(图3.151)。

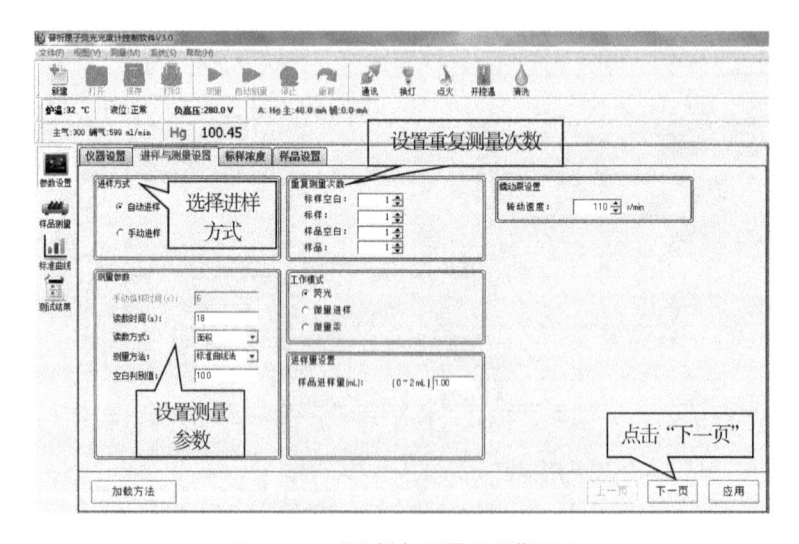

图3.151 "进样与测量设置"界面

4. 在"标样浓度"中,选择标样放置的样品区、样品盘。载液空白位置默认为0位(载液槽),选中标样对应的杯位,点击右键可修改杯位。在浓度处输入配制的各点曲线浓度;选择自动稀释时,在"本液浓度"处设定杯位(单击右键可修改)和本液浓度,下方输入要稀释的曲线浓度,点击"下一页"或点击"样品设置"(图 3.152)。

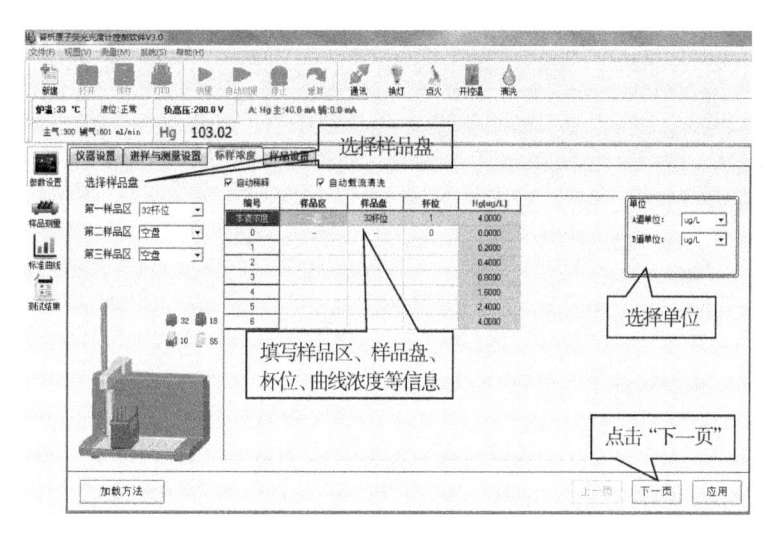

图 3.152 "标样浓度"界面

5. 在"样品设置"中,单击"样品空白",添加样品空白个数,选择样品空白盘区、盘号,输入杯位号,点击应用;在"样品区"选择样品盘,在弹出对话框里输入添加的样品个数,在"更多设置"里,设置其他参数并点击"应用"。在样品对应的"空白扣除"处,选择要扣除的样品空白。也可在样品测量完成后,选择要扣除的样品空白,点击"重算"按钮,重新计算(图 3.153)。

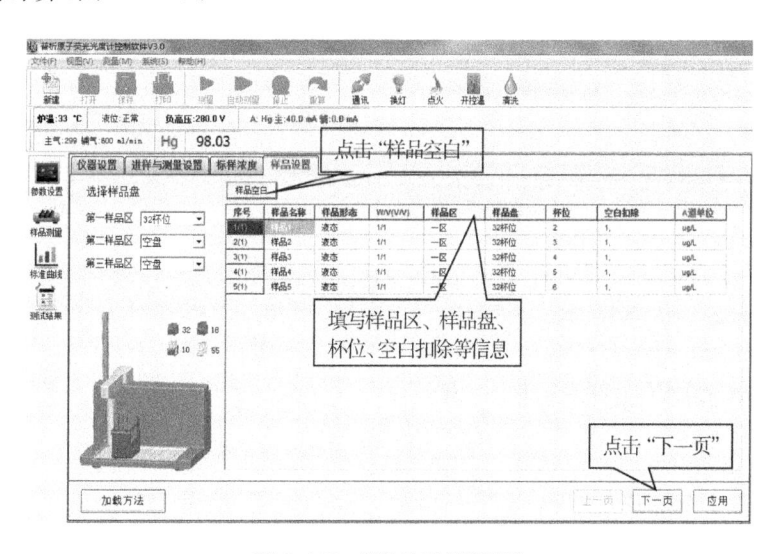

图 3.153 "样品设置"界面

6. 点击"样品测量",出现测量界面。点击"自动测量",调整参比光后,仪器依次测量载流空白、标准空白、标准曲线、样品空白、样品。测量完成后点击"保存",保存测量数据(图 3.154)。

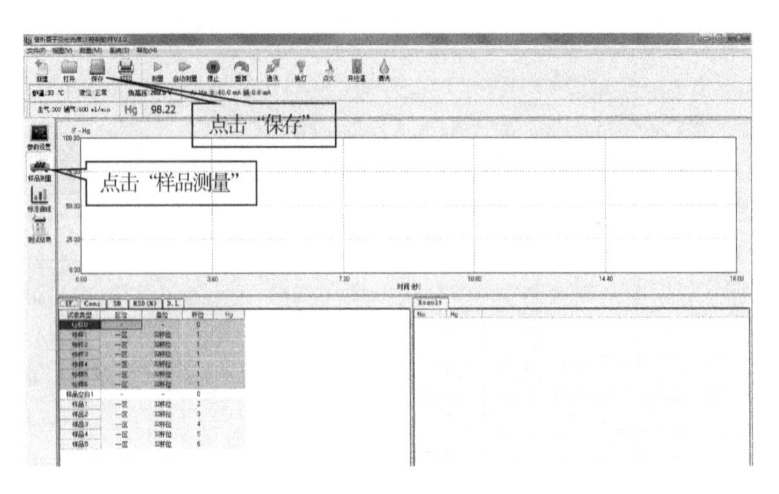

图 3.154 "样品测量"界面

7. 在"标准曲线"查看曲线,在"测试结果"中查看、打印数据(图 3.155)。

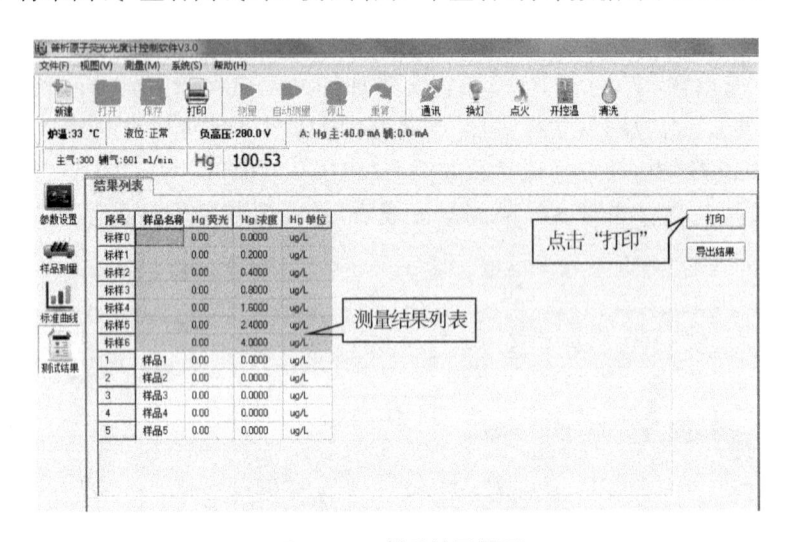

图 3.155 样品结果界面

3.10 紫外测油仪操作步骤

1. 按要求用取样瓶取 500 mL 水样。
2. 向水样中滴加盐酸,将水样酸化至 pH≤2。
3. 将水样全部倒入 1 000 mL 分液漏斗(或萃取器)内。
4. 准确量取 50.0 mL 正己烷洗涤样品瓶后,全部转移至分液漏斗(或萃取器)内。
5. 充分振荡 2 min,其间经常开启旋塞排气(如果使用萃取器,按说明书操作自动萃取)。
6. 静置分层后,将下层水相全部转移到 1 000 mL 量筒内,并测量体积。

7. 将上层萃取液通过装有 1 cm 厚无水亚硫酸钠的玻璃砂芯漏斗,收集在 50 mL 锥形瓶中(注意:整个过程中,萃取液在不进行操作时,应加盖密封)。

8. 将萃取液平均分成两部分。

9. 一部分通过硅酸镁吸附柱吸附过滤,弃去前 2~3 mL 滤液后,收集在锥形瓶内,另一部分不吸附(备用)。

10. 将纯正己烷倒入 0 号比色皿,此为空白液。

11. 将吸附后的萃取液倒入 1 号比色皿。

12. 将未经吸附的萃取液倒入 2 号比色皿。

13. 将 0 号比色皿放入比色池,合盖,稳定后(约 5 s 左右)按"空白"键。

14. 再将 1 号比色皿放入比色池,合盖,稳定后(约 5 s 左右)按"测定"键,仪器将显示水样石油类浓度。

15. 再将 2 号比色皿放入比色池,合盖,稳定后(约 5 s 左右)按"测定"键,仪器将依次显示水样动植物油类和总油浓度。

16. 如果萃取液经过稀释后测定,显示结果乘以稀释倍数为该水样油类浓度。

3.11 紫外可见分光光度计操作步骤

3.11.1 仪器操作

1. 打开计算机、打印机,等电脑进入 Windows 桌面。
2. 打开仪器主机电源并确认样品池中无比色皿。

3.11.2 仪器初始化

在计算机窗口上双击"UVWin 紫外软件 V6.0.0"图标,仪器进行初始化,大约需 5 min(图 3.156~图 3.157)。如果初始化各项都显示"确定"后进入仪器主菜单界面,此时可以看到左上角新建工作室中有四大功能:"光度测量""光谱扫描""定量测定""时间扫描"。预热半小时后,便可进入以下操作(初始化时请勿打开样品室盖)。

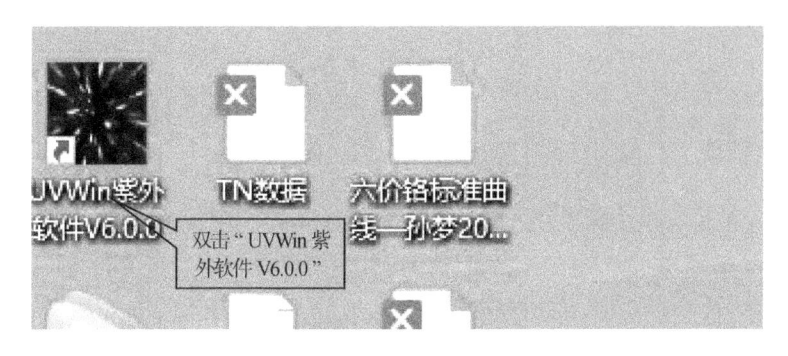

图 3.156 软件启动界面

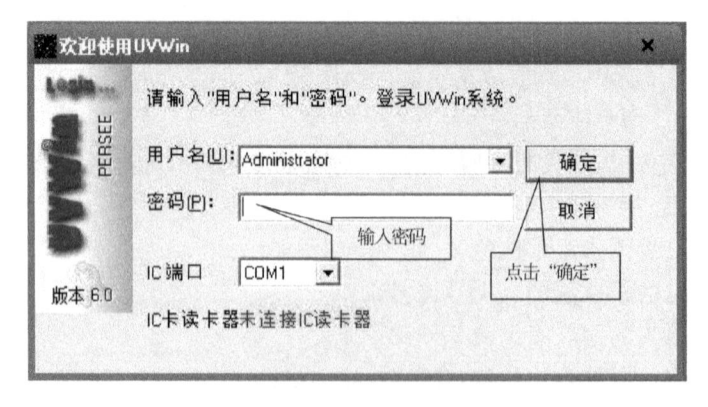

图 3.157　软件登录界面

3.11.3　光度测量

1. 参数设置：单击 按钮，进入光度测量。单击 ，设置光度测量参数（图 3.158），具体设置：添加波长（可输入多个波长）；测光方式（一般为 Abs）；重复测量次数，是否取平均值。单击"确定"退出参数设置（图 3.159）。

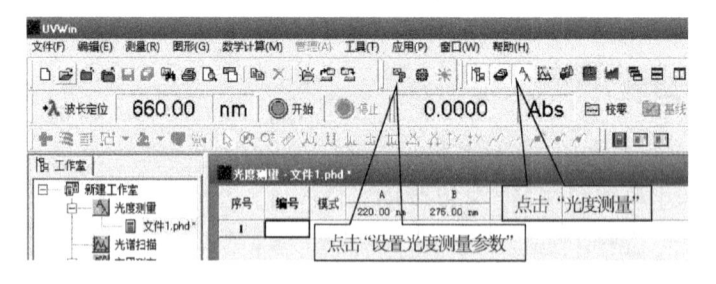

图 3.158　进入光度测量界面

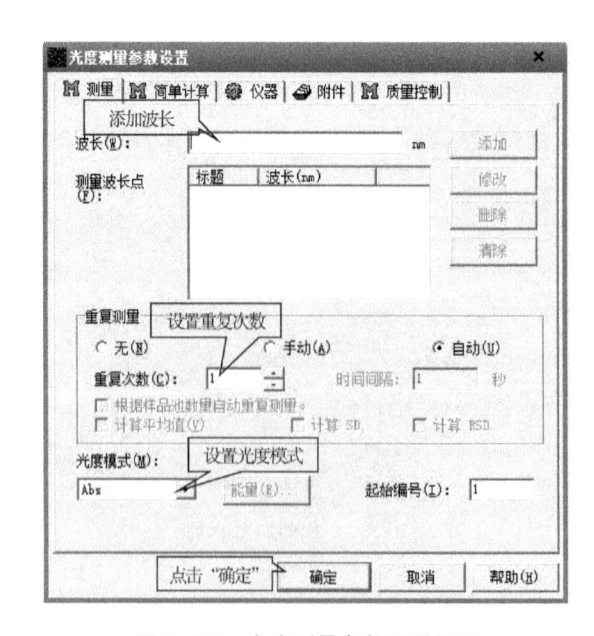

图 3.159　光度测量参数设置界面

2. 校零:将两个样品池中都放入空白溶液,单击 [校零] (图 3.160)。校零完后,取出外池空白溶液。

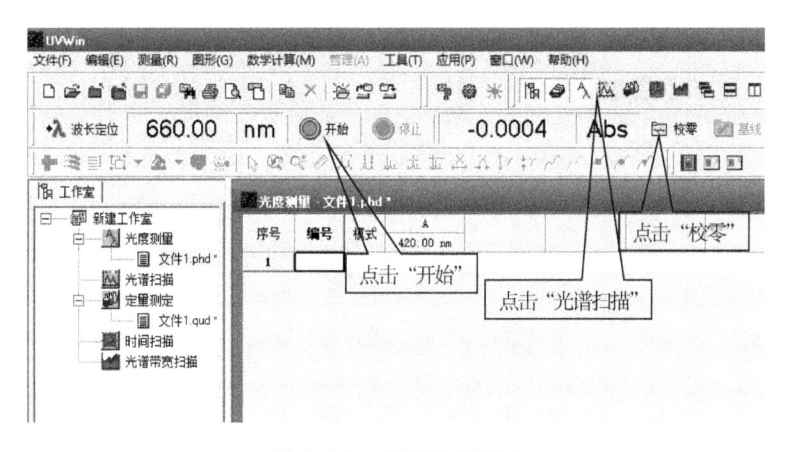

图 3.160　光度测量界面

3. 倒掉取出的空白溶液,放入样品溶液,单击 [开始],即可测出样品的 Abs 值。

3.11.4　参数设置

单击 [图标],进入光谱扫描(图 3.161),单击 [图标],设置光谱扫描参数(图 3.162)。

1. 测光方式:一般为 Abs。
2. 波长范围:起点为长波,终点为短波。
3. 扫描速度:一般为中速。
4. 采样间隔:一般为 1 nm 或 0.5 nm。
5. 显示范围:一般为 0~1。
6. 扫描方式:一般为单次扫描,单击"确定"键退出参数设置。
7. 基线校正:将两个样品池中都放入空白溶液,单击 [基线],校正完后单击"确定"键存入基线,取出外池空白溶液。
8. 扫描:倒掉取出的空白溶液,放入样品单击 [开始],进行扫描,当扫描完毕后,单击 [图标] 检出图谱的峰、谷波长值及 Abs 值(注意阈值的大小)。

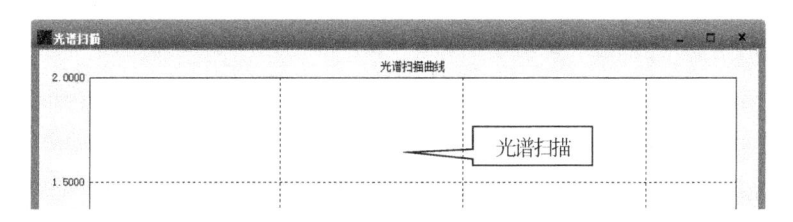

图 3.161　光谱扫描界面

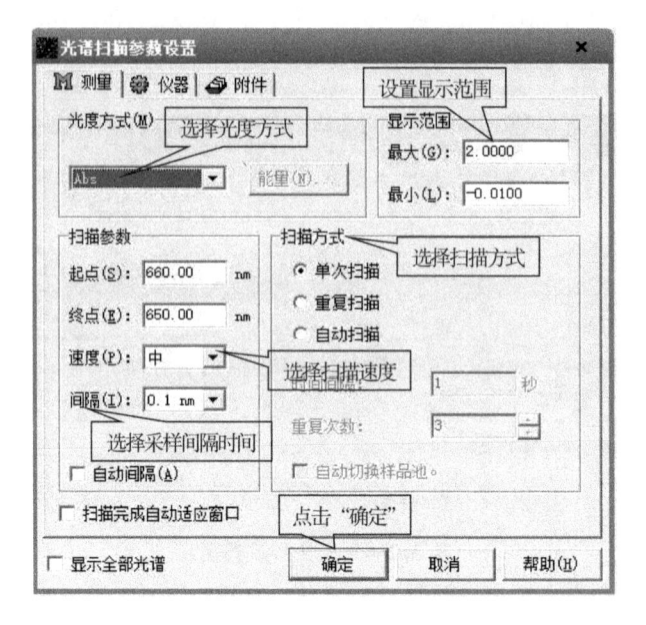

图 3.162　光谱扫描参数设置界面

3.11.5　定量测量

1. 参数设置：单击 ![img]，进入定量测定（图 3.163～图 3.164）；单击 ![img]，设置测量参数（图 3.165）；①测量方法一般为单波长；②输入测量波长；③输入标准样品和未知样品名称。设置校正曲线（图 3.166）：①选择曲线方程和方程次数，一般为 $C=f(\text{Abs})$，一次；②输入相对应的标样浓度单位；③选择是否插入零点和曲线评估；④选择校正方法，一般为浓度法。单击"确定"键退出参数设置。

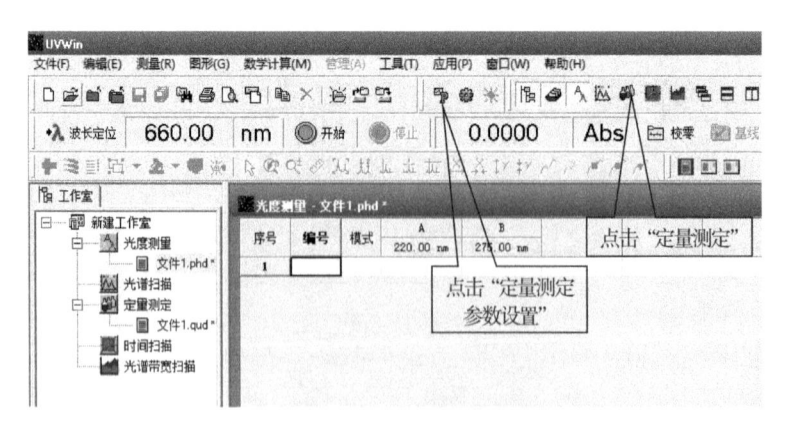

图 3.163　进入定量测定界面

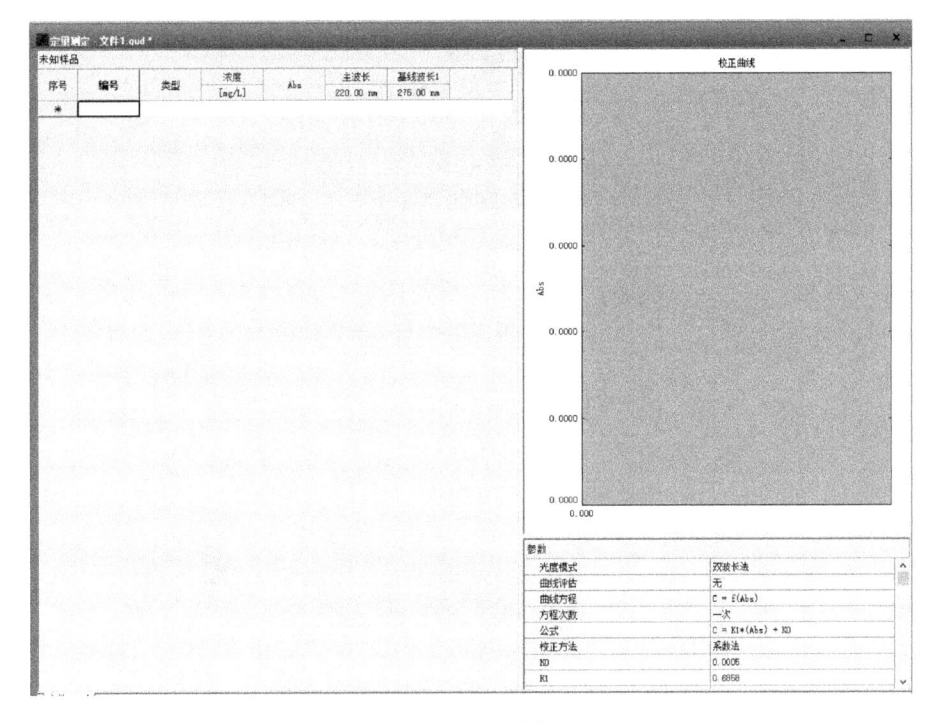

图 3.164　定量测定界面

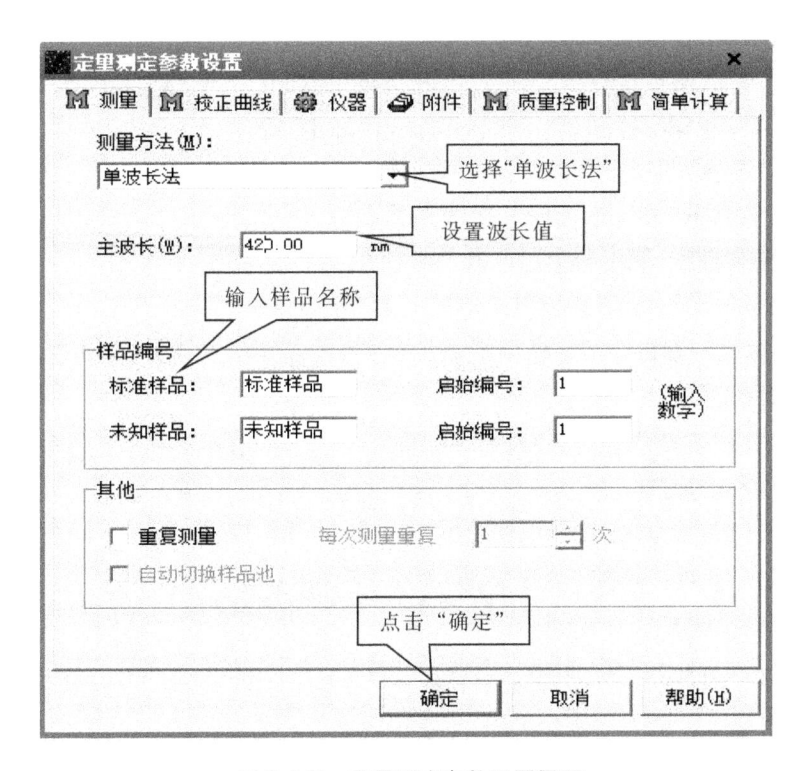

图 3.165　定量测定参数设置界面

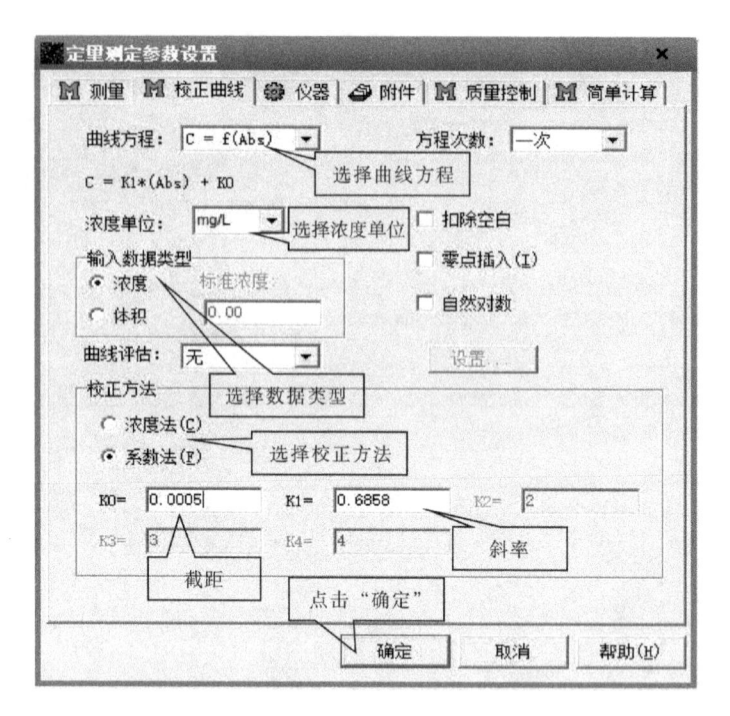

图3.166　定量测定校正曲线设置界面

2. 校零：将两个样品池中都放入空白溶液，单击 校零，开始校零。

3. 测量标准样品：鼠标点击标准样品栏，显示为"标准样品-(使用中)"，单击 开始，点击"确定"键，输入浓度(此时输入0)，点击"确定"键，取出外池空白溶液。倒掉取出的参比溶液，放入一号标准样品，单击 开始，点击"确定"键，输入一号标准样品浓度，点击"确定"键，依次类推，将所配标准样品测完，标准曲线显示在软件右侧，在标准曲线的下方会显示方程系数 K_0、K_1、R_2，检查曲线相关系数 R_2 是否合格，若合格可继续测定样品，不合格则重做曲线，取出两个比色皿，倒掉溶液，洗干净比色皿待用。

4. 样品测定：鼠标点击未知样品栏，显示为"未知样品-(使用中)"，放入两个样品空白溶液，单击 校零，拿出外池空白溶液倒掉，再放入未知浓度样品，单击 开始，即可测出样品浓度(图3.167)。

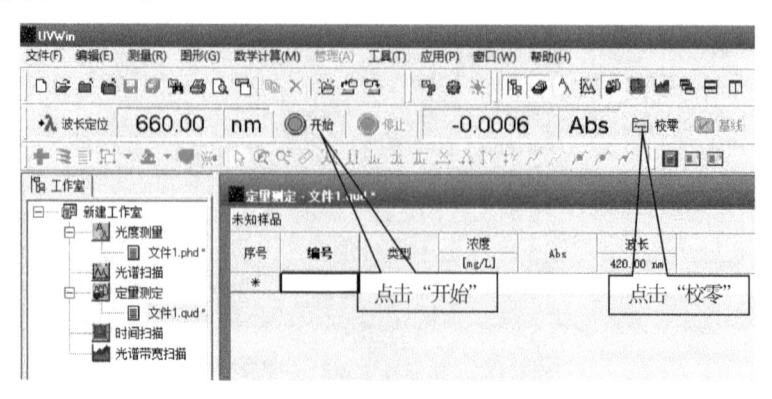

图3.167　样品测定界面

3.11.6 关机

保存所有测量数据后拿出比色皿,倒掉溶液并彻底清洗比色皿,关闭软件,依次关掉主机、计算机、打印机电源,罩上仪器罩。

3.12 全自动智能蒸馏仪操作步骤

1. 将蒸馏试样、所需试剂、沸石、水等依次加入长臂蒸馏瓶内,混匀。
2. 将蒸馏瓶依次放到加热炉上,蒸馏瓶的长臂瓶口与冷凝瓶密封连通,蒸馏瓶的上面瓶口通过中空的瓶塞、橡胶软管与防倒吸装置密封连通。
3. 将接收馏出液的容量瓶依次放到托盘上面(馏出液引流管位于容量瓶瓶口的中心最佳)。

3.13 高速冷冻离心机操作步骤

3.13.1 控制面板及显示界面简介

控制面板简介(图 3.168):

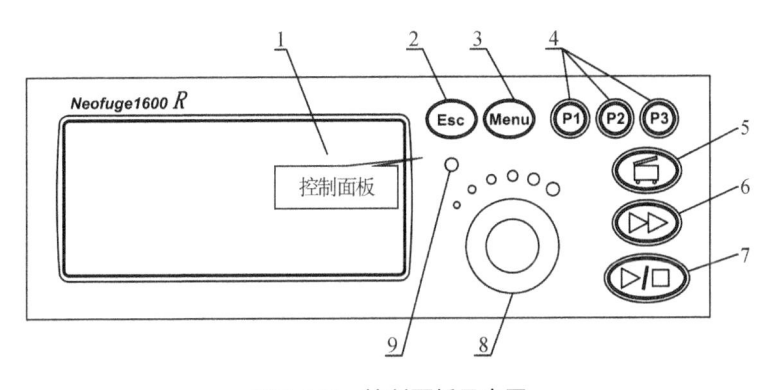

图 3.168 控制面板示意图

1—数据显示窗口;

2—取消或消音键;

3—菜单键;

4—常用程序快速调用键;

5—开门键;

6—点动按钮(快速启动,按住该键则转子快速上升至该转子允许最高速,松开则快速停止);

7—运行或停止键;

8—旋钮(各项设定参数的选择和修改,往下摁为确认键);

9—报警指示灯。

主界面简介(图3.169):

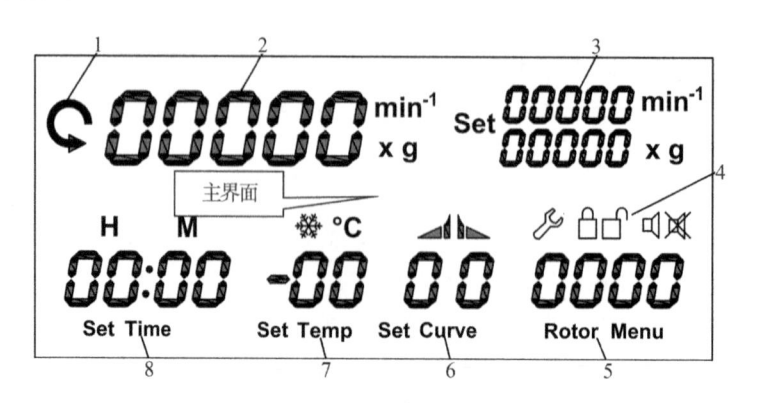

图3.169 主界面示意图

1—运行状态提示区:"⟳"显示为运转状态,"⟳"不显示为停止状态;

2—当前转速及离心力值:显示当前转子实际转速值"min^{-1}"及离心力值,待机下都显示"0";

3—当前转速及离心力的设定值显示区;

4—门锁、报警提示区:"🔒"为门锁锁定状态,"🔓"为门锁打开状态,"🔇"为报警音静音符号,报警时蜂鸣器报警,按"Esc"可消除报警音;

5—转子编号及菜单选择区;

6—转子升降速曲线提示区:左边为升速曲线编号,右边为降速曲线编号,设置范围为1~9,从1到9逐渐变快;

7—温度设定及显示区;

8—时间设定及显示区:按"▶/■"键后正常转子运转时,显示为剩余运转时间,当运行达到设定运转时间后,显示为"00:00";按"▶▶"短暂运行时,显示已运转时间。

3.13.2 开门

在电源打开及转子没有运转的情况下,按控制面板上的"🔓"键(开门键),门锁机构动作,门盖在弹簧作用下将自动打开并弹起至一定高度,然后需要用手将门盖往上提起并靠气弹簧支撑住,内腔将呈现在用户的面前,而主界面画面上表示门状态的图标将显示为门锁打开"🔓"。

3.13.3 关门

在电源打开的情况下,将门盖轻轻往下按,直到门盖上的两个门钩接触到机器内的门锁机构微动开关为止,门锁机构自动将门关闭,直到主界面画面上表示门状态的图标显示为门锁闭合时,门已被锁紧。关门时,应适当按下门盖,不要用力过猛,以免门锁机构损坏。

3.13.4 离心容器内样品的填注

仔细检查所使用的离心容器(离心管等)是否符合其允许的最大额定加速度(离心力);如果可能的话,请降低运转速度使用。离心机运行时,平衡性能越好,分离样品的分离区域越不会因有振动而互相干扰,所以离心效果越好。因此在向离心容器内填注样品时尽可能平均,以便运行过程中能达到较好的平衡效果。所有样品放置时,必须选用合适的容器。

3.13.5 转速参数设置

1. 在待机界面时转动旋钮进入参数设定界面,使转速设定区的数值开始闪烁,见图3.170。

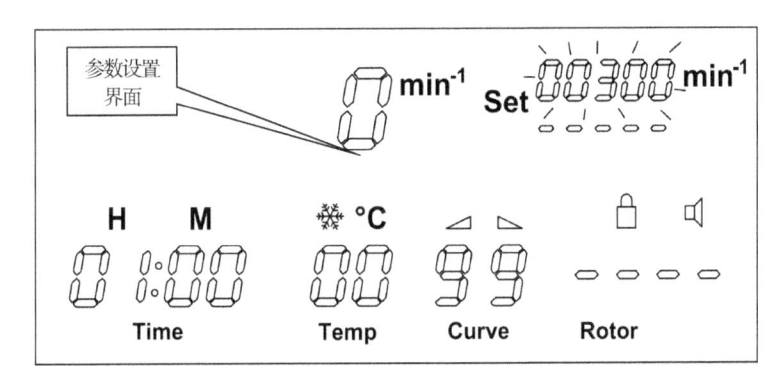

图 3.170 转速设定界面

2. 按下旋钮,此时"Set"与"min^{-1}"共同闪烁,说明可以对数值进行修改设定,见图3.171。

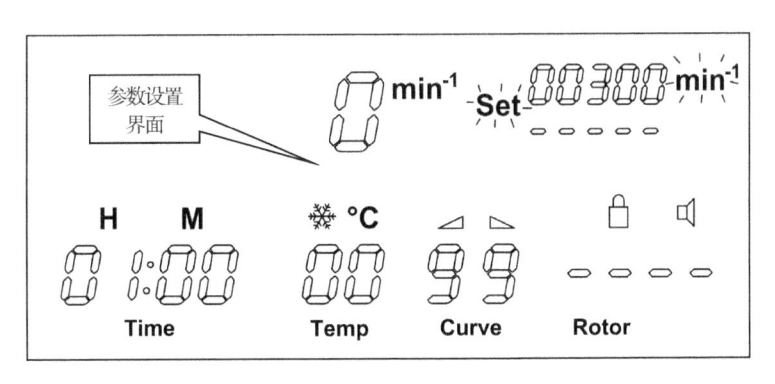

图 3.171 数值修改设定界面

3. 转动旋钮,可改变转速大小。转速的设定为分级可变式调节:慢速旋转旋钮时数值的变化为 100 min^{-1},快速旋转时可达 1 000 min^{-1}。

4. 调至所需的转速值,按下旋钮,即保存本次设定;也可按"Esc"键取消本次更改,退回到待机界面。

3.13.6 离心力设置

1. 在待机界面时转动旋钮进入参数设定界面,使离心力设定区的数值开始闪烁。
2. 按下旋钮,此时"Set"与"×g"共同闪烁,说明可以对数值进行修改设定。
3. 转动旋钮,可改变离心力大小。离心力的设定为分级可变式调节:慢速旋转旋钮时数值的变化为 $100×g$,快速旋转时可达 $1000×g$。
4. 调至所需的离心力值,按下旋钮,即保存本次设定;也可按"Esc"键取消本次更改,退回到待机界面。

3.13.7 运行时间设置

Neofuge1600R 离心机转子运行时间的设置范围为:1 min～9 h 59 min,在扩展模式下可达 20 h。时间的设定可分别对小时(H)与分钟(M)进行设定。

1. 在待机界面时转动旋钮进入参数设定界面,使时间设定区的"H"或"M"开始闪烁。
2. 按下旋钮,此时"Set"与"H"或"Set"与"M"共同闪烁,说明可以对数值进行修改设定。
3. 转动旋钮,可改变"H"或"M"的大小。
4. 调至所需的时间,按下旋钮,即保存本次设定;也可按"Esc"键取消本次更改,退回到待机界面。

3.13.8 温度设置(Neofuge1600R 适用)

Neofuge1600R 离心机腔室的温度控制,根据不同转子在不同转速下可达到的最低温度是不同的。

1. 在待机界面时转动旋钮进入参数设定界面,使温度数值开始闪烁。
2. 按下旋钮,此时"Set"与"℃"共同闪烁,说明可以对数值进行修改设定。
3. 转动旋钮,可改变温度大小。
4. 调至所需的温度,按下旋钮,即保存本次设定;也可按"Esc"键取消本次更改,退回到待机界面。

3.13.9 停止离心机工作

离心机启动工作后,可以有以下两种方法让离心机停止工作:正常情况下,离心机已经预先设置运行时间,所以必须等待计时到"预先设置运行时间"结束,离心机自动停止运行。只有当转子转动速度降到零,即转速显示窗显示"0 min"或"0×g"时,可以按一下控制面板上的开门键"▬",然后可以用手向上抬起门盖,就能将机器的门盖打开,主界面上门锁状态图标显示锁头打开,然后就可以将离心机内分离好的样品取出。正常运行过程中,要想中途停止离心机的运行,可以在任何时候按一下控制面板上的停止键"▶/■",离心机将立刻停止运行,运行时间显示窗口的倒计时同时停止计时。只有当显示的转速和离心力降到零时,才可以按下控制面板上的开门键"🔓",将机器的门盖打开,同时门锁状态图标显示打开状态,然后可以将分离好的样品取出。

3.13.10 预设参数快速调用与存储

1. 参数的快速调用(短按)

在面板上有"P1""P2""P3"三个按键,分别对应位置为 1、2、3 的三组预设运行参数。短按其中一个键 2 s,可自动调用该键相应位置的预设运行参数。若该位置已有预设参数,则当前转速区显示"load"并且设定区域内的参数将被替换成预设参数;而若该位置没有预设参数,则当前转速区将显示"no data",且本次调用不成功,设定区的参数不会发生变化。

2. 参数的快速存储(长按)

若用户已经设定好运行参数,并希望能快速保存,则可以长按面板上的"P1""P2""P3"三个按键的其中一个键 5 s 左右,听到提示音后,当前转速区将会显示"saved",表明当前设定的参数已经保存至用户所按键的相应位置中,本次保存成功。

3.13.11 菜单设定

在待机时,按下面板上的"Menu"键可进入菜单设定状态,此时可看到屏幕右下角的"Menu"闪烁,左右转动旋转编码器可选择不同的功能菜单,按下就可进入该菜单功能,按"ESC"键退出菜单设定状态。

1. "P"—预设运行程序调用及修改该菜单功能,是快速参数调用及存储的补充。本功能中可调用、修改和保存 10 个位置的预设参数,其中位置 1、2 及 3 的参数是与快速功能共用的。转动旋转编码器可改变选择位置,按下旋转编码器可调用该位置的预设参数,按"MENU"键可修改该位置的预设参数,此时,右下角的"P"会闪烁,表示此时是修改当前预设位置的参数。修改完成后可按"Menu"键保存,或按"Esc"键放弃修改。

2. "H"—历史运行程序查看及调用,该菜单功能可查看最近 10 次运行的参数。转动旋转编码器可改变选择位置,按下旋转编码器可查看该次的运行参数。按"运行"键可直接调用该组参数运行。

3. "Cr"—倒计时方式设定,该菜单功能可修改运行时的倒计时方式。Cr00:表示转子启动时,倒计时开始。Cr01:表示转子达到设定转速时,倒计时开始。

4. "Ts"—运行时间范围设定,该菜单功能可修改运行时的计时范围。Ts09:表示基本时间范围,从 1 min~9 h 59 min。Ts20:表示扩展时间范围,从 1min~20 h 00 min。

5. "E"—历史错误记录查看,该菜单功能可查看历史错误记录。条目从小到大依次存放由最近至以前的错误代码,共 50 条。新发生的错误,代码存入 E001 条目中,原来的代码依次向后顺移。

6. "A"—振动超过最大允许值次数记录查看,该菜单功能可查看振动报警次数记录。

7. "S"—电机与转子速差超过最大允许值次数查看,该菜单功能可查看电机与转子速差过大的报警次数记录。

8. "L"——LCD 背光亮度设定,该菜单功能可设 LCD 背光亮度。亮度共分 6 级,分别为"0"~"5","0"为关闭背光,最暗;"5"为背光全开,最亮。

3.13.12 启动离心机

用户数参数设置结束,确认转子已安装好,用户分离样品也放置正确,机器的门盖已完全关闭,此时机器可以启动。

注意:主界面上的门锁状态图标可以显示机器的门盖是否正确关闭。从离心分离启动到升至设置转速期间,请操作人员站在安全空间外监测机器运行,若有异常振动或噪声,请迅速按▶/■停机。

1. 按一下控制面板上的运行键▶/■,此时转子在低速下进行转子识别工作,转子识别完成后,会对当前设定的转速或离心力进行限速。

2. 转子将根据设定好的升速曲线加速到设定的转速。

3. 运行采用"倒计时"的方法显示运行时间,当运行时间显示为零,即"00:00"时,离心机停止,工作结束。

4. 随着压缩机的运行,腔室温度迅速下降,当腔室温度达到设定温度时,压缩机停止工作。

5. 运行过程中,显示适时的转速和离心力,其中显示的离心力是根据机器检测到的转子自动换算而成的。

6. 当在运行过程中转子转速、转子离心力分别超过其最大允许值或设定值时,应有报警提示,电机温度保护动作、压缩机过压动作,机器应及时发出报警提示并进行相关处理操作。

7. 转子运行过程中不允许打开机器的门盖。

3.14 千分之一电子天平操作步骤

1. 接通电源并预热,使天平处于备用状态。
2. 打开天平开关(按操纵杆或开关键),使天平处于零位,否则按"去皮"键。
3. 放上器皿,读取数值并记录,用手按"去皮"键清零,使天平重新显示为零。
4. 在器皿内加入样品至显示所需重量时为止,记录读数,如有打印机可按"打印键"完成。
5. 将器皿连同样品一起拿出。
6. 按天平"去皮"键清零,以备再用。

3.15 万分之一电子天平操作步骤

1. 开机,轻按"ON"键,电子天平进行自检,最后显示"0.000 0 g"。
2. 置容器于秤盘上,显示出容器质量。

3. 轻按"TARE"清零、去皮,随即出现全零状态,容器质量显示值已去除,即去皮重。

4. 放置被称物于容器中,这时显示值即为被称物的质量值。

5. 累计称量:用去皮重称量法,将被称物逐个置于秤盘上,并相应逐一去皮清零,最后移去所有被称物,则显示数的绝对值为被称物的总质量值。

6. 加物:按住"INT"键不松手,可调置"INT-0"模式,置容器于秤盘上,去皮重。将称物(液体或松散物)逐步加入容器中,能快速得到连续读数值。当加物达到所需称量,显示器最左边"0"熄灭,这时显示的数值即为用户所需的称量值。当加入混合物时,可用去皮重法,对每种物质计净重。

7. 读取偏差:置基准砝码(或样品)于秤盘上,去皮重,然后取下基准砝码,显示其质量负值。再置称物于秤盘上,视称物比基准砝码重或轻,相应显示正或负偏差值。

8. 下挂称重:拧松底部下盖板的螺丝,露出挂钩,将天平置于开孔的工作台上,调正使其水平,并对天平进行校准工作,就可用挂钩称量挂物了。

3.16　医用冷藏柜操作步骤

1. 将保存箱与一个专用插座(电源为 220 V/50 Hz)相连接,此时不要往冰箱内放物品。

2. 在第一次接通电源的时候,要先打开电源开关,再打开电池开关,声音报警器可能会响,这是正常的,按下蜂鸣器键,以消除报警声。声音报警器持续工作,直到温度监测瓶传感器达到 5±2 ℃范围。

3. 确保两个监测瓶内装好 10%的甘醇溶液。

4. 保存箱运行数小时后,保存箱温度才能够稳定在设定温度下。一旦保存箱内温度达到稳定,请检查监测瓶温度是否与设定点温度相一致。

5. 打开灯开关,确保箱内照明灯正常运行。

6. 完成对保存箱运行的彻底检查以后,开始逐渐往箱内放入物品,但请注意一次不要放入过多的高温物品。

7. 温度传感器简单校准:将电池开关及电源关闭,按住"校准确认"按键,电蜂鸣器鸣一声,显示"CL"10 s 后进入正常温度显示,此时打开电源,再打开电池开关,表示温度传感器简单校准成功。

3.17　可见分光光度计操作步骤

3.17.1　开机自检

1. 依次打开打印机、主机电源,仪器开始初始化;约 3 min 时间初始化完成(图 3.172)。

2. 初始化完成后,仪器进入主菜单界面(图 3.173)。

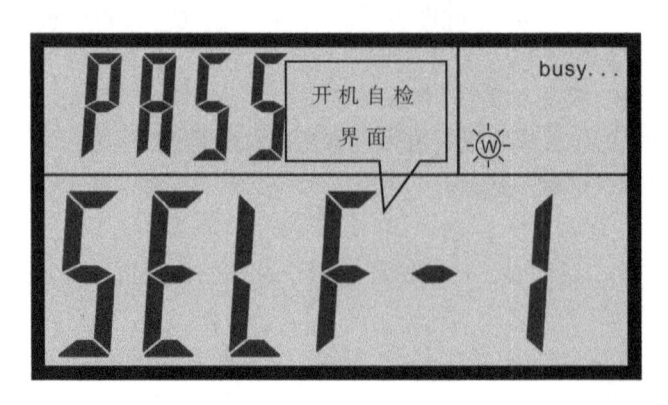

图 3.172　开机自检界面

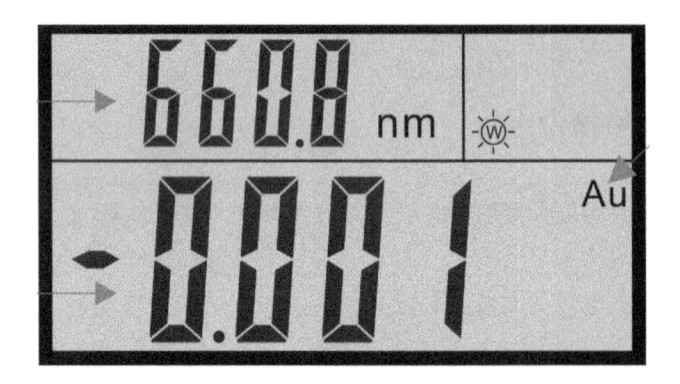

图 3.173　主菜单界面

3.17.2　设置测量波长

在图 3.185 状态下按"GOTOλ"键,设置所测量的波长,见图 3.174。例如需要在 680 nm 测量,输入"680"后按"ENTER"键确认。

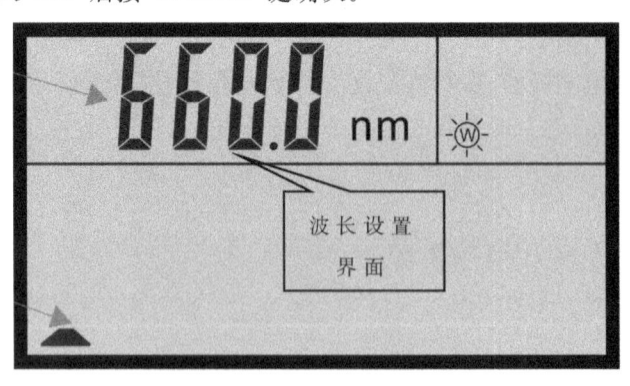

图 3.174　波长设置界面

3.17.3 设置样品池个数

1. 按"SHIFT/RETURN"键,进入系统设置界面,如图 3.175 所示。

图 3.175 样品池设置界面

2. 根据使用比色皿个数按▽键将循环确定使用样品池个数。如图 3.176 所示,比如使用 2 个比色皿,循环按△设置为2(表示只使用了 1 号、2 号样品池)。

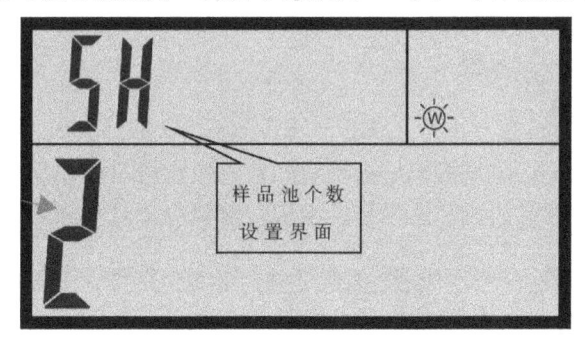

图 3.176 样品池个数设置界面

3.17.4 自动校零

样品池设置完成后,按"SHIFT/RETURN"键返回测量界面。在 1 号样品池放入空白溶液,按"ZERO"键进行空白校正,如图 3.177 所示。

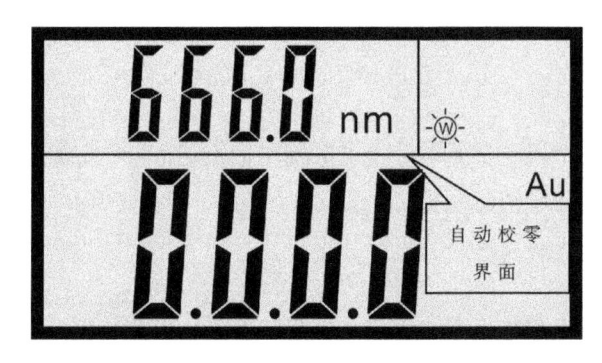

图 3.177 自动校零界面

3.17.5 测量样品

1. 自动校零完成后,在 2 号样品池中放入样品,按"START"键进行测量,如图 3.178 所示。

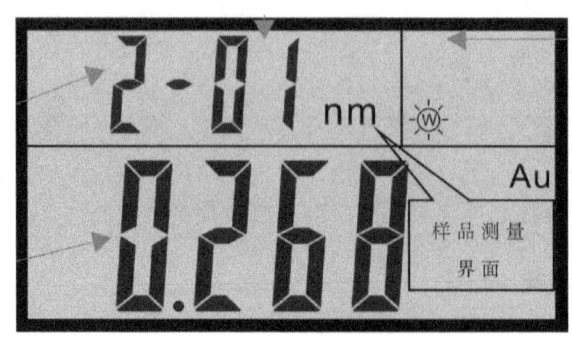

图 3.178 样品测量界面

2. 仪器自动记录测量结果,屏幕只显示一个样品的吸光度值,需要查看数据则按▲键或▼键翻页显示。

3.17.6 改变参数后测量

如果需要更换波长,按"SHIFT/RETURN"键可以返回到光度测量主界面。再按"GOTOλ"键,调整波长。更换波长后必须重新放入空白液,按"ZERO"键进行空白校正,如果上次测量数据没有打印,按"START"键进行测量会出现如图 3.179 所示提示。

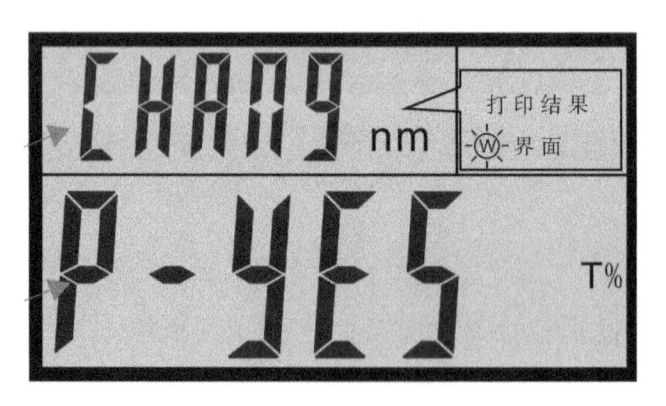

图 3.179 打印结果界面

此时按▼改变为 P-no,表示不打印上次测量数据(如果再按▲改变为 P-YES,表示打印)。按"ENTER"键开始继续测量。

3.17.7 结束测量

测量完成后按"PRINT"键打印数据,退出程序或关闭仪器后测量数据将消失。确保已从样品池中取出所有比色皿,清洗干净以便下一次使用。按"SHIFT/RETURN"键直到返回到仪器主菜单界面后再关闭仪器电源。

3.18　旋转蒸发仪操作步骤

1. 打开低温冷却液循环泵。注意先按电源键后再按下制冷键，降到所需温度后开循环。
2. 打开水泵循环水。
3. 装上蒸馏烧瓶并用夹子固定好。打开真空泵，待有一定真空后开始旋转。
4. 调节蒸馏烧瓶高度、旋转速度，设定适当水浴温度。
5. 蒸完先停止旋转，再通气，然后停水泵，最后再取下蒸馏烧瓶。
6. 停低温冷却液循环泵，停水浴加热，关闭水泵循环水，倒出接收瓶内溶剂，洗干净缓冲球、接收瓶。

3.19　立式压力灭菌器操作步骤

1. 接通电源：打开电源开关，仪器自动进行自检，屏幕、所有的指示灯闪烁3下后"ST-BY"灯闪烁，表示已进入待机状态。
2. 确认排气软管应垂放在废液桶上方，但不能浸没在水里。废液桶的水位应在"HIGH"标志线以下。使用干燥功能时，应先清空废液桶的水或只留少许，因为灭菌腔的水会排到废液桶里而溢至地面。
3. 查看腔体底部水位，确保水位高于水位指示器，并低于水位板表面。如通过水位指示器看不到水，代表水位过低，需加水。
4. 装入灭菌物：把灭菌物放入提篮中，再将提篮放在灭菌腔里。
5. 关闭腔门：按顺时针方向旋紧手柄，如果"Locked"指示灯亮但感觉手柄尚未旋紧，应继续旋转直到手柄紧了同时"Locked"指示灯亮。如果旋到很紧、已经旋不动了但灯不亮，可稍微回转一下（因为仪器设置为每旋转90°灯亮一次）。

注意：关盖时，应先按逆时针方向旋松手柄至尽头，保证横梁在移动过程中不和立柱摩擦（避免横梁硬挤入立柱而挤坏连锁装置），注意观察腔盖和台面保持空隙，横梁和立柱保持空隙。

6. 程序：按"UP"键和"DOWN"键选择程序，这时左下方显示屏会显示"U01""U02"等已经设置好的程序。

U01：固体灭菌；U02：液体灭菌带保温；U03：液体灭菌；U04：琼脂溶解；U05：固体带干燥模式（TR型）（DS系列只有U01：灭菌，U02：琼脂溶解）。

需要创建或修改程序时，可按"SET/ENT"进入设置界面，按"UP"或"DOWN"键相应地增加或减少数值。按"NEXT"可进入同一程序下一个参数的设置界面（详情请见操作手册）。当选好程序时，长按"START"3 s，系统启动工作。灭菌过程中不要随意按"STOP"键，尤其在液体灭菌模式下，否则可能导致液体溢流。

温度和压力对应参考表（海拔300 m以下）：灭菌105 ℃，压力显示0.02 MPa；灭菌

115 ℃,压力显示 0.07 MPa;灭菌 121 ℃,压力显示 0.11 MPa;灭菌 127 ℃,压力显示 0.15 MPa;灭菌 135 ℃,压力显示 0.21 MPa。

7. 灭菌结束:系统发出 5 声长音,同时状态流程图上的"COMP"灯闪烁,表示灭菌结束,可以开盖。

注意:开盖时应先逆时针方向旋松手柄至尽头,再打开腔门,以免腔门密封圈和台面摩擦导致密封圈磨损甚至脱落。

8. 当运行固体带干燥模式时,灭完菌后温度低于沸点以下 3 ℃时系统将发出提示音,同时屏幕显示"OPEN",提示开盖;旋松手柄至尽头,轻推腔盖直至半开,系统自动启动干燥。

9. 结束当天的灭菌工作,应关闭电源开关,建议排干灭菌腔和水箱的水。

3.20　pH 计操作步骤

1. 开机后,会出现一个电位的显示,按"pH/mV"键将屏幕显示转换为 pH。

2. 温度设置:按"温度"按钮,调节温度至室温。具体操作是按"温度"按钮(上下任一个都行)然后按"确定",然后按"上下"键调节温度至室温。

3. 将复合电极的保护外套取下,检查玻璃膜是否完好,玻璃膜保存完好复合电极才能使用。

4. pH 计使用前需要校正,校正需要用标准的缓冲溶液(酸标、中标、碱标)。如果我们要用 pH 计测量偏酸性环境的 pH,则需要用中标和酸标进行校正。

5. 用蒸馏水冲洗复合电极,并擦拭干净。将复合电极插入中标中,观察示数,设置的实验温度是 25 ℃,pH 应为 6.86,如果显示的不是 6.86,则需定位。按"定位"按钮(上下任意键),然后按"确定",再按"上下"键调节示数,显示为 6.86,按"确定"。此时中标定位完成。

6. 中标定位完成后,用蒸馏水冲洗复合电极,并擦拭干净。复合电极插入酸标中,观察示数,设置的实验温度是 25 ℃,pH 应为 4.00,如果显示的不是 4.00,则需定位。按"定位"按钮(上下任意键),然后按"确定",再按"上下"键调节示数,显示为 4.00,按"确定"。此时酸标定位完成。

7. 定位完成,即可使用。

3.21　电导率仪操作步骤

3.21.1　标定

1. 电极常数标定

(1) 将电导电极接入仪器,将温度电极拔去。开机,使仪器处于电导率测量状态,仪器则认为温度为 25.0 ℃,此时仪器所显示的电导率值是未经温度补偿的绝对电导率值。

(2)用蒸馏水清洗电导电极。

(3)将电导电极浸入标准溶液中,选择合适的标准溶液,见表3.1,配制方法见表3.2,标准溶液与电导率关系见表3.3。

表3.1 测定电极常数的KCl标准溶液

电极常数(cm^{-1})	0.01	0.1	1	10
KCl溶液近似浓度(mol/L)	0.001	0.01	0.01或0.1	0.1或1

表3.2 标准溶液的组成

近似浓度(mol/L)	容量浓度[KCl溶液(g/L,20℃空气中)]
1	74.265 0
0.1	7.436 5
0.01	0.744 0
0.001	将100 mL 0.01 mol/L的溶液稀释至1 L

表3.3 KCl溶液近似浓度及其与电导率的关系

近似浓度(mol/L)	电导率(μS/cm)				
	15.0 ℃	18.0 ℃	20.0 ℃	25.0 ℃	30.0 ℃
1	12 120	97 800	101 700	111 310	131 100
0.1	10 455	11 163	11 644	12 852	15 353
0.01	1 141.4	1 220.0	1 273.7	1 408.3	1 687.6
0.001	118.5	126.7	132.2	146.6	176.5

(4)控制溶液温度恒定为:(25.0±0.1)℃或(20.0±0.1)℃或(18.0±0.1)℃或(15.0±0.1)℃。

(5)根据所用的电导电极设置相应的电极常数挡次(分0.01、0.1、1.0、5.0、10.0五挡),并回到模式选择状态。

(6)按"▲/C/T/S"键或"▼/贮存"键选择"CAL"(显示在液晶屏左下角),按"确定/打印"键,仪器即进入电导电极标定状态,仪器显示未经温度补偿的绝对电导率值。

2.溶解性总固体(TDS)转换系数的标定

(1)先设置好电导电极常数,使仪器进入TDS测量状态。

(2)用蒸馏水清洗电导电极。

(3)将电导电极浸入标准溶液中,控制溶液温度恒定为(25.0±0.1)℃。

(4)仪器处于TDS测量状态下,按"模式/测量"键,仪器即进入模式选择状态,按"▲/C/T/S"键或"▼/贮存"键选择"TCAL"(显示在液晶屏左下角);或仪器处于模式选择状态下,直接按"▲/C/T/S"键或"▼/贮存"键选择"TCAL",按"确定/打印"键仪器即进入TDS转换系数标定状态,此时仪器显示TDS数值。

(5)待仪器读数稳定后,按下"确定/打印"键,液晶屏左下角显示仪器"CA-M",按"▲/C/T/S"键或"▼/贮存"键,使仪器显示表3.4中所对应的数据,然后按"确定/打印"

键,仪器将自动计算出 TDS 转换数并贮存(具断电保护功能),同时 TDS 转换系数值显示在液晶屏上,约 5 s 后自动返回到模式选择状态。

表 3.4 电导率与 TDS 标准溶液关系表

电导率 (μS/cm)	TDS 标准值		
	KCl(mg/L)	NaCl(mg/L)	442[①](mg/L)
23	11.6	10.7	14.74
84	40.38	38.04	50.5
447	225.6	215.5	300
1 413	744.7	702.1	1 000
1 500	757.1	737.1	1 050
2 070	1 045	1 041	1 500
2 764	1 382	1414.8	2 062.7
8 974	5 101	4 487	7 608
12 880	7 447	7 230	11 367
15 000	8 759	8 532	13 455
80 000	52 168	48 384	79 688

3.21.2 调节电极常数

仪器处于模式选择状态下,按"▲/C/T/S"键或"▼/贮存"键选择"CONT"(显示在液晶屏左下角);按"确定/打印"键即进入电极常数选择状态。按"▲/C/T/S"键或"▼/贮存"键选择相应的电极常数。仪器显示需要的电极常数后,按"确定/打印"键仪器即进入电极常数调节状态,此时液晶屏左下角显示"ADJS"。在此状态下,仪器显示当前设定的电极常数值,可以按"▲/C/T/S"键或"▼/贮存"修改电极常数,修改为实际电极常数值后,按"确定/打印"键,则仪器完成电极常数设定功能,自动退出"CONT"状态,进入模式选择状态。

3.21.3 测量

1. 打开电源,将电导电极用蒸馏水清洗后插入被测溶液。

2. 仪器在测量状态下同时计算电导率、TDS 和盐度值,可以按"▲/C/T/S"键进行切换显示。

注意:在进行精确测量前,首先需要选择合适的电导电极,然后将电极常数输入仪器,进行仪器常数设定,必要时还需设定和标定其他参数。

(1) 在测量电导率前必须先设定合适的电极常数和温度补偿系数(以下简称"温补系数"),在电导率测量状态下,仪器显示当前被测溶液的电导率值和温度值。液晶屏左下

---

① 442:指 40%Na_2SO_4、40%$NaHCO_3$、20%NaCl 混合液体。

角显示"CON"。

（2）在测量 TDS 前必须先设定合适的电极常数、温补系数和 TDS 转换系数,在 TDS 测量状态下,仪器显示当前的 TDS 值和温度值。液晶屏左下角显示"TDS"。

（3）在测量盐度前必须先设定合适的电极常数,在盐度测量状态下,仪器显示当前的盐度值和温度值。液晶屏左下角显示"SALT"。

3. 记录读数。

4. 测量完毕后,清洗电极,关闭电源。

3.22 台式溶解氧仪操作步骤

3.22.1 测量

1. 将 LDO(一种低压差线性稳压器)电极放置到样品中。

2. 按下"Read"下面的"GREEN/RIGHT"按键。

3. 显示屏上将会显示"正在稳定……",随着电极在样品中的稳定,屏幕上会有一个进程条显示稳定的进程。然后会出现锁定光标,结果会自动存储在数据日志中。

4. 如需进行下一个测量,请重复上述步骤。

3.22.2 水饱和空气校准

1. 按下"Calibrate"(校准)下面的"BLUE/LEFT"按键。

2. 干燥电极,然后将其放置到校准室中。

3. 按下"Read"下面的"GREEN/RIGHT"按键。

4. 当读数稳定时,标准值将会在页面上被选中,校准读数值将会出现在页面上。按下"Done"下面的"UP"按键。

5. 显示校准概要。按下"Store"下面的"GREEN/RIGHT"按键接收校准,并返回到测量模式。校准会存储在测定仪的数据日志中。如果使用的是 HQ40d 测定仪,校准还可以发送到计算机/打印机或 USB 存储装置中。

6. 校准成功以后,显示屏的左上角将会显示"OK"。如果校准已经过期,或者检查标准失败或被延迟,显示屏上将会显示一个问号。

7. 如果校准斜率不在认可的准则范围之内,显示屏上将会出现"Slope Out of Range"。如果出现这样的情况,可以让电极在水饱和空气中停留几分钟达到平衡,然后再重新按下"Read"下面的"GREEN/RIGHT"按键。

3.22.3 LDO 方法

1. 输入 LDO 新方法

当访问控制功能关闭的时候,或者输入有效密码的时候,可以输入 LDO 的新方法。

（1）按下"OPTIONS"(选项)按键。

（2）使用"UP"和"DOWN"按键选中"LDO101 Method"(LDO101 方法),按下"Select"（选择）下面的"GREEN/RIGHT"按键。

（3）使用"UP"和"DOWN"按键选中"Save Current Method As"（将当前的方法保存为），按下"Select"下面的"GREEN/RIGHT"按键。

（4）使用"UP"和"DOWN"按键在字母和数字之间滚动。如需选择一个字母或数字，按下"GREEN/RIGHT"按键，光标将会移动到下一个字段。

（5）重复前面的步骤来增加其余的数字或字母，直到完成文件名的输入。如需增加一个字段，使用"UP"和"DOWN"按键滚动到一个空格（A 和 9 之间），然后按下"GREEN/RIGHT"键。如需删除一个字母或数字，按下"BLUE/LEFT"按键，并重新输入字母或数字。

（6）按下"GREEN/RIGHT"按键，直到"OK"取代了功能栏中向右的箭头，选择"OK"完成输入。

2. 修改 LDO 方法

在访问控制功能被关闭，或者是输入了有效的密码以后，可以对 LDO 方法进行编辑。

在 LDO 的方法菜单上，使用"UP"和"DOWN"按键选中"Modify Current Method"（修改当前方法），按下"Select"下面的"GREEN/RIGHT"按键。

（1）修改 LDO 的测量选项

编辑测量选项可以修改显示分辨率、上限和下限、盐度修正、压力单位或者平均间隔。

① 在修改当前方法的菜单上选中"Measurement Options"（测量选项），按下"Select"下面的"GREEN/RIGHT"按键。

② 如需更改分辨率，请按照下列步骤操作：

选中"Resolution"（分辨率），按下"Select"下面的"GREEN/RIGHT"按键；使用"UP"和"DOWN"按键选择我们想要的分辨率和响应速度。按下"OK"下面的"GREEN/RIGHT"按键。

③ 如需更改测量限值，请按照下列步骤操作：

a. 使"UP"和"DOWN"按键选择"Measurement Limits"（测量限值），按下"Select"下面的"GREEN/RIGHT"按键。

b. 使用"UP"和"DOWN"按键选择我们想要的上限或下限，按下"Select"下面的"GREEN/RIGHT"按键。

c. 下限：使用"UP"和"DOWN"按键更改限值，使用"BLUE/LEFT"键向左移动，使用"GREEN/RIGHT"键向右移动。当光标已经位于最右端时，按下"OK"下面的"GREEN/RIGHT"按键。

d. 上限：使用"UP"和"DOWN"按键更改限值，使用"BLUE/LEFT"键向左移动，使用"GREEN/RIGHT"键向右移动。当光标已经位于最右端时，按下"OK"下面的"GREEN/RIGHT"按键。更改盐度修正值修正含有高浓度溶解盐的溶解氧值是通过输入样品的盐度完成的。

④ 使用电导率电极测定盐度

使用"UP"和"DOWN"按键输入样品的盐度/盐度修正因子。使用"BLUE/LEFT"键向左移动,使用"GREEN/RIGHT"键向右移动。当光标已经位于最右端时,按下"OK"下面的"GREEN/RIGHT"按键。

⑤ 更改气压单位

使用"UP"和"DOWN"按键选择我们需要的气压单位,按下"OK"下面的"GREEN/RIGHT"按键。

⑥ 更改平均间隔

当样品中含有大量气泡时,例如在曝气池中,结果则不是很稳定。使用平均值这个功能,可以提高稳定性。

⑦ 如需选择平均结果的周期,请按照下列步骤操作:

a. 使用"UP"和"DOWN"按键选择我们需要的平均间隔,按下"OK"下面的"GREEN/RIGHT"按键。显示结果将会按照我们选定的平均间隔计算平均值。

b. 当我们使用平均功能时,平均值的光标(x)将会伴随平均间隔一起显示。

(2) 修改 LDO 的测量单位

在测量模式中,测定仪可以同时显示浓度(mg/L)和饱和度(%)。如需更改主要的显示单位,请按照下列步骤操作:

① 使用"UP"和"DOWN"按键选中"Select Units"(选择单位),按下"Select"下面的"GREEN/RIGHT"按键。

② 使用"UP"和"DOWN"按键选择我们需要的单位,按下"OK"下面的"GREEN/RIGHT"按键。

(3) 选择一种 LDO 方法

① 使用"UP"和"DOWN"按键选中"Current Method"(当前的方法),按下"Select"下面的"GREEN/RIGHT"按键。

② 使用"UP"和"DOWN"按键选择我们想要的方法,按下"OK"下面的"GREEN/RIGHT"按键。

(4) 删除一种 LDO 方法

① 使用"UP"和"DOWN"按键选中"Delete a Method"(删除一种方法),按下"Select"下面的"GREEN/RIGHT"按键。

② 使用"UP"和"DOWN"按键选择我们想要的方法,按下"Delete"下面的"GREEN/RIGHT"按键。一旦方法被删除,则不能恢复。

3.23　台式生化培养箱操作步骤

1. 开启 SHP-250 型生化培养箱,进入运行状态。
2. 按一下设定键,进入温度设定状态,根据需要设定温度(设定值为 0~60.0 ℃)。
3. 再按一下设定键,进入时间设定状态,根据需要设定时间(设定值为 0~99.9 h),如工作时间设定为"0000",则表示定时器不工作,右窗口显示设定温度。
4. 再按一下设定键,退出设定状态。

5. 长按设定键 4 s,进入内部参数设定状态;再长按设定键 4 s,退出此状态。
6. 使用结束,关机,拔掉电源,认真填写仪器使用记录表。

3.24　水浴锅操作步骤

1. 将水浴锅放在固定平台上,轻摇检查并确保其稳定性。
2. 先将排水口夹紧,防止有水从排水口漏出,再将蒸馏水注入水浴锅箱体内。
3. 接通电源,打开控温开关,显示器从 99.9 演变到仪器容器内实际温度,按"SET"键。
4. 使显示器小数点右位的数码管闪烁,此时设定所需的预置温度,按▲增数,按▼减数。再按"SET"键,数据显示为仪器容器内实际温度。
5. 水温恒定后,将待恒温物品放入水浴锅内恒温。
6. 恒温结束,取出恒温物品,关闭水浴锅,拔掉插头。

3.25　恒温恒湿培养箱操作步骤

3.25.1　控温仪面板布置说明

"SET"键用于参数设定;移动键用于参数设定移动;"＋""－"键用于参数修改;液晶显示屏显示各类状态。

"a"键为当前值,显示测量温度或湿度;

"b"键为设定值,显示设定值温度或湿度;

"c"键为显示上限,报警时说明测量温度或湿度超上限;

"d"键显示加湿度控制时说明加湿器开始工作(温度稳定后开始加湿);

"e"键显示压缩机启动时说明压缩机开始工作;

"f"键显示控制指示时说明温度和湿度传感器正常工作。

3.25.2　温度设定

电源开关按到"通"处,恒温恒湿箱进入工作状态,液晶屏显示出各种提示符及参数。

1. 先按住移动键不放,再按"SET"键进入温度设定状态(当前值显示"C-01"),设定值个位数闪动,按移动键来移动闪动数字,按"＋""－"键来设定所需要温度。
2. 再按"SET"键进入湿度设定状态(当前值显示"H-01"),设定值的个位数闪动,按移动键来移动闪动数字,按"＋""－"键来设定所需要湿度。
3. 再按"SET"键进入定时设定状态(当前值显示"01"),设定值的个位数闪动,按移动键来移动闪动数字,按"＋""－"键来设定所需要定时时间。
4. 再按"SET"键当前值会显示箱内温度,设定值显示所设定的温度,此时温度已设定好可以使用。

3.25.3 调试方法

1. 修正箱内温(湿)度和显示温(湿)度之间差异的方法

(1) 在显示状态时按"SET"键,当前值显示"SEL"状态,设定值为"0000"时,按移动键来移动闪动数字,按"+""-"键输入数值"0111"。

(2) 再按"SET"键,进入温度参数修正模式,当前值显示"1SC"。

(3) 用移动键来移动闪动数字,按"+""-"键来修正温度。

(4) 修正好以后,再按住"SET"键,当前值显示"1HL",为温度斜率修正设定,不要改变默认值(1000)。

(5) 再连续按"SET"键,进入湿度参数修正模式,当前值显示"2SC"。

(6) 用移动键来移动闪动数字,按"+""-"键来修正湿度。

(7) 修正好以后,再按住"SET"键,当前值显示"2HL",为湿度斜率修正设定,不要改变默认值(1000)。

(8) 按"SET"键返回显示状态。

2. 设定上限温度报警值、定时、月、日、时、分、打印时间、环境温度的方法

(1) 在显示状态时按"SET"键,当前值显示"SEL",设定值显示"0000",按"+"输入数值"0001",设定值显示为"0001"。

(2) 再按"SET"键,当前值显示"AL1",为温度上限报警值,再按"△"或"▽"键设定所需值(出厂设定值为2),再连续按"SET"键即可返回显示状态。

(3) 再按"SET"键,当前值显示"AL2",为湿度上限报警值,再按"△"或"▽"键设定所需值(出厂设定值为5,仅用于恒温恒湿箱),再连续按"SET"键即可返回显示状态。

(4) 再按"SET"键,当前值显示"T",为定时时间设定值,再按"△"或"▽"键设定所需值(出厂设定值为0),再连续按"SET"键即可返回显示状态。

(5) 再按"SET"键,当前值显示"n.d",为月、日,再按"△"或"▽"键修改月、日,再连续按"SET"键即可返回显示状态。

(6) 再按"SET"键,当前值显示"h.n",为时、分,再按"△"或"▽"键修改时、分,再连续按"SET"键即可返回显示状态。

(7) 再按"SET"键,当前值显示"Tprn",为打印间隔时间设定值,再按"△"或"▽"键设定所需值(出厂设定值为60),再连续按"SET"键即可返回显示状态。

(8) 再按"SET"键,当前值显示"℃",为环境温度,再按"△"或"▽"键修改环境温度值(出厂设定值为26 ℃),再按"SET"即可返回显示状态。例如:环境温度过高(40 ℃)时,可以将环境温度设定为28 ℃,反之将环境温度设低。

3. 外界环境温度变化较大或者显示温度(湿度)上下波动较大

(1) 在显示状态时,按"SET"键2次,当前值显示"SEL"状态,设定值为"0000"时,按"+""-"键来设定数值为"0534"。

(2) 再按"SET"键,进入温度参数修正模式,当前值显示"9CI"。

(3) 连续按"SET"键9次后,当前值显示"AT1"时按"+"输入设定值为"0001"。

(4) 在设定值显示"0001"时,按"SET"键退出,液晶显示屏将显示"自整定"的字样

（自整定结束后自动消失）。

（5）再连续按"SET"，即可返回显示状态（在自整定时箱内的温度会有较大的波动）。

3.26　马弗炉操作步骤

1. 连接电源插头。
2. 把待灰化或者灼烧的试剂用带盖的坩埚钳放入马弗炉的腔体内。
3. 为防止在高温环境下有颗粒掉到样品或试剂内，请放置样品时盖上坩埚钳的盖子。
4. 关好炉门，确保严实。
5. 打开仪器开关，设置温度。
6. 按"SET"键，进入设置界面，按"◁"选择位数，按"△""▽"选择位数的大小，选择好后再次按"SET"键确定。
7. 温度设置好后，马弗炉进入高温加热状态。
8. 待完成后，先关马弗炉的电源，然后打开炉门，让其自然冷却，取出坩埚。

3.27　微孔滤膜过滤器操作步骤

1. 使用时，将水系滤膜放在滤头之上，将不锈钢滤杯与滤头通过卡箍固定在一起，打开不锈钢蝶阀，把不锈钢气嘴与集液室及真空动力通过连接管串联。
2. 将溶液倒入不锈钢滤杯，打开真空动力，溶剂通过滤头上的滤膜，在动力作用下溶液迅速通过过滤支架流入集液室，待滤杯中溶液全部流入集液室，要分析的物质将留在水系滤膜上，取下水系滤膜即可。

3.28　手提式蒸汽消毒器操作步骤

3.28.1　堆放

将待灭菌的物品予以妥善包扎，各包之间留有间隙，这样有利于高压蒸汽的穿透，提高灭菌效果。在外桶内注入清水，水位一定要超过电热管 2 cm 以上（但不宜过多），连续使用时，必须在每次操作前补足上述水位，以免烧坏电热管和发生意外。

3.28.2　密封

灭菌物品堆放后，盖上锅盖时请将放汽软管插入储物桶内侧的半圆槽内，对准上下法兰的螺栓槽，依次、逐步、均匀拧紧胶木螺母，使盖与主体密合。

3.28.3　加热

供电电源应与铭牌标志电源一致，且配备带闸刀的电源板（应有接地线连通大地）。

将电源插头插入配电板同规格插座,按动座圈上带指示灯的电源开关,指示灯亮,即开始加热(工作结束时,只要同法关闭加热电源即可,无须插拔插头)。加热开始后,应先将放汽阀的小扳手提到竖直位置,使桶内空气和冷凝产生的水随加热时产生的压力逸出,待有较急的蒸汽喷出时,再将小扳手置回原位,此时压力表指针读数会随着加热逐渐上升,指示消毒器内的压力。

3.28.4　灭菌

当压力到达所需的范围时,开始计算灭菌所需时间,并使之维持恒压。当应用126 ℃灭菌时,安全阀的启闭能使之维持恒压。若采用温度低于上述灭菌温度时,则应在电源输入端接上一只调压变压器,在蒸汽压力到达所需范围时,用调低电压来维持恒压。

3.28.5　干燥

医疗器械、敷料和器皿等物品在灭菌后要迅速使之干燥,可在灭菌终了时,将消毒器内的蒸汽通过放汽阀予以迅速排出,等待压力表指针回复零位,然后将锅盖打开,马上取出被灭菌的物品,自然冷却后会干燥,或在打开锅盖后再继续加热 5 min,取出物品即可(此做法一定要注意电热管不要脱水)。

3.28.6　冷却

在灭菌液体时,当灭菌终了后,切勿立即将消毒器内的蒸汽排出。否则,由于液体的温度未能下降,压力释放,会使液体剧烈沸腾,造成渗出或玻璃容器爆裂,所以必须待其自然冷却,压力表指针回零,打开放汽阀排除压力差,才能开启锅盖。

3.29　立式冰箱操作步骤

1. 接通电源,打开电源开关,控制面板上的电源指示灯亮。
2. 调节温度控制器旋钮至所需挡。
3. 冰箱开始自动运行。

3.30　超低温冰箱操作步骤

1. 保存箱安装后必须静止至少 24 h 才能通电,在空箱情况下,将电源线连接到合适的专用插座。
2. 打开保存箱右侧电控箱上的充电电池开关(从保存箱右侧可以看到),不打开该开关,测试时会有电池电量低报警;若安装了辅助冷却系统则先关闭其开关;若听到报警声则按下蜂鸣取消键来停止鸣叫。
3. 设定所需要的保存箱温度:空箱不放入物品,通电开机,分阶段使保存箱先降温至 −60 ℃,正常开停 8 h 后再调到 −80 ℃,观察保存箱有正常开停 24 h 以上,证明保存箱性能正常。

4. 确认保存箱性能正常后,可以向保存箱内存放物品。原则上应将保存箱温度设置在高于存放物品温度 3 ℃左右(即如果物品温度为－60 ℃,则将保存箱温度设定在－57 ℃),存放物品不超过 1/3 箱体容量。保证保存箱处于停机状态,并能正常开停 8 h 以上。

3.31 六联电炉操作步骤

1. 将仪器放置在水平台面上。
2. 通电前,确保开关置在"关"挡上,检查是否有断路或漏电现象。
3. 在电源连接处安装与产品相匹配的单相三极插座,并连接地线。
4. 接通电源,根据被加热物体的需要,调节旋钮的位置,顺时针旋转调温旋钮,仪器开始升温,旋钮旋转范围越大,升温越快。
5. 使用完毕,将调温旋钮逆时针旋转至关闭位置,切断电源,拔掉插头。

3.32 瓶口分液器操作步骤

3.32.1 连接排液管

插入排液管,并尽可能牢固;拧紧锁紧螺母,确保排液管紧密连接。

3.32.2 连接进液管

斜端向下,将进液管牢固地插入阀门组。

注:新的进液管应先斜着切断。

3.32.3 连接到溶液瓶

仪器可直接安装在瓶口直径 45 mm 的螺纹瓶上,对于其他瓶子,可使用适当的适配器。

注:适配器分别适用于瓶口直径 40 mm、38 mm、32 mm 的螺纹瓶,每次分装过程最好只连接一次。

3.32.4 排气

1. 把住排液管,小心地拿下安全帽。
2. 将安全帽向右滑向分液器,远离排液管开口。
3. 放一个收取容器在排液管开口下面。
4. 往上轻拉活塞(1～2 cm),然后快速按下。
5. 重复以上过程,直到排出的液体不再有气泡。

3.32.5　液体分装

1. 设定分液体积:调节容量调节钮使指针指向额定分装体积,并旋紧调节钮以固定指针,设定的分装体积范围为 2.5~25 mL,增量为 0.5 mL。
2. 将排液管开口对准包装管的瓶口。
3. 缓慢而匀速地向上拉活塞直到最上部,将试剂吸入玻璃汽缸中。
4. 缓慢而匀速地压下活塞,将试剂分入包装管中。

3.33　超声波清洗器操作步骤

1. 检查电源是否正常,开关是否正常,指示灯、指示表是否正常,保证清洗槽干净。
2. 放入清洗液,方可打开工作电源,观察电流指示表的读数是否在 80~100 A,清洗液温度在 40~60 ℃,同时水槽会出现微小气泡并伴随有"吱、吱"的声响,这就表示开始正常清洗。
3. 在超声波清洗过程中必须戴上绝缘手套。
4. 清洗物件不能直接放置在缸底,以免影响清洗效果,应放在专用清洗篮内或采用散装方法。
5. 清洗液的高度也会影响清洗质量,对不同物件的清洗应摸索其最佳位置(注:清洗液的量与清洗槽的体积比为 3∶4)。
6. 缸内无清洗液时切勿开机,以免损坏换能器。
7. 长期不使用时,机器应保存在干燥处。
8. 把工件料盘放入超声波清洗槽中,进行液体清洗。
9. 工作时间为 1~2 min,手工清洗用工具轻轻清洗工件表面(尼龙毛刷),保证工件表面及内孔清洁(注:如果孔内还有杂质,就用高压气枪进行喷射,然后再放到清洗液中进行清洗)。
10. 防止工件在清洗过程中划伤表面及丢失,保证工件数量的完整。
11. 清洗完成后,必须切断工作电源,防止事故的发生。
12. 取出工件料盘,做好下道工序的工作。

3.34　COD 自动消解回流仪操作步骤

1. 打开仪器右侧开关,此时仪器显示"000""111""222"……"999",最后显示消解时间最大设定值 2 h 30 min,风扇同时打开,风扇指示灯亮。
2. 改变消解时间设定值,按"定时"键,递减消解时间,使设定值最终为 2 h,也可以根据需要任意设定消解时间。
3. 回流消解:按"开始"键后仪器进行加热回流消解,"开始"指示灯亮,"加热"指示灯亮,消解完毕后,仪器显示"000"并闪烁,"开始"指示灯灭,"加热"指示灯灭。

3.35　水质硫化物酸化吹气仪操作步骤

1. 打开电源(须确认水浴锅内已经倒入蒸馏水),散热风扇运转。
2. 按国家标准方法设定恒温水浴温度(温控仪)。
3. 将样品支架升到适当的高度(升降开关)。
4. 将装有待测水样的反应瓶、吸收管装入样品架。
5. 连接所有氮气吹管,检查装置的气密性。
6. 通氮气,按要求将转子流量计调整到适当的流量。控制样品的氮气总消耗量。
7. 根据吸收管内气泡上升的速度和数量调整每个样品的氮气流量,使其相同。
8. 将样品支架降到恒温水浴中适当的深度。
9. 按国家标准方法的操作步骤进行预处理。
10. 预处理过程中随时观察、调整氮气总流量及吸收显色管的氮气流量。
11. 使用结束将温控仪的温度设定到室温以下,待水浴温度下降后,关闭电源。

3.36　甲醛检测仪操作步骤

1. 开机:按一下"ON/OFF"键开启电源,提示仪器准备好后可以抽取气样。
2. 采样:将仪器放入待测空气环境中,按一下"SAMPLE"键,光屏显示"run",此时将听到内部泵正在采集样气,约 2 s。
3. 显示读数:仪器进行测试分析气样时,屏幕将闪烁显示"0.00",大约 60 s 后,液晶屏即以 ppm 为单位显示甲醛的浓度值。

3.37　氮吹仪操作步骤

1. 连接气瓶。
2. 在水箱中加入适量蒸馏水。
3. 打开电源开关,调节温度旋钮到所需温度。
4. 将装有样品的试管放在托盘上,将针头插入管内距液面 6 mL 处,打开针阀。
5. 打开气源,根据试管数调节气体流量。
6. 浓缩近干,取下试管。
7. 关闭气源、针阀、流量针。
8. 关闭电源。
9. 用溶剂冲洗针头。

3.38　氢气发生器操作步骤

1. 将仪器背面出气口的密封螺母取下。用一根外径 3 mm 气路管将自检合格的氢气发生器出气口与色谱仪的氢气进气口连接,拧紧螺母,密封性必须良好。打开电源开关,仪器进入工作状态。

2. 仪器使用时应注意流量显示是否与色谱仪用气量一致,如流量显示超出色谱仪实际用量较大时,应停机检漏。其方法请参照仪器的故障原因与排除方法进行调整,再用自检方法检查合格后方可使用。

3. 本仪器可根据用户所需要的不同出口压力来选择两挡。当用氢气作为载气时,为了获得稳定的流量与足够的压力,请将压力设定为 H 状态,当用氢气作为燃气时,请将压力设定为 L 状态,以便延长电解池的使用寿命。压力设定在仪器内部。打开仪器外壳,在 2 支过滤器之间压力控制器旁边可看到一个拨动开关,用户可根据不同的使用要求自行在 H 和 L 两挡调整。H 为 6 kg/cm(约 0.6 MPa),L 为 4 kg/cm(约 0.4 MPa),仪器出厂时压力设定在 L 挡位上。

4. 本仪器设有 2 支过滤器,第一级过滤器装有变色硅胶,第二级过滤器装有分子筛。使用过程中透过观察窗检查过滤器中的硅胶是否变色,如变色请马上更换。其方法为:旋下过滤器,再拧开过滤器上盖,更换硅胶后拧紧过滤器上盖,将过滤器装到底座上旋紧,并检查是否漏气。

5. 仪器使用一段时间后,电解液会逐渐减少,电解液位接近下限时应及时补水,此时只需加两次蒸馏水或去离子水即可,加液时不要超过上限水位线。

6. 仪器如需搬运,请将储液桶中的电解液用洗耳球吸干净,注意:此仪器的电解池为桶状,在电解池内存有相当一部分电解液,所以将储液桶内的电解液吸干净后,还要将仪器向后倾斜 90°,此时电解池内的电解液就会流到储液桶内,再用洗耳球把储液桶内的电解液吸干净。然后将内盖装上后拧上外盖,以免残留的电解液在运输时外溢,将整个仪器腐蚀造成无法修复的后果。

3.39 空气发生器操作步骤

1. 将自检合格的仪器放置于平稳处,取下仪器背面空气出口上的密封螺帽(请将密封螺帽保存好,以便今后自检仪器用),用外径 3 mm 的气路管与色谱仪连接上,不能漏气。

2. 打开电源开关,开关上红色指示灯亮,仪器开始启动,在 5 min 内压力表上的指针由 0 上升到 0.4 MPa,说明已进入工作状态。压缩机启动的频繁程度根据用气量的大小不同而发生变化。

3. 定期更换过滤器中的吸附材料,3 个月更换一次(过滤器中装有粒度为 0.5~1.5 mm 活性炭)。

更换方法:先将整个过滤器逆时针旋下,再将过滤器上盖拧开,更换吸附材料后拧紧上盖,把过滤器安装在过滤器底座上,拧紧不能漏气(注:更换过滤器时仪器内部不得有压力)。

3.40　六联电热套操作步骤

1. 接通电源,电源指示灯亮。
2. 打开调压旋钮开关,调节过程中加热套功率随着调节方位的变动而不同,工作电压表也随之显示不同的示数。
3. 顺时针调节会逐步增大功率,增加使用温度,否则反之。在需要搅拌的烧杯内放入搅拌子,按下搅拌开关,即可搅拌。

第四章　管理流程

　　本章规定了南水北调江苏水源公司水文水质监测中心水质固定实验室运行管理的管理流程,包括设备操作、常规巡查、整编审查、请示审批等内容。

　　设备操作流程化,即将所有内外作业视为一个流程,注重连续性,强调以流程为导向,达到管理的简单化和高效化;编制所有重要作业的流程,引导程序作业。管理流程按照内容主要分为:设备操作类、常规巡查类、整编审查类、请示审批类、程序文件类等。

4.1 设备操作

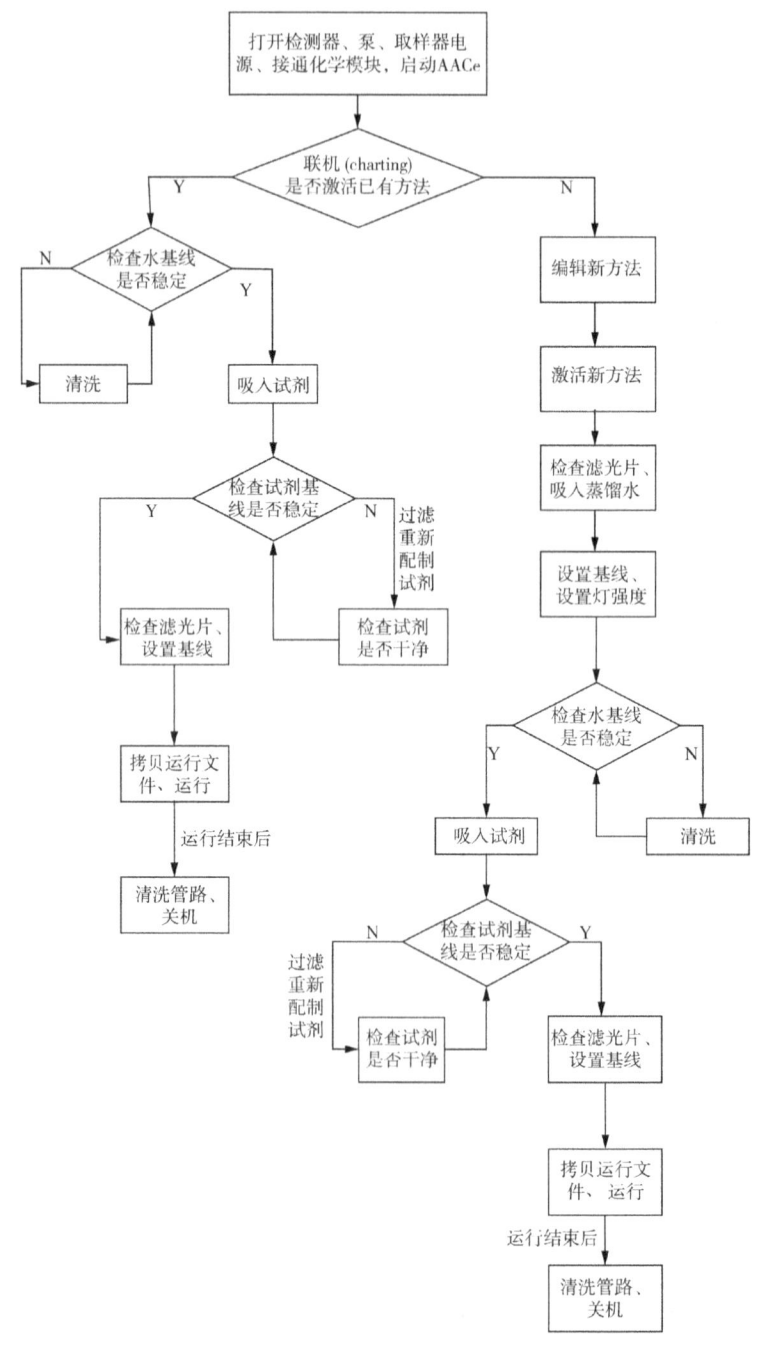

4.1.1 连续流动分析仪

连续流动分析仪操作流程见图4.1。

图 4.1 连续流动分析仪操作流程

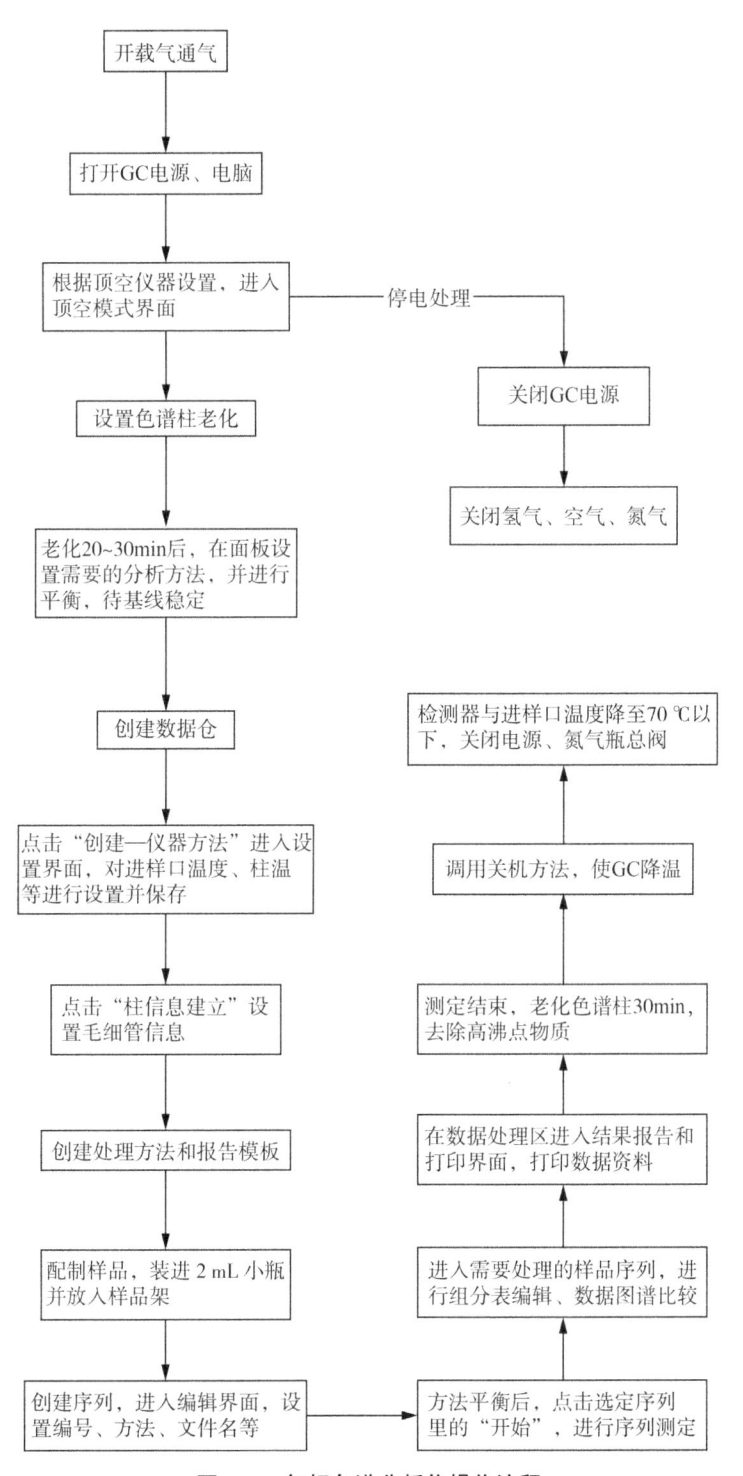

4.1.2 气相色谱分析仪

气相色谱分析仪操作流程见图4.2。

```
开载气通气
    ↓
打开GC电源、电脑
    ↓
根据顶空仪器设置，进入顶空模式界面 ——停电处理——→ 关闭GC电源
    ↓                                                    ↓
设置色谱柱老化                                      关闭氢气、空气、氮气
    ↓
老化20~30min后，在面板设置需要的分析方法，并进行平衡，待基线稳定
    ↓
创建数据仓                                         检测器与进样口温度降至70℃以下，关闭电源、氮气瓶总阀
    ↓                                                    ↑
点击"创建—仪器方法"进入设置界面，对进样口温度、柱温等进行设置并保存    调用关机方法，使GC降温
    ↓                                                    ↑
点击"柱信息建立"设置毛细管信息                    测定结束，老化色谱柱30min，去除高沸点物质
    ↓                                                    ↑
创建处理方法和报告模板                             在数据处理区进入结果报告和打印界面，打印数据资料
    ↓                                                    ↑
配制样品，装进2 mL小瓶并放入样品架                进入需要处理的样品序列，进行组分表编辑、数据图谱比较
    ↓                                                    ↑
创建序列，进入编辑界面，设置编号、方法、文件名等 → 方法平衡后，点击选定序列里的"开始"，进行序列测定
```

图4.2　气相色谱分析仪操作流程

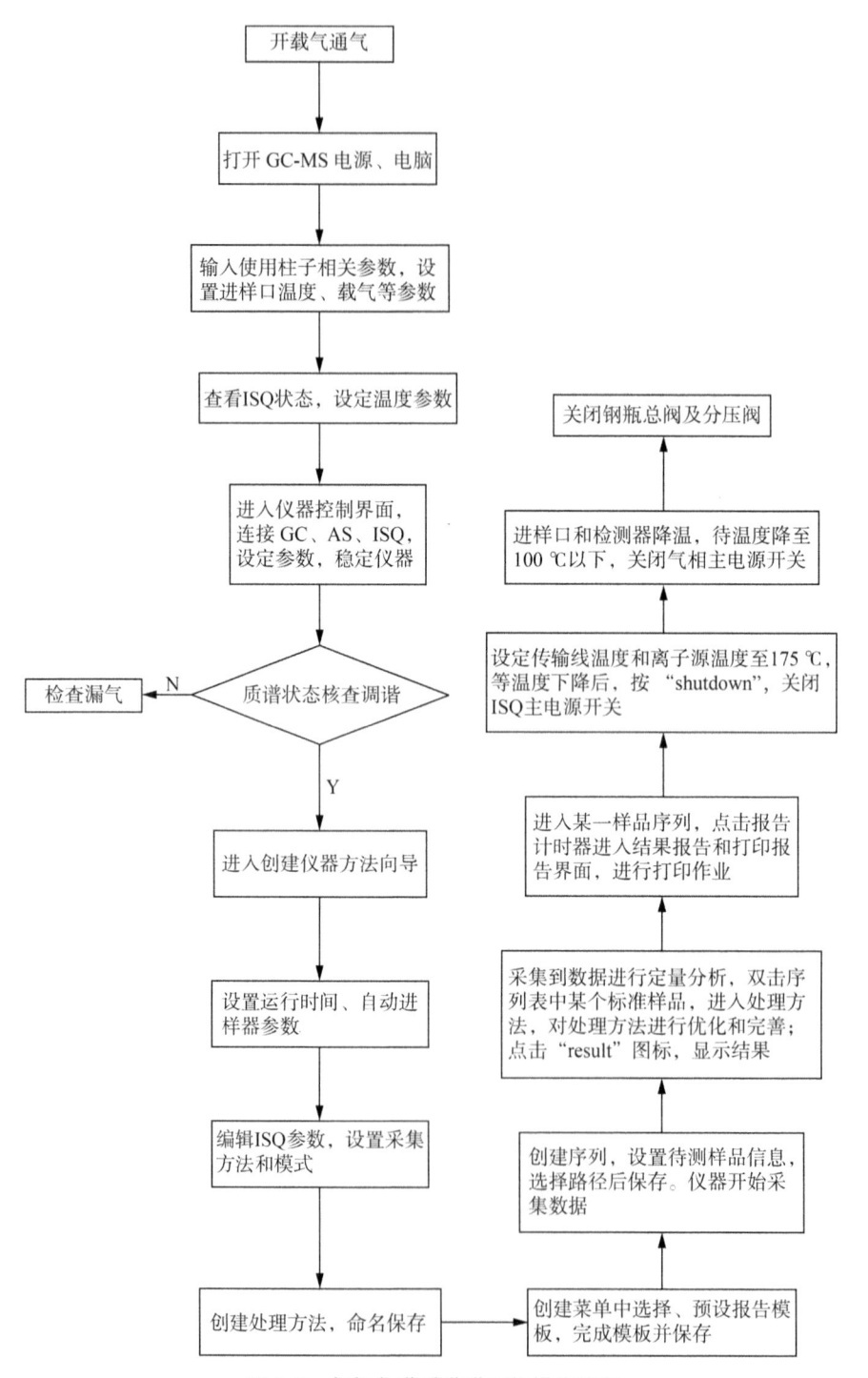

4.1.3 气相色谱质谱联用仪

气相色谱质谱联用仪操作流程见图4.3。

```
开载气通气
   ↓
打开 GC-MS 电源、电脑
   ↓
输入使用柱子相关参数,设置进样口温度、载气等参数
   ↓
查看ISQ状态,设定温度参数
   ↓
进入仪器控制界面,连接 GC、AS、ISQ,设定参数,稳定仪器
   ↓
质谱状态核查调谐 ──N──→ 检查漏气
   │Y
   ↓
进入创建仪器方法向导
   ↓
设置运行时间、自动进样器参数
   ↓
编辑ISQ参数,设置采集方法和模式
   ↓
创建处理方法,命名保存
   →
创建菜单中选择、预设报告模板,完成模板并保存
   ↑
创建序列,设置待测样品信息,选择路径后保存。仪器开始采集数据
   ↑
采集到数据进行定量分析,双击序列表中某个标准样品,进入处理方法,对处理方法进行优化和完善;点击"result"图标,显示结果
   ↑
进入某一样品序列,点击报告计时器进入结果报告和打印报告界面,进行打印作业
   ↑
设定传输线温度和离子源温度至175℃,等温度下降后,按"shutdown",关闭ISQ主电源开关
   ↑
进样口和检测器降温,待温度降至100℃以下,关闭气相主电源开关
   ↑
关闭钢瓶总阀及分压阀
```

图 4.3　气相色谱质谱联用仪操作流程

4.1.4 离子色谱仪

离子色谱仪操作流程见图4.4。

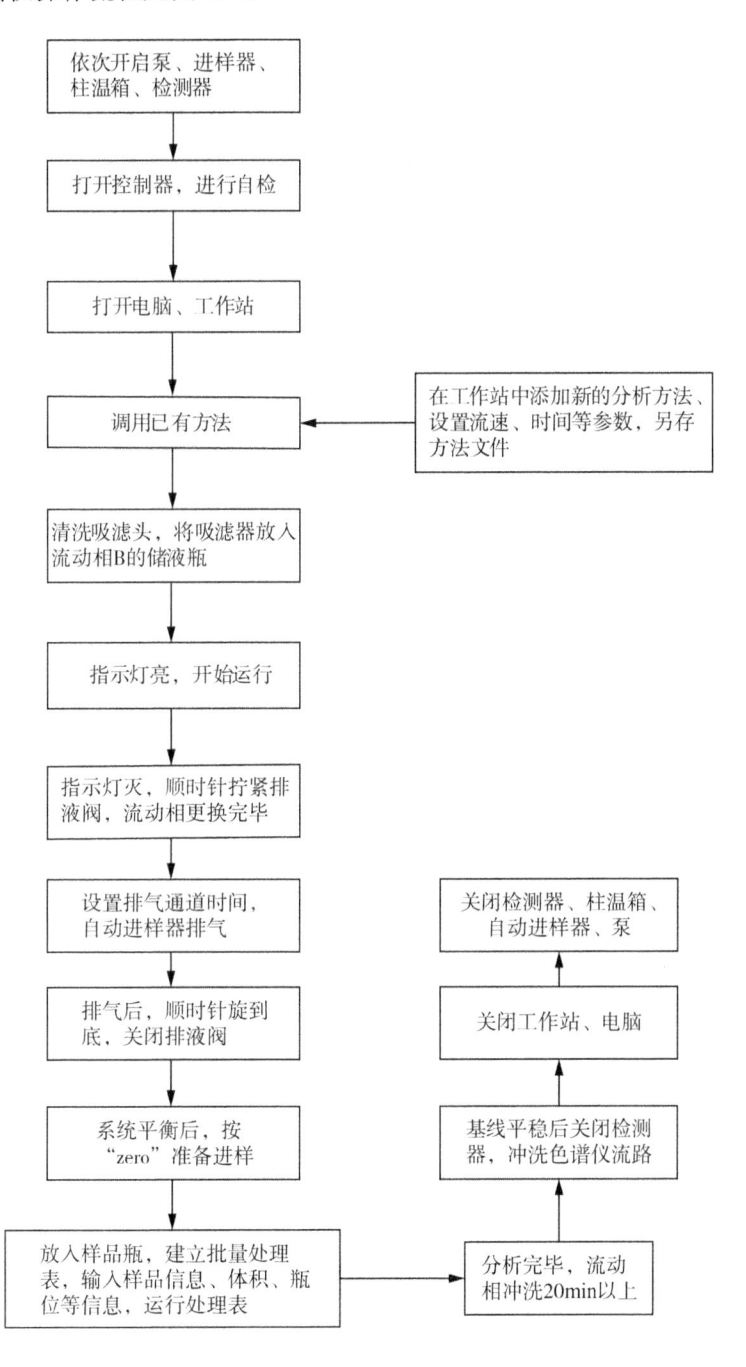

```
依次开启泵、进样器、柱温箱、检测器
          ↓
   打开控制器，进行自检
          ↓
      打开电脑、工作站
          ↓
      调用已有方法  ←──  在工作站中添加新的分析方法、设置流速、时间等参数，另存方法文件
          ↓
清洗吸滤头，将吸滤器放入流动相B的储液瓶
          ↓
     指示灯亮，开始运行
          ↓
指示灯灭，顺时针拧紧排液阀，流动相更换完毕
          ↓
设置排气通道时间，自动进样器排气
          ↓
排气后，顺时针旋到底，关闭排液阀
          ↓
系统平衡后，按"zero"准备进样
          ↓
放入样品瓶，建立批量处理表，输入样品信息、体积、瓶位等信息，运行处理表
          ↓
分析完毕，流动相冲洗20min以上
          ↓
基线平稳后关闭检测器，冲洗色谱仪流路
          ↓
     关闭工作站、电脑
          ↓
关闭检测器、柱温箱、自动进样器、泵
```

图4.4　离子色谱仪操作流程

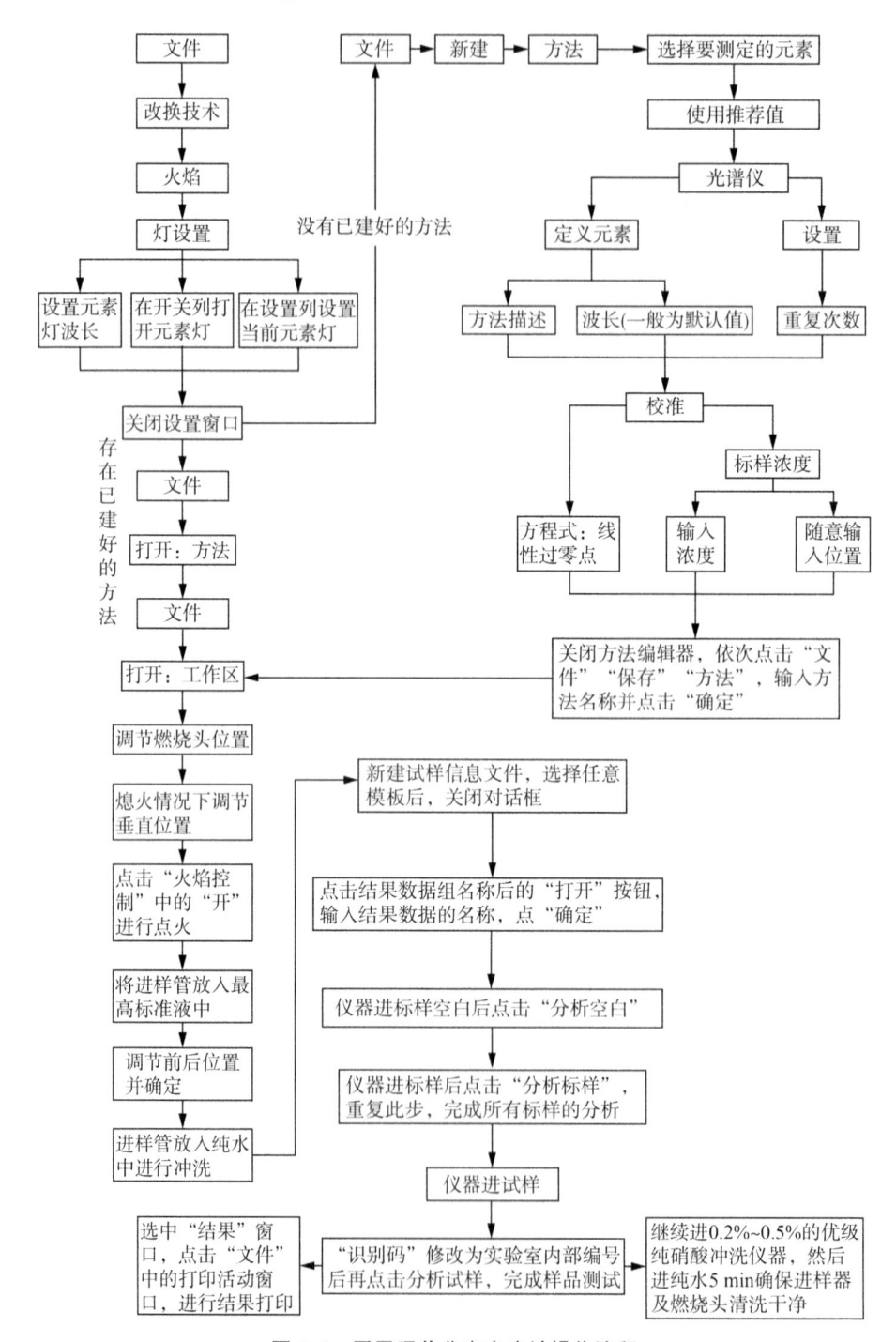

4.1.5 原子吸收分光光度计

原子吸收分光光度计操作流程见图 4.5。

图 4.5 原子吸收分光光度计操作流程

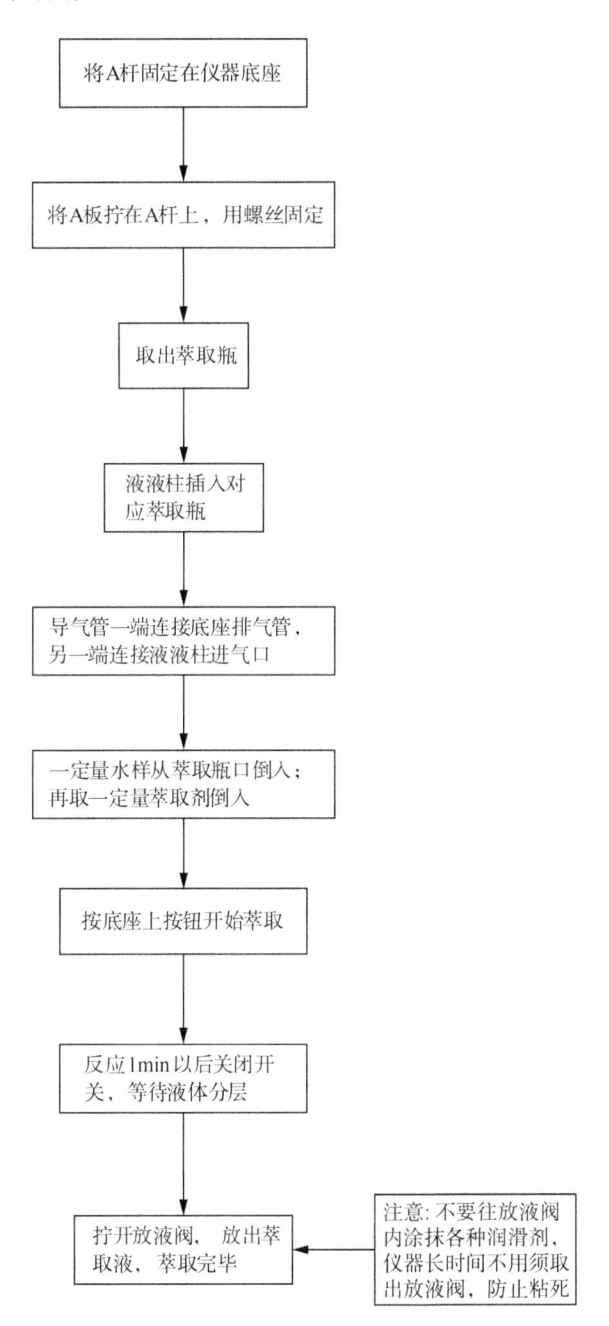

4.1.6 自动液液萃取仪

自动液液萃取仪操作流程见图4.6。

```
将A杆固定在仪器底座
          ↓
将A板拧在A杆上，用螺丝固定
          ↓
       取出萃取瓶
          ↓
   液液柱插入对应萃取瓶
          ↓
导气管一端连接底座排气管，
另一端连接液液柱进气口
          ↓
一定量水样从萃取瓶口倒入；
再取一定量萃取剂倒入
          ↓
    按底座上按钮开始萃取
          ↓
反应1min以后关闭开关，
等待液体分层
          ↓
拧开放液阀，放出萃取液，萃取完毕    →   注意：不要往放液阀内涂抹各种润滑剂，仪器长时间不用须取出放液阀，防止粘死
```

图4.6 自动液液萃取仪操作流程

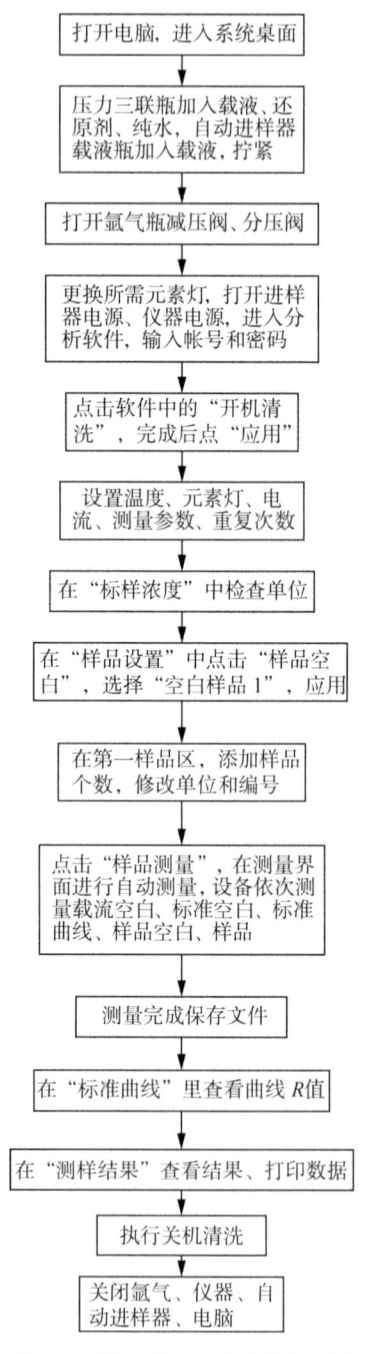

4.1.7 原子荧光光度计

原子荧光光度计操作流程见图 4.7。

```
打开电脑,进入系统桌面
         ↓
压力三联瓶加入载液、还
原剂、纯水,自动进样器
载液瓶加入载液,拧紧
         ↓
打开氩气瓶减压阀、分压阀
         ↓
更换所需元素灯,打开进样
器电源、仪器电源,进入分
析软件,输入帐号和密码
         ↓
点击软件中的"开机清
洗",完成后点"应用"
         ↓
设置温度、元素灯、电
流、测量参数、重复次数
         ↓
在"标样浓度"中检查单位
         ↓
在"样品设置"中点击"样品空
白",选择"空白样品1",应用
         ↓
在第一样品区,添加样品
个数,修改单位和编号
         ↓
点击"样品测量",在测量界
面进行自动测量,设备依次测
量载流空白、标准空白、标准
曲线、样品空白、样品
         ↓
测量完成保存文件
         ↓
在"标准曲线"里查看曲线 R 值
         ↓
在"测样结果"查看结果、打印数据
         ↓
执行关机清洗
         ↓
关闭氩气、仪器、自
动进样器、电脑
```

图 4.7 原子荧光光度计操作流程

4.1.8 紫外测油仪

紫外测油仪操作流程见图 4.8。

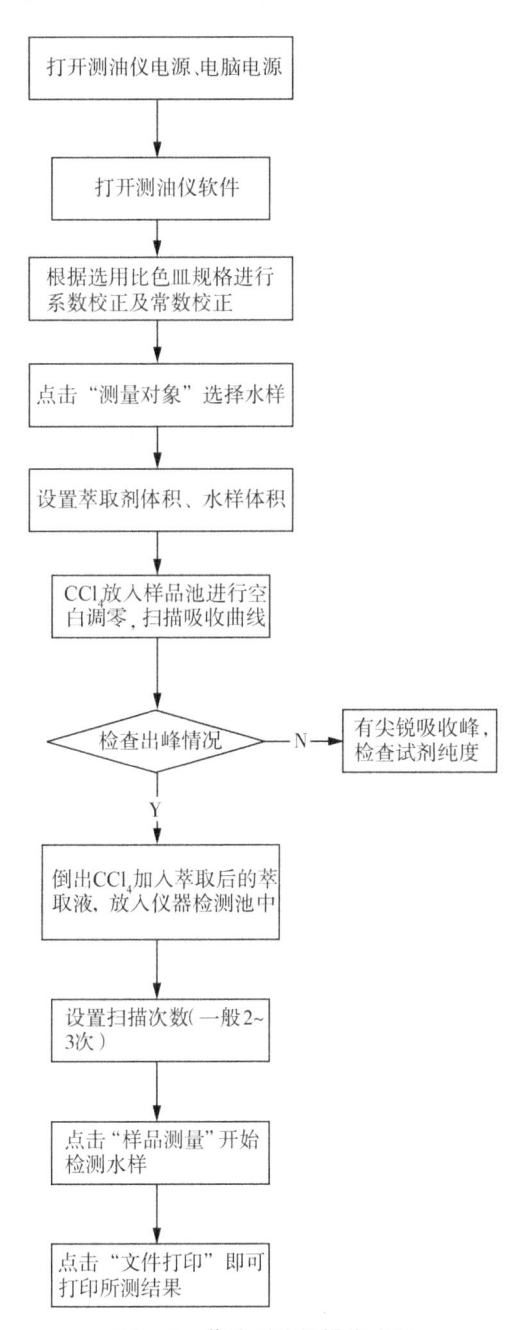

```
打开测油仪电源、电脑电源
          ↓
   打开测油仪软件
          ↓
根据选用比色皿规格进行
系数校正及常数校正
          ↓
 点击"测量对象"选择水样
          ↓
设置萃取剂体积、水样体积
          ↓
CCl₄放入样品池进行空
白调零,扫描吸收曲线
          ↓
    检查出峰情况 ──N──→ 有尖锐吸收峰,
          │                检查试剂纯度
          Y
          ↓
倒出CCl₄加入萃取后的萃
取液,放入仪器检测池中
          ↓
设置扫描次数(一般2~
3次)
          ↓
点击"样品测量"开始
检测水样
          ↓
点击"文件打印"即可
打印所测结果
```

图 4.8 紫外测油仪操作流程

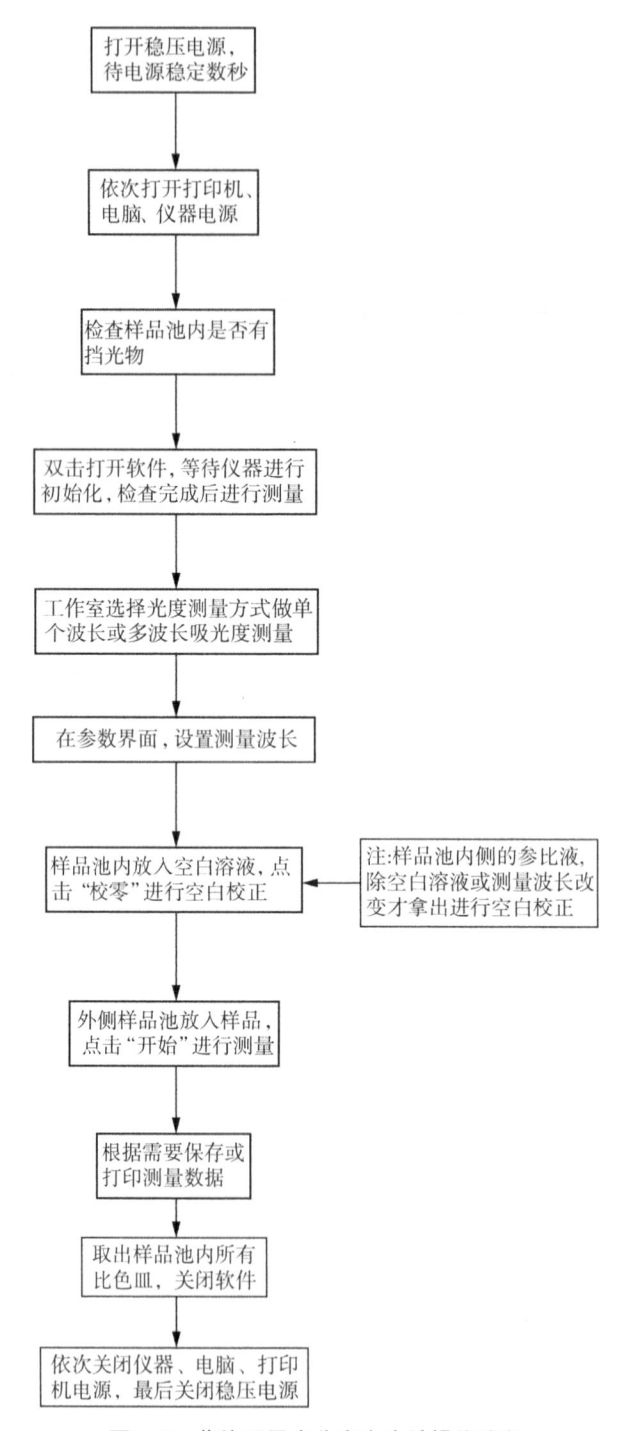

4.1.9 紫外可见光分光光度计

紫外可见光分光光度计操作流程见图 4.9。

```
打开稳压电源，待电源稳定数秒
         ↓
依次打开打印机、电脑、仪器电源
         ↓
检查样品池内是否有挡光物
         ↓
双击打开软件，等待仪器进行初始化，检查完成后进行测量
         ↓
工作室选择光度测量方式做单个波长或多波长吸光度测量
         ↓
在参数界面，设置测量波长
         ↓
样品池内放入空白溶液，点击"校零"进行空白校正    ← 注：样品池内侧的参比液，除空白溶液或测量波长改变才拿出进行空白校正
         ↓
外侧样品池放入样品，点击"开始"进行测量
         ↓
根据需要保存或打印测量数据
         ↓
取出样品池内所有比色皿，关闭软件
         ↓
依次关闭仪器、电脑、打印机电源，最后关闭稳压电源
```

图 4.9　紫外可见光分光光度计操作流程

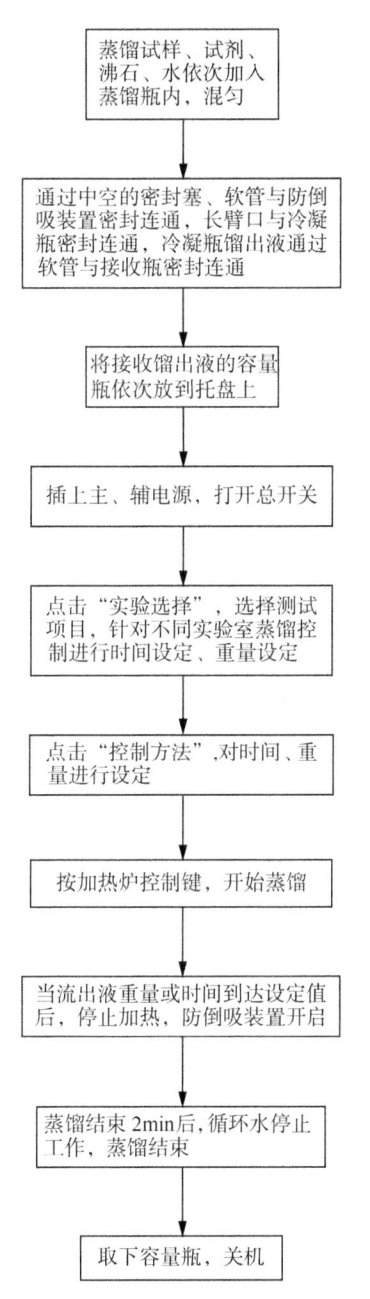

4.1.10 全自动智能蒸馏仪

全自动智能蒸馏仪操作流程见图4.10。

```
┌─────────────────────┐
│ 蒸馏试样、试剂、     │
│ 沸石、水依次加入     │
│ 蒸馏瓶内,混匀        │
└──────────┬──────────┘
           ↓
┌─────────────────────┐
│ 通过中空的密封塞、软管与防倒 │
│ 吸装置密封连通,长臂口与冷凝 │
│ 瓶密封连通,冷凝瓶馏出液通过 │
│ 软管与接收瓶密封连通         │
└──────────┬──────────┘
           ↓
┌─────────────────────┐
│ 将接收馏出液的容量   │
│ 瓶依次放到托盘上     │
└──────────┬──────────┘
           ↓
┌─────────────────────┐
│ 插上主、辅电源,打开总开关 │
└──────────┬──────────┘
           ↓
┌─────────────────────┐
│ 点击"实验选择",选择测试 │
│ 项目,针对不同实验室蒸馏控 │
│ 制进行时间设定、重量设定   │
└──────────┬──────────┘
           ↓
┌─────────────────────┐
│ 点击"控制方法",对时间、重 │
│ 量进行设定                 │
└──────────┬──────────┘
           ↓
┌─────────────────────┐
│ 按加热炉控制键,开始蒸馏 │
└──────────┬──────────┘
           ↓
┌─────────────────────┐
│ 当流出液重量或时间到达设定值 │
│ 后,停止加热,防倒吸装置开启   │
└──────────┬──────────┘
           ↓
┌─────────────────────┐
│ 蒸馏结束2min后,循环水停止 │
│ 工作,蒸馏结束             │
└──────────┬──────────┘
           ↓
┌─────────────────────┐
│ 取下容量瓶,关机     │
└─────────────────────┘
```

图4.10 全自动智能蒸馏仪操作流程

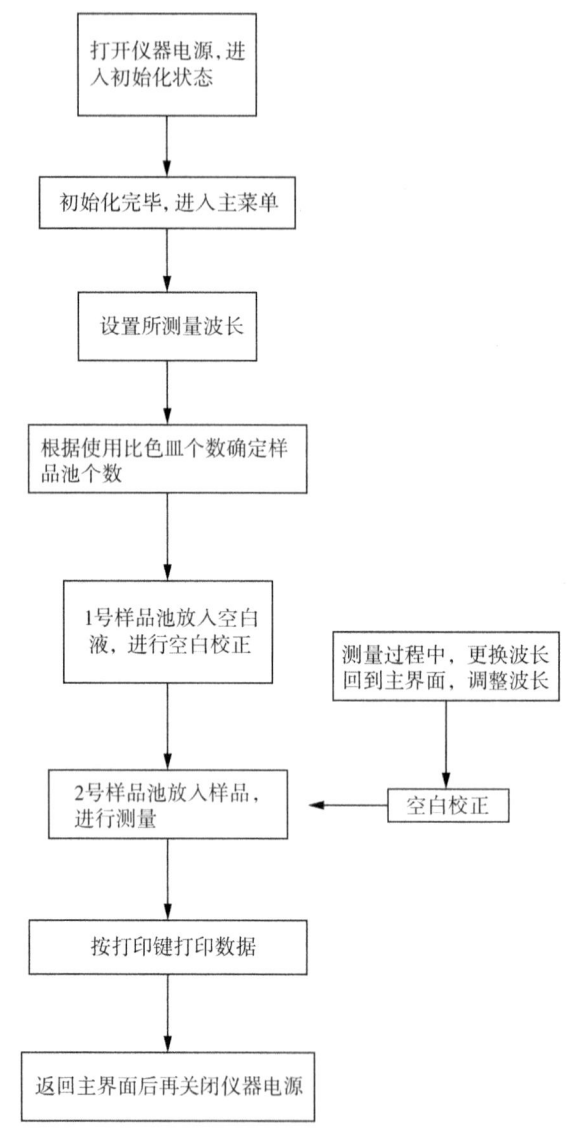

4.1.11 可见分光光度计

可见分光光度计操作流程见图4.11。

```
打开仪器电源,进入初始化状态
          ↓
初始化完毕,进入主菜单
          ↓
设置所测量波长
          ↓
根据使用比色皿个数确定样品池个数
          ↓
1号样品池放入空白液,进行空白校正              测量过程中,更换波长回到主界面,调整波长
          ↓                                          ↓
2号样品池放入样品,进行测量  ←————————— 空白校正
          ↓
按打印键打印数据
          ↓
返回主界面后再关闭仪器电源
```

图4.11 可见分光光度计操作流程

4.1.12 pH 计

pH 计操作流程见图 4.12。

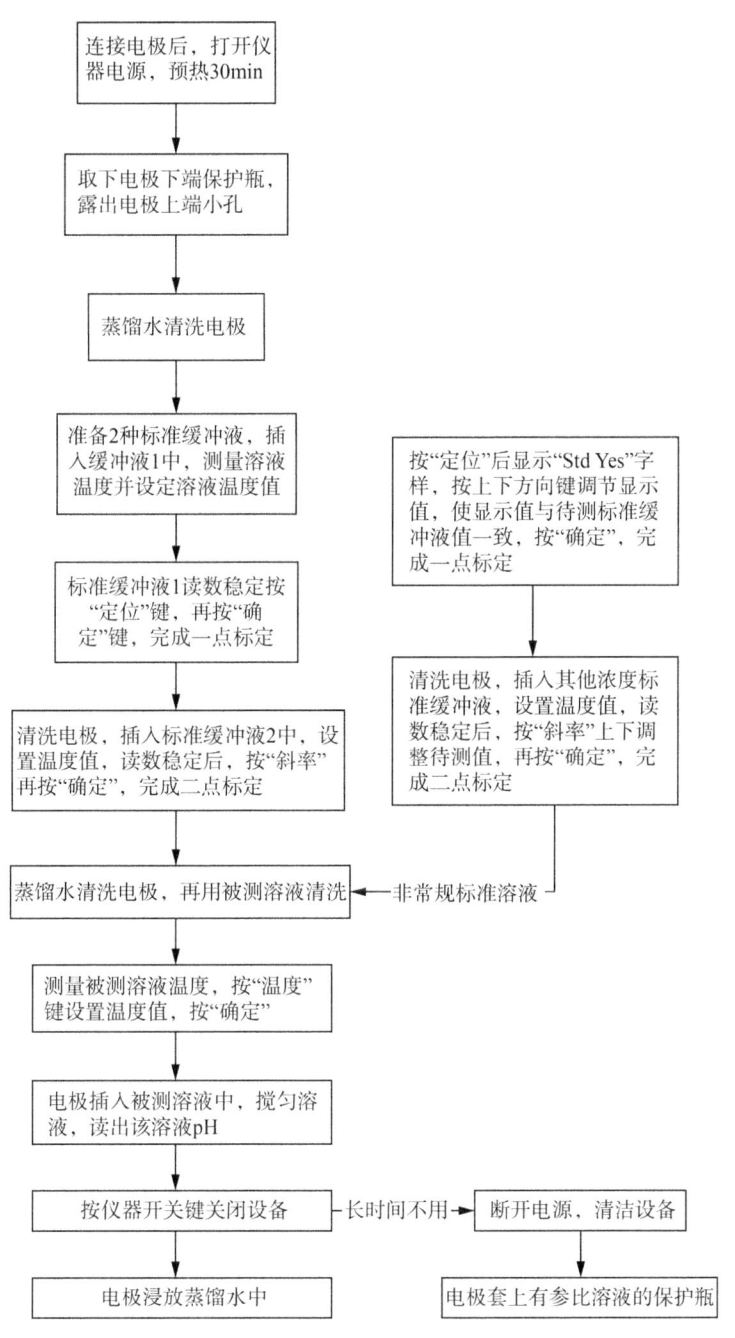

```
连接电极后,打开仪器电源,预热30min
        ↓
取下电极下端保护瓶,露出电极上端小孔
        ↓
蒸馏水清洗电极
        ↓
准备2种标准缓冲液,插入缓冲液1中,测量溶液温度并设定溶液温度值
        ↓
标准缓冲液1读数稳定按"定位"键,再按"确定"键,完成一点标定
        ↓
清洗电极,插入标准缓冲液2中,设置温度值,读数稳定后,按"斜率"再按"确定",完成二点标定

按"定位"后显示"Std Yes"字样,按上下方向键调节显示值,使显示值与待测标准缓冲液值一致,按"确定",完成一点标定
        ↓
清洗电极,插入其他浓度标准缓冲液,设置温度值,读数稳定后,按"斜率"上下调整待测值,再按"确定",完成二点标定

        ↓
蒸馏水清洗电极,再用被测溶液清洗 ← 非常规标准溶液
        ↓
测量被测溶液温度,按"温度"键设置温度值,按"确定"
        ↓
电极插入被测溶液中,搅匀溶液,读出该溶液pH
        ↓
按仪器开关键关闭设备 — 长时间不用 → 断开电源、清洁设备
        ↓                              ↓
电极浸放蒸馏水中              电极套上有参比溶液的保护瓶
```

图 4.12　pH 计操作流程

4.1.13 电导率仪

电导率仪操作流程见图 4.13。

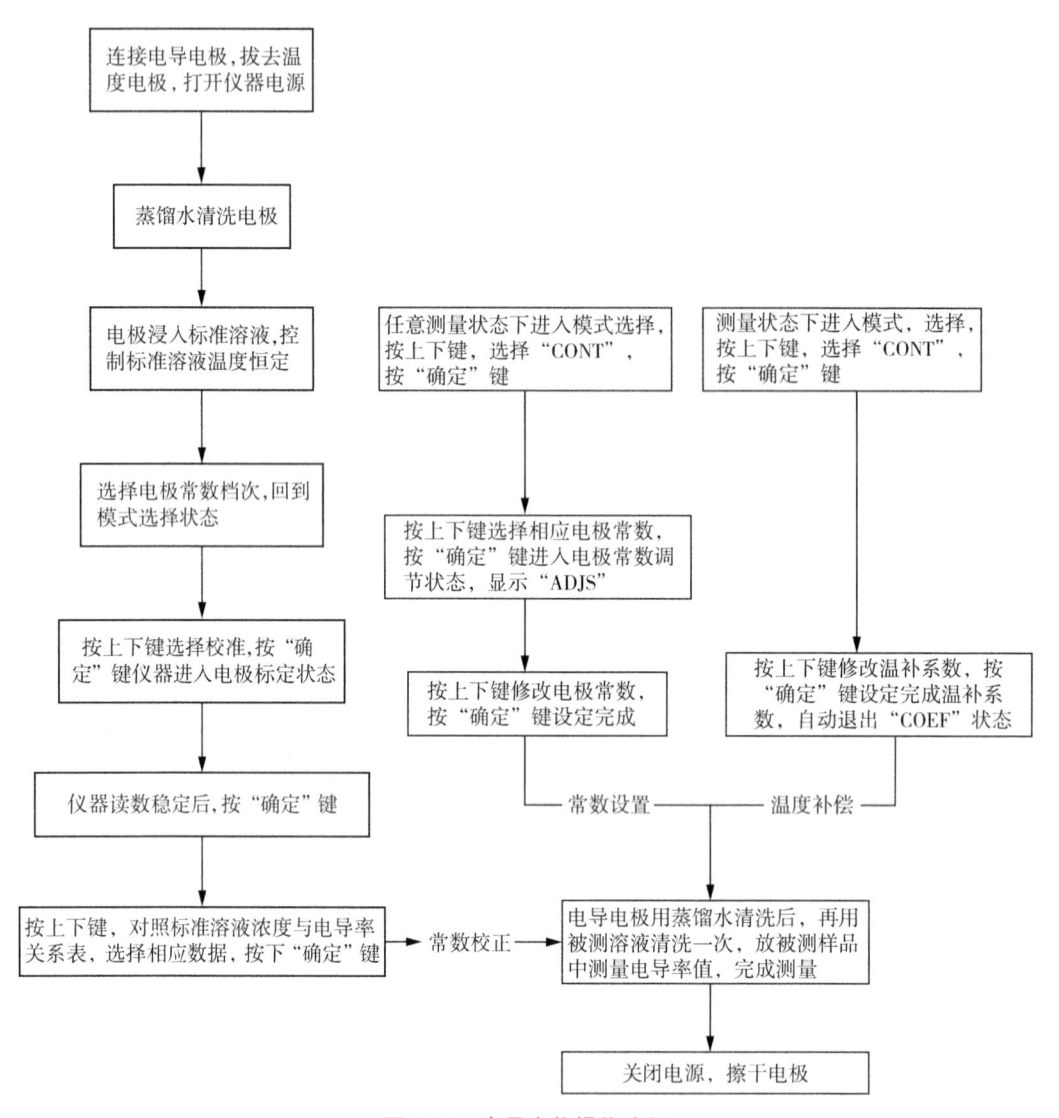

```
连接电导电极，拔去温度电极，打开仪器电源
        ↓
蒸馏水清洗电极
        ↓
电极浸入标准溶液，控制标准溶液温度恒定
        ↓
选择电极常数档次，回到模式选择状态
        ↓
按上下键选择校准，按"确定"键仪器进入电极标定状态
        ↓
仪器读数稳定后，按"确定"键
        ↓
按上下键，对照标准溶液浓度与电导率关系表，选择相应数据，按下"确定"键 ——常数校正→

任意测量状态下进入模式选择，按上下键，选择"CONT"，按"确定"键
        ↓
按上下键选择相应电极常数，按"确定"键进入电极常数调节状态，显示"ADJS"
        ↓
按上下键修改电极常数，按"确定"键设定完成
        ↓ ——常数设置

测量状态下进入模式，选择，按上下键，选择"CONT"，按"确定"键
        ↓
按上下键修改温补系数，按"确定"键设定完成温补系数，自动退出"COEF"状态
        ↓ ——温度补偿

        ↓
电导电极用蒸馏水清洗后，再用被测溶液清洗一次，放被测样品中测量电导率值，完成测量
        ↓
关闭电源，擦干电极
```

图 4.13 电导率仪操作流程

4.1.14 台式溶解氧仪

台式溶解氧仪操作流程见图4.14。

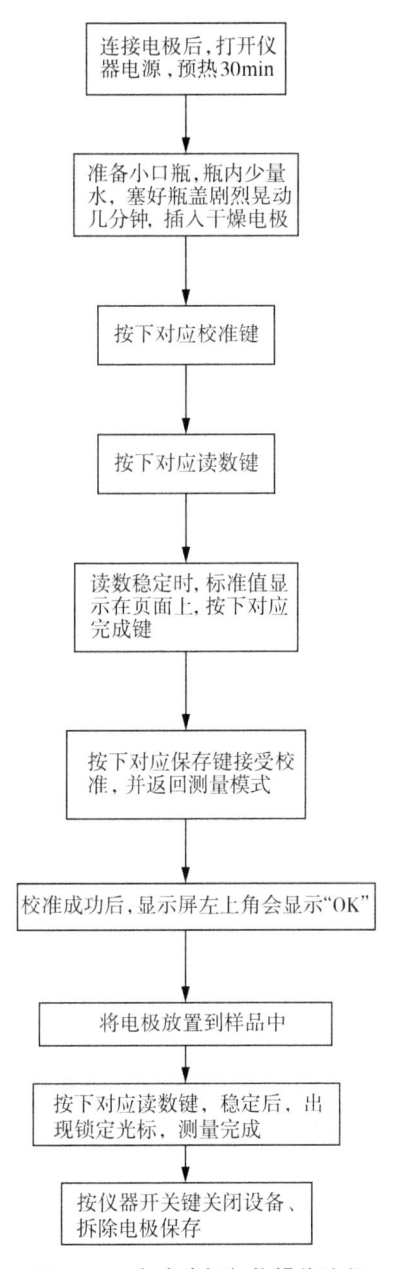

```
连接电极后,打开仪器电源,预热30min
         ↓
准备小口瓶,瓶内少量水,塞好瓶盖剧烈晃动几分钟,插入干燥电极
         ↓
按下对应校准键
         ↓
按下对应读数键
         ↓
读数稳定时,标准值显示在页面上,按下对应完成键
         ↓
按下对应保存键接受校准,并返回测量模式
         ↓
校准成功后,显示屏左上角会显示"OK"
         ↓
将电极放置到样品中
         ↓
按下对应读数键,稳定后,出现锁定光标,测量完成
         ↓
按仪器开关键关闭设备、拆除电极保存
```

图4.14 台式溶解氧仪操作流程

4.2 常规巡查

4.2.1 实验室安全巡查

实验室安全巡查流程见图 4.15。

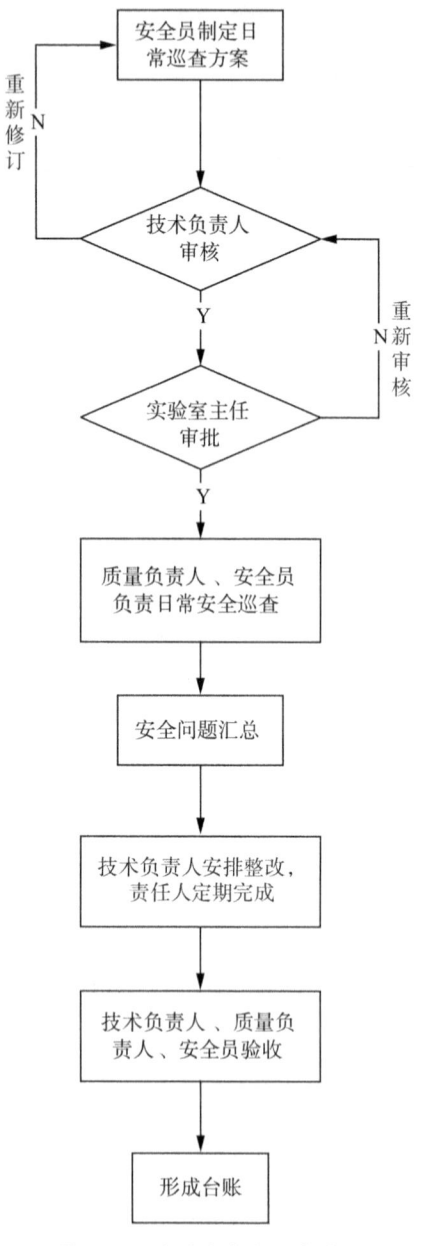

```
        安全员制定日常巡查方案
                │
                ▼
     ┌──→ 技术负责人审核 ←──┐
     │ N      │ Y         │ N
  重新修订    ▼          重新审核
         实验室主任审批 ──┘
                │ Y
                ▼
        质量负责人、安全员
        负责日常安全巡查
                │
                ▼
           安全问题汇总
                │
                ▼
        技术负责人安排整改，
        责任人定期完成
                │
                ▼
        技术负责人、质量负
        责人、安全员验收
                │
                ▼
            形成台账
```

图 4.15　实验室安全巡查流程

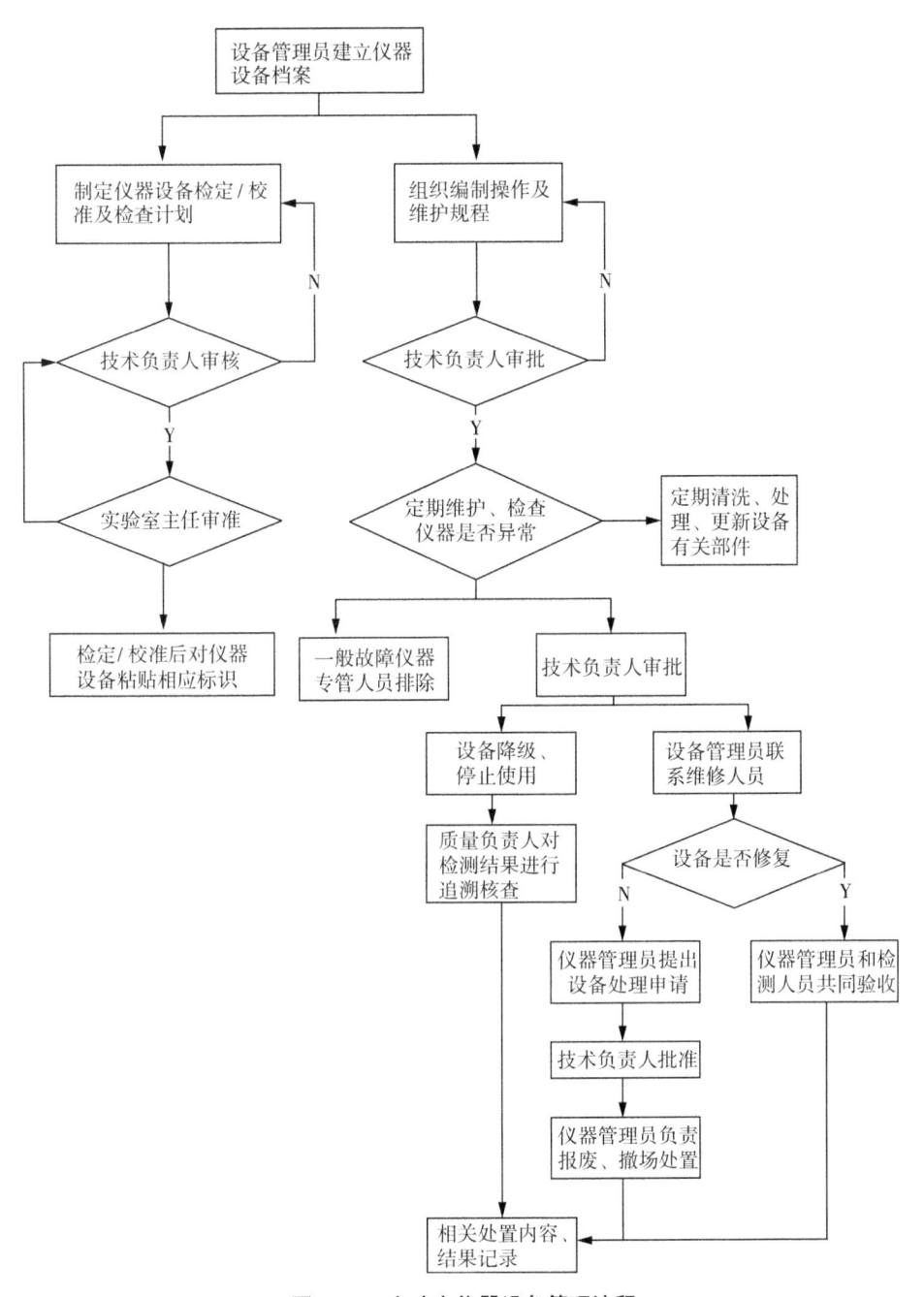

4.2.2 实验室仪器设备管理

实验室仪器设备管理流程见图4.16。

图 4.16 实验室仪器设备管理流程

4.2.3 管理体系运行控制

管理体系运行控制流程见图 4.17。

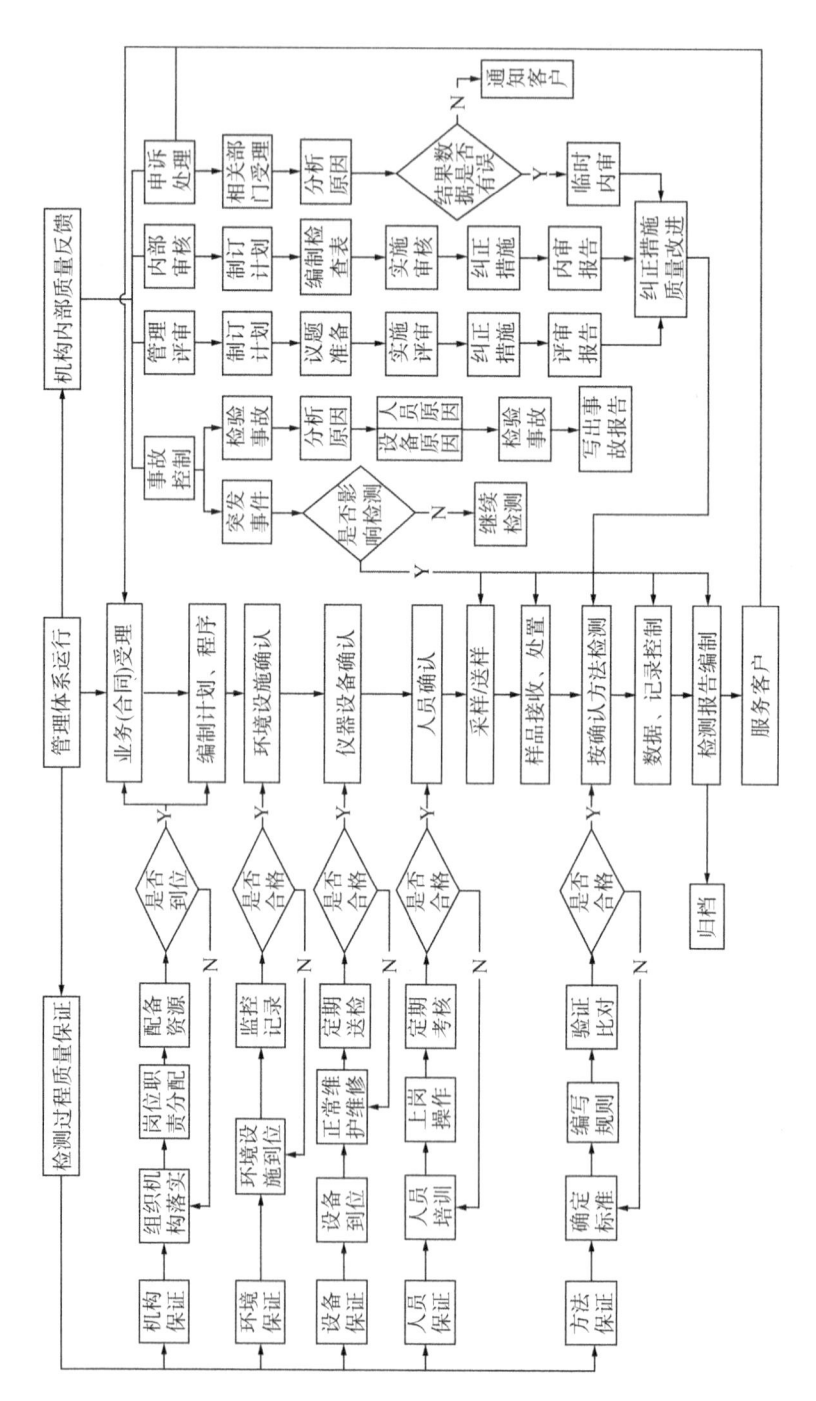

图 4.17 管理体系运行控制流程

4.3 整编审查

4.3.1 档案管理

档案管理流程见图 4.18。

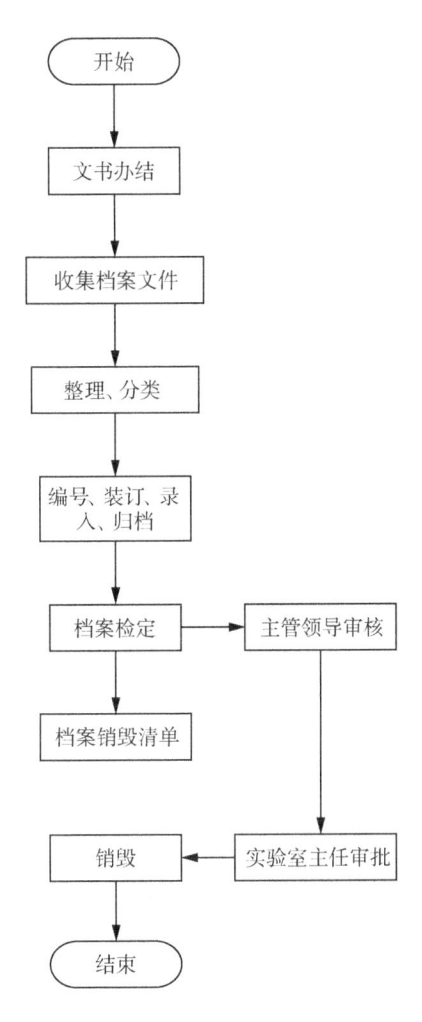

图 4.18 档案管理流程

4.3.2 档案借阅

档案借阅流程见图 4.19。

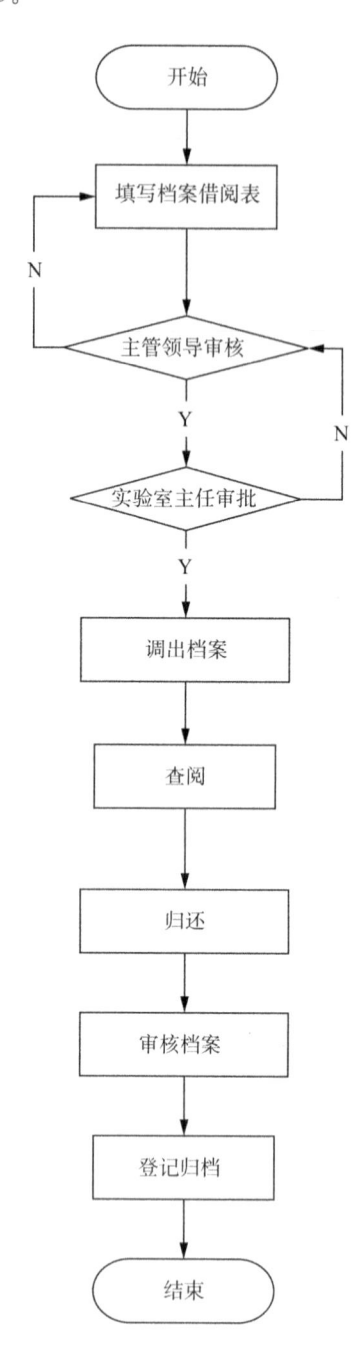

```
           开始
            ↓
    ┌→ 填写档案借阅表
    │       ↓
    N   主管领导审核 ←─┐
            ↓ Y       │
        实验室主任审批 ─N
            ↓ Y
          调出档案
            ↓
           查阅
            ↓
           归还
            ↓
          审核档案
            ↓
          登记归档
            ↓
           结束
```

图 4.19 档案借阅流程

4.3.3 数据分析

数据分析流程见图 4.20。

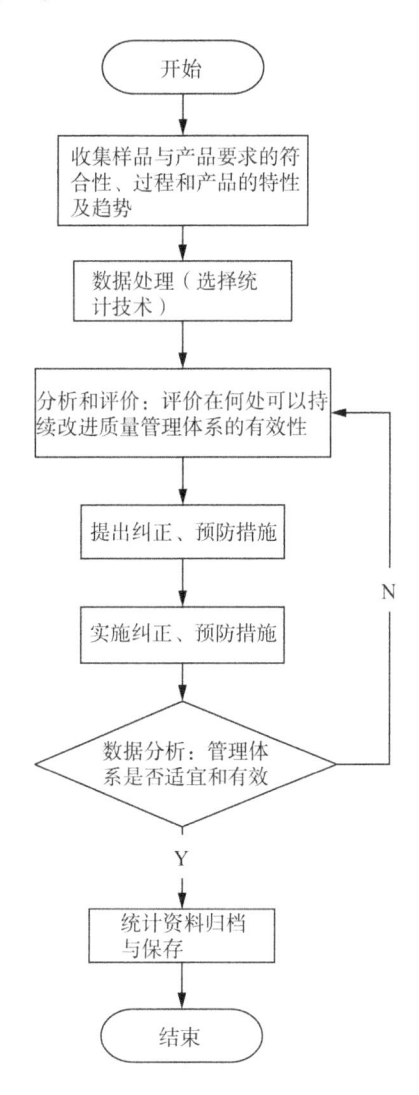

```
开始
  ↓
收集样品与产品要求的符合性、过程和产品的特性及趋势
  ↓
数据处理（选择统计技术）
  ↓
分析和评价：评价在何处可以持续改进质量管理体系的有效性 ←─┐
  ↓                                                      │
提出纠正、预防措施                                         │
  ↓                                                      │
实施纠正、预防措施                                         │
  ↓                                                      │
数据分析：管理体系是否适宜和有效 ──N──────────────────────┘
  ↓Y
统计资料归档与保存
  ↓
结束
```

图 4.20　数据分析流程

4.3.4 数据审核

数据审核流程见图4.21。

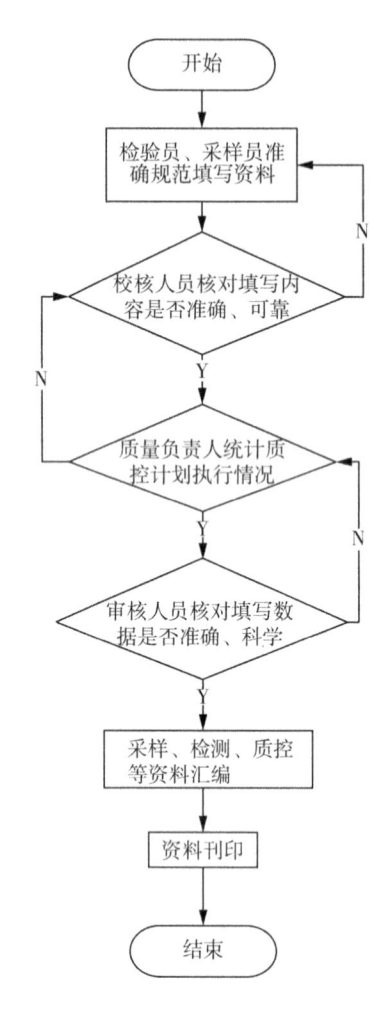

```
                开始
                 ↓
        ┌─────────────────┐
        │ 检验员、采样员准 │←──────┐
        │ 确规范填写资料   │       │
        └─────────────────┘       │
                 ↓                │ N
              ◇校核人员核对填写内◇─┤
         ┌───◇容是否准确、可靠  ◇
         │    ◇                ◇
         │ N       ↓ Y
         │    ◇质量负责人统计质◇
         │    ◇控计划执行情况  ◇←──┐
         │    ◇                ◇   │
         │         ↓ Y             │ N
         │    ◇审核人员核对填写数◇──┘
         │    ◇据是否准确、科学  ◇
         │         ↓ Y
         │    ┌─────────────────┐
         │    │ 采样、检测、质控 │
         │    │ 等资料汇编       │
         │    └─────────────────┘
         │         ↓
         │       资料刊印
         │         ↓
         │        结束
```

图 4.21 数据审核流程

4.3.5 样品分析流程

样品分析流程见图4.22。

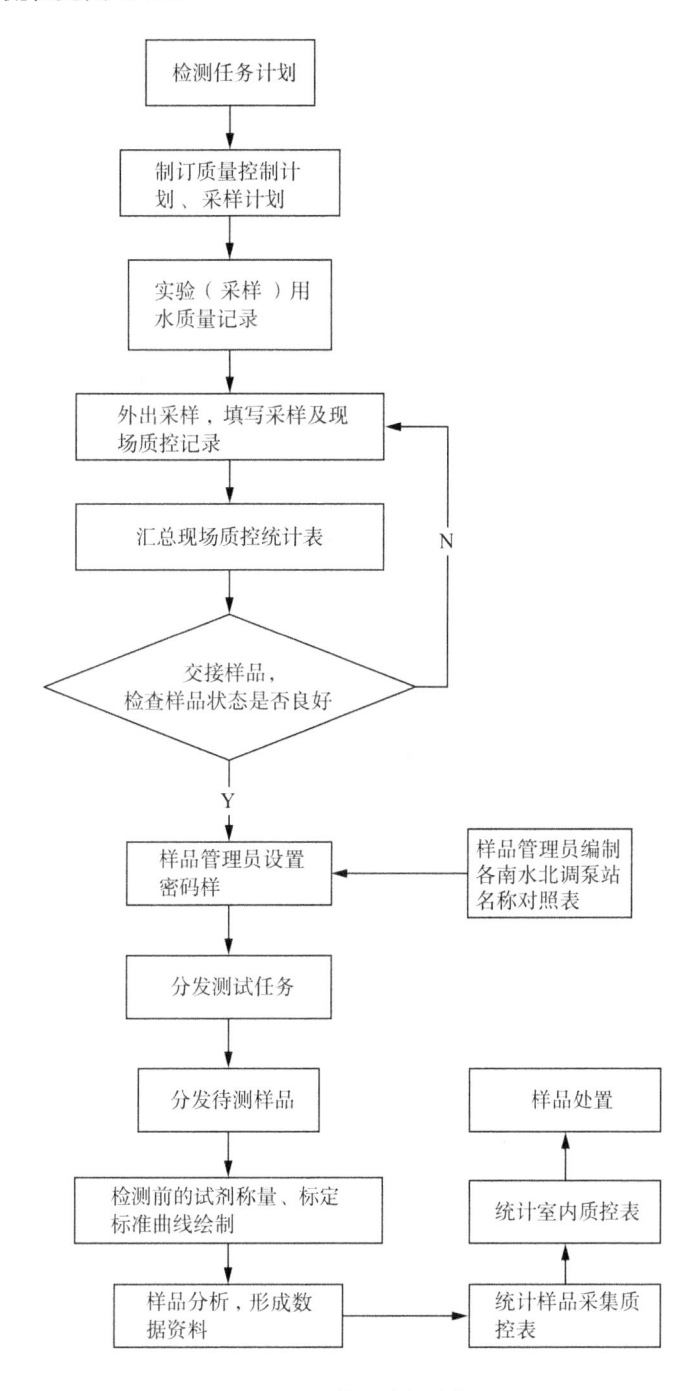

图 4.22 样品分析流程

4.4 请示审批

4.4.1 试剂、服务采购流程

试剂、服务采购流程见图 4.23。

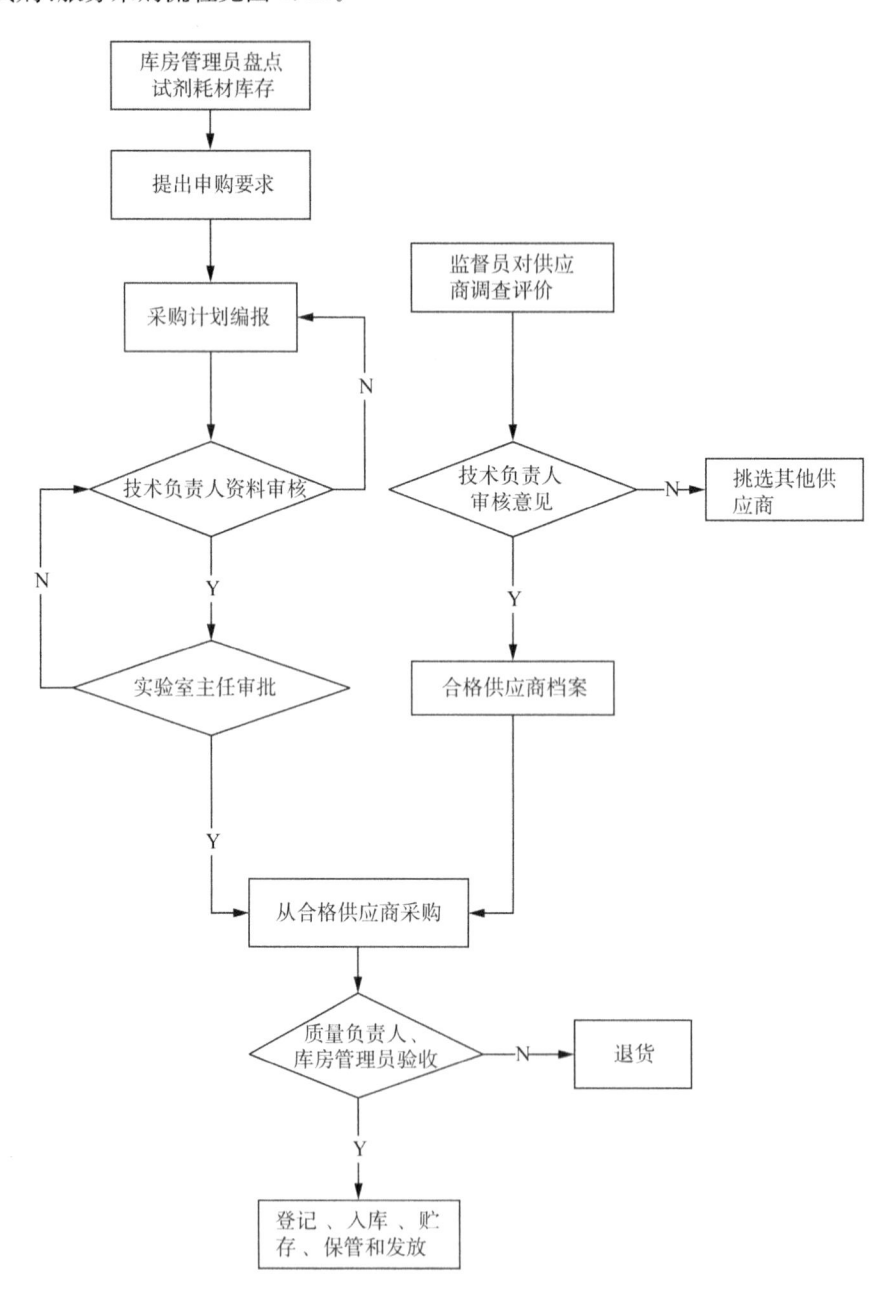

图 4.23 试剂、服务采购流程

4.4.2 培训计划审批

培训计划审批流程见图 4.24。

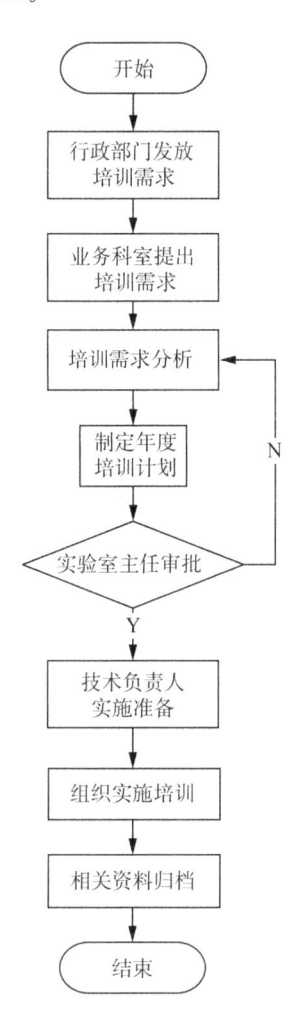

```
开始
  ↓
行政部门发放培训需求
  ↓
业务科室提出培训需求
  ↓
培训需求分析 ←──┐
  ↓            │
制定年度培训计划  │
  ↓           N│
实验室主任审批 ──┘
  ↓ Y
技术负责人实施准备
  ↓
组织实施培训
  ↓
相关资料归档
  ↓
结束
```

图 4.24　培训计划审批流程

4.5 程序文件

4.5.1 文件控制

文件控制流程见图 4.25。

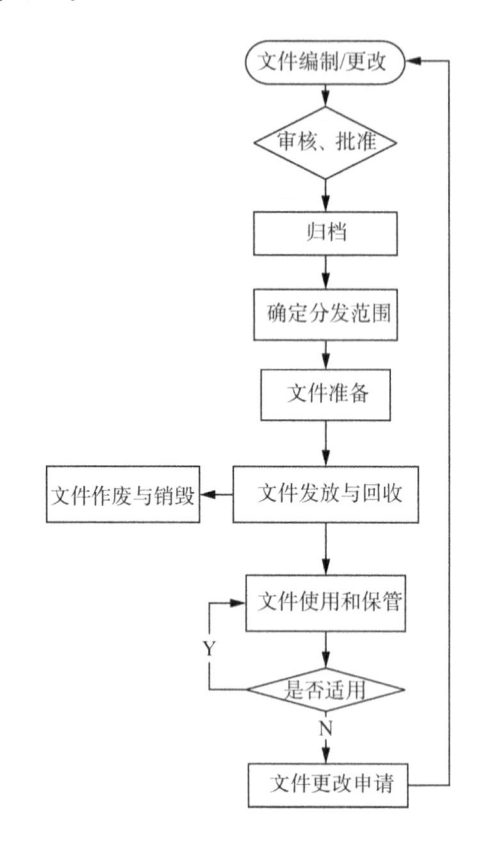

```
文件编制/更改
     ↓
  审核、批准
     ↓
    归档
     ↓
 确定分发范围
     ↓
  文件准备
     ↓
文件作废与销毁 ← 文件发放与回收
                    ↓
            → 文件使用和保管
            Y       ↓
              是否适用
                N ↓
              文件更改申请 →（回到文件编制/更改）
```

图 4.25 文件控制流程

4.5.2 质量体系文件控制

质量体系文件控制流程见图 4.26。

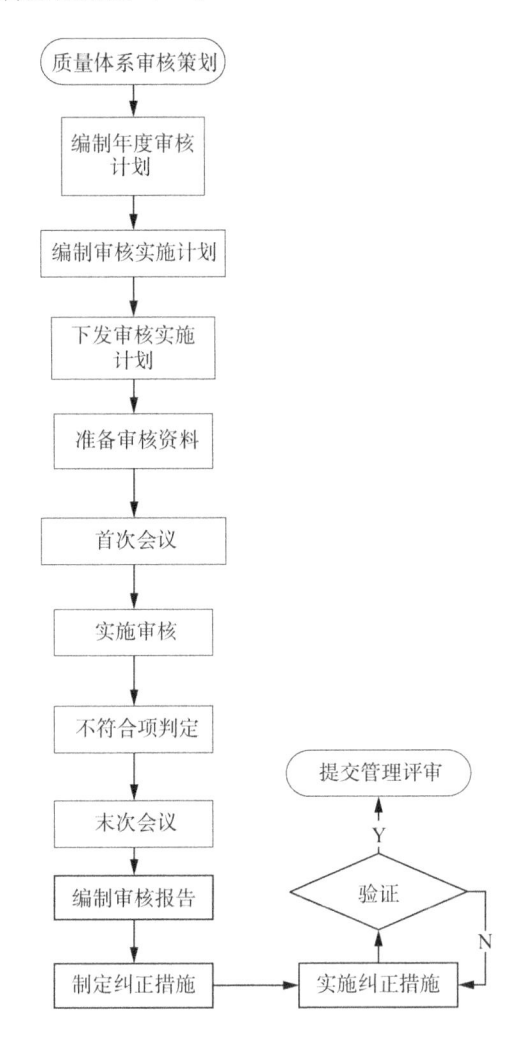

```
质量体系审核策划
      ↓
  编制年度审核计划
      ↓
  编制审核实施计划
      ↓
  下发审核实施计划
      ↓
   准备审核资料
      ↓
    首次会议
      ↓
    实施审核
      ↓
   不符合项判定
      ↓
    末次会议              提交管理评审
      ↓                      ↑ Y
   编制审核报告            ◇ 验证
      ↓                      ↑ N
   制定纠正措施 → 实施纠正措施 ─┘
```

图 4.26　质量体系文件控制流程

第五章 管理表单

本章规定了南水北调东线江苏水源有限责任公司水文水质监测中心水质固定实验室运行管理的管理表单，主要包括信息台账、手续审批、巡视检查、取样分析、成果图表等内容。

台账记录表单化，是制度规范的表现形式，以工作表单为载体，将文本制度要求作为表单的执行内容和顺序，对所有的检查、统计、作业的报表形成表单化清单，明确标准和要求，便于操作和查漏补缺。

5.1 信息台账类

5.1.1 新员工培训记录表（表5.1）

表5.1 新员工培训记录表

培训类别		培训项目	培训内容	培训人签字	新员工签字
公司培训	1	公司介绍	1. 公司简介；2. 企业理念；3. 公司发展概况；4. 未来展望		
	2	公司相关管理制度	1. 员工行为规范；2. 人员进出管理规定；3. 物资进出管理规定；4. 员工考勤；5. 检测现场管理规定		
	3	安全培训	1. 用电安全；2. 物料使用安全；3. 消防安全；4. 安全防护		
	4	管理体系培训	1. 资质认定评审准则培训；2. 体系文件培训；3. 工作流程培训		
	5	团队精神培训	1. 团队精神；2. 凝聚力；3. 责任感		
部门培训	1	部门介绍	1. 部门结构与职责介绍；2. 部门内的岗位及人员配置；3. 部门工作介绍		
	2	安全培训	1. 部门内须了解的安全知识；2. 危险源；3. 应急救护知识		
	3	岗位介绍	1. 新员工工作描述；2. 职责要求；3. 计量基础知识；4. 检测基础知识；5. 岗位的应知应会		

续表

培训类别	培训项目	培训内容	培训人签字	新员工签字
部门培训	4	实操培训	1. 设备操作使用；2. 设备的维护保养；3. 设备使用注意事项		

5.1.2 培训签到表（表5.2）

表5.2 培训签到表

培训名称	
培训时间	
培训地点	
负责人	

签 到 栏

序号	部门	姓名	序号	部门	姓名
1			9		
2			10		
3			11		
4			12		
5			13		
6			14		
7			15		
8			…		

5.1.3 培训记录表（表5.3）

表5.3 培训记录表

培训内容				负责人	
培训时间		培训教师		培训地点	
考核时间		考核人		考核方式	□笔□实□问
受培人员					
培训过程简要记录					
考核通过率					

续表

本次培训评价

评价人		评价日期	

5.1.4 保密资料登记表（表5.4）

表5.4 保密资料登记表

序号	客户名称	文件名称	份数	转交人	转交日期	接收人	归还日期	客户确认
1								
2								
…								

5.1.5 年度日常监督计划表（表5.5）

表5.5 年度日常监督计划表

部门		监督员	
时间	监督对象	监督内容	
…			

5.1.6 有毒有害废弃物处理记录（表5.6）

表5.6 有毒有害废弃物处理记录

序号	废弃物名称	数量	产生部室	处理方式	处理日期	处理人	备注
1							
2							
…							

5.1.7 设备台账(表5.7)

表5.7 设备台账

设备编号	设备名称	规格型号	生产厂家	购入日期	校准日期	设备负责人	备注
…							

5.1.8 设备使用记录表(表5.8)

表5.8 设备使用记录表(表5.8)

设备名称					设备编号		
日期	委托编号	目的用途	设备运行状况		使用人	故障现象
			使用前	使用后		
			正常□ 故障□	正常□ 故障□		
			正常□ 故障□	正常□ 故障□		
…			正常□ 故障□	正常□ 故障□		

5.1.9 设备维护保养计划表(表5.9)

表5.9 设备维护保养计划表

设备编号	设备名称	保养周期		备注
		日常保养	定期保养	
…				

5.1.10 设备定期维护保养记录表(表5.10)

表5.10 设备定期维护保养记录表

设备名称		设备编号	
保养日期	保养结果		设备负责人
	□正常 □异常：		
	□正常 □异常：		
…	□正常 □异常：		

5.1.11 设备出入库登记表(表5.11)

表 5.11 设备出入库登记表

出库					入库				备注
日期	设备编号	设备名称	状态		设备领用人	日期	状态		设备管理员	
			正常	不正常			正常	不正常		
…										

5.1.12 标准物质台账(表5.12)

表 5.12 标准物质台账

序号	标准物质信息			库存信息			购买人
	标准物质名称	生产单位	标准值及精度	购买日期	有效期	数量	
1							
2							
…							

5.1.13 标准物质出入库登记表(表5.13)

表 5.13 标准物质出入库登记表

名称			规格		
入库/出库日期	入库数量	出库数量	剩余数量	购买人/领用人签字	备注
…					

5.1.14 公司有效文件清单(表5.14)

表 5.14 公司有效文件清单

序号	文件名称	文件编号	版本	受控序列号	文件来源	备注
1						
2						
…						

5.1.15 文件发放与回收登记表(表5.15)

表5.15 文件发放与回收登记表

序号	文件名称	文件编号	发放信息			回收信息		备注
			发放日期	分发号	领取人签字	回收日期	交回人签字	
1								
2								
…								

5.1.16 客户要求执行登记表(表5.16)

表5.16 客户要求执行登记表

日期	委托编号	客户名称	联系人	委托修改内容	综合室	检测室	备注
…							

5.1.17 合格分包机构名录(表5.17)

表5.17 合格分包机构名录

序号	分包单位信息			分包评审记录编号
	名称	分包项目	联系人	
	地址		联系电话	
1				
…				
制表人及日期				批准人及日期

5.1.18 合格供应商名录(表5.18)

表 5.18　合格供应商名录

序号	供应商/服务商名称 地址、联系电话	供应产品 服务	列入时间	备注
1				
2				
...				
编制 (综合室)	年　月　日	批准 (实验室主任)		年　月　日

5.1.19 实验室参观登记表(表5.19)

表 5.19　实验室参观登记表(表5.20)

申请日期	申请信息					批准		
	单位名称	申请人	联系方式	事由	进入时间	批准人	陪同人	离开时间
...								

5.1.20 客户满意度评价及建议登记表(表5.20)

表5.20 客户满意度评价及建议登记表

客户名称				项目名称		
反馈人				联系电话		
调查项目	单项结果/分数 (单项满分100分)			文字说明		
服务态度	□满　意/	分	建议:			
	□较满意/	分	不满意说明:			
	□不满意/	分				
技术能力	□满　意/	分	建议:			
	□较满意/	分	不满意说明:			
	□不满意/	分				
工作效率	□满　意/	分	建议:			
	□较满意/	分	不满意说明:			
	□不满意/	分				
工作规范情况	□满　意/	分	建议:			
	□较满意/	分	不满意说明:			
	□不满意/	分				
人员廉洁自律	□满　意/	分	建议:			
	□较满意/	分	不满意说明:			
	□不满意/	分				
您对公司的总体希望						
统计情况	总分			满意度		%
负责人意见	质量负责人:				年　月　日	
备注	说明:单项总分为100分。其中满意为95～100分,较满意为90～95分,不满意为0～90分。 满意度=(总分/500)×100%					

5.1.21 客户投诉处理记录表(表5.21)

表 5.21 客户投诉处理记录表

投诉方全称				投诉编号	
投诉人		联系电话		投诉日期	
投诉情况登记	投诉来源:□来人 □来电 □来函 □其他 综合室负责人:　　　　　　　　　　　　　　　年　　月　　日					
调查情况	 				
调查结论及处理意见	结论:□成立 □不成立 后续处理意见: □纠正　　　　　　　□纠正措施　　　　　□预防措施 □复检、重新发放报告　□追加审核　　　　　□赔偿客户损失 □其他处理要求: 质量负责人:　　　　　　　　　　　　　　　年　　月　　日				
批准意见	 实验室主任:　　　　　　　　　　　　　　　年　　月　　日				

5.1.22 风险和机遇分析评估表(表5.22)

表5.22 风险和机遇分析评估表

类型	类别	风险及机遇的识别	风险及机遇应对措施	岗位	风险及机遇应对措施结果评价(Y/N)	风险指数(出现N时填写)
...						

5.1.23 档案材料移交登记表(表5.23)

表5.23 档案材料移交登记表

移交日期	部门	移交人	资料档案信息				资料管理员	备注
			名称	性质	份数	必要的说明		
				□原件 □复印件				
				□原件 □复印件				
...				□原件 □复印件				

5.1.24 电子数据备份登记表(表5.24)

表5.24 电子数据备份登记表

检测室		计算机名称		设备编号	
数据名称				备份频次	
备份时间	备份内容	备份介质		介质编号	备份人
...					

5.1.25 计算机杀毒记录(表5.25)

表5.25 计算机杀毒记录

杀毒日期		操作人员		
杀毒软件名称			杀毒软件版本	
计算机名称	编号	用途	杀毒情况说明	
...				

5.2 手续审批类

5.2.1 违反公正性事件处理单(表 5.31)

表 5.31 违反公正性事件处理单

调查日期		反馈人	
调查组成员			
违反公正性事件描述			
调查情况			
处理意见	质量负责人： 年 月 日		
批准意见	实验室主任： 年 月 日		
备注			

5.2.2 员工公正性、保密性声明(表5.32)

表5.32 员工公正性、保密性声明

姓名	
身份证号码	
部门/岗位	

兹郑重声明：
1. 本人已充分了解公司的"公正性声明"和"服务承诺"。
2. 本人愿意严格遵守公司的"公正性声明"和"服务承诺"，秉公检测，不违规操作或伪造数据，不受任何行政、经济或其他方面压力的影响，坚决抵制妨碍检测工作公正性的行为。
3. 不参与与检测活动以及出具的数据和结果有利益关系的活动。
4. 不参与任何有损于检测和判断的独立性和诚信度的活动。
5. 不参与和检测项目或类似的竞争项目有关的产品设计、研制、生产和供应活动。
6. 本人承诺保护在检测工作中所知悉的客户的机密信息和所有权，未经许可，不挪作他用，不向第三方透漏。
7. 本人严格按照公司确定的检测业务范围，在公司工作期间，不在其他机构从事检测工作。
8. 如有违反公司管理体系要求的行为，本人愿意接受公司的处理，并愿意承担由于违规行为引起的一切法律责任。

声明人：
日　期：

5.2.3 外出培训申请单(表5.33)

表5.33 外出培训申请单

申请部室		申请人		申请编号	
申请日期		经费预算		培训人数	
培训信息	培训名称				
	培训机构				
	培训地点				
	培训时间				
	参培人员				
	培训内容				
	备注				
确认意见		技术负责人：		年　月　日	
确认意见		质量负责人：		年　月　日	

续表

批准意见	实验室主任： 　　　　　年　月　日
备注	

5.2.4　年度培训计划表（表5.34）

表5.34　年度培训计划表

姓名							
授权岗位							
培训编号	部门	培训负责人	培训计划时间	培训内容	培训对象	考核方式	备注
						□问 □笔 □实	
						□问 □笔 □实	
…						□问 □笔 □实	
综合部编制	签字： 日期：	质量负责人审核	签字： 日期：	技术负责人审核	签字： 日期：	实验室主任批准	签字： 日期：

5.2.5　人员上岗评价表（表5.35）

表5.35　人员上岗评价表

被考核人姓名	岗位基本要求		基本理论评价		基本技能评价		实际经验评价		综合评价结果
	岗位名称	任职条件	评价方式	评价结果	评价方式	评价结果	评价方式	评价结果	
		□符合 □否		□通过 □否		□通过 □否		□通过 □否	□通过 □否
		□符合 □否		□通过 □否		□通过 □否		□通过 □否	□通过 □否
…		□符合 □否		□通过 □否		□通过 □否		□通过 □否	□通过 □否

□同意　□不同意，说明： 质量负责人： 　　　　　年　月　日	□同意　□不同意，说明： 技术负责人： 　　　　　年　月　日	□同意　□不同意，说明： 实验室主任： 　　　　　年　月　日

5.2.6 人员岗位授权表(表5.36)

表5.36 人员岗位授权表

姓名	
授权岗位	

授权的检测项目/检测标准			
1		4	
2		5	
3		…	

授权意见:

实验室主任:
授权时间:

5.2.7 废弃物回收服务供应商评价表(表5.37)

表5.37 废弃物回收服务供应商评价表

供应商名称		
供应商简介		
评价内容	是否拥有相关资质	□是 □否
	是否符合实验室需求	□是 □否
	服务质量是否满意	□满意 □不满意
	其他情况	
确认意见	□合格废弃物回收服务供应商 □不同意使用,原因: 技术负责人:	年 月 日
批准意见	□合格废弃物回收服务供应商 □不同意使用,原因: 副总经理:	年 月 日

5.2.8 设备封存启用记录(表5.38)

表5.38 设备封存启用记录

设备信息	名称				申请编号	
	型号规格		出厂编号		设备编号	
封存情况	申请部门		设备管理员		申请日期	
	原因	□闲置　□频率低　□有替代　□状态不稳定　□				
	封存期	□6个月　□12个月　□长期:＿＿个月				
	确认意见	检测室负责人：　　　　　年　月　日				
	批准意见	技术负责人：　　　　　年　月　日				
启用情况	申请部门		设备管理员		申请日期	
	原因					
	溯源要求	□是　□否　□				
	确认意见	检测室负责人：　　　　　年　月　日				
	批准意见	技术负责人：　　　　　年　月　日				
备注						

5.2.9 设备报废申请单(表5.39)

表5.39 设备报废申请单

申请部门			申请日期		报废单号		
仪器设备明细	设备名称						
	规格型号			购置日期			
	出厂编号			设备编号			
	故障/报废原因						
	无法修复说明						
	申请人			设备管理员：		年 月 日	
审查意见				检测室负责人：		年 月 日	
批准意见				技术负责人：		年 月 日	
备注							

5.2.10 检定校准申请单(表5.40)

表5.40 检定校准申请单

申请部门		申请日期		申请人	
序号	设备名称		设备编号		申请原因
1					□新购 □故障修理
2					□新购 □故障修理
…					□新购 □故障修理
批准意见			技术负责人：		年　月　日

5.2.11 测量设备年度检定校准计划表(表5.41)

表5.41 测量设备年度检定校准计划表

序号	设备信息				检定/校准信息			
	设备编号	设备名称	规格型号	设备负责人	检定/校准周期	检定/校准上次日期	检定/校准预计日期	检定/校准机构名称
1								
2								
…								
编制（设备管理员）	年　月　日			批准（技术负责人）			年　月　日	

5.2.12 标准物质报废申请单(表5.42)

表5.42 标准物质报废申请单

名称				申请编号	
规格型号			购置日期		申请日期	
处理情况	报废原因				
	报废数量				
	处理方法				
	申请人			检测员：	年　月　日

续表

确认意见		试剂管理员：	年　月　日
批准意见		技术负责人：	年　月　日
备注			

5.2.13　年度期间核查计划表(表5.43)

表5.43　年度期间核查计划表

序　号	核查对象	核查项目、方法	核查计划实施时间	部门	责任人
1					
2					
…					

编制人(设备管理员)：　　　　　批准人(技术负责人)：
　　年　月　日　　　　　　　　　　　　　　　　　　　　年　月　日

5.2.14　文件评审记录(表5.44)

表5.44　文件评审记录

评审日期		评审地点	
评审组成员			
评审文件名称	文件编号	评审简述	有效性
			□保持 □修改 □作废
			□保持 □修改 □作废
…			□保持 □修改 □作废

5.2.15 文件更改申请书(表5.45)

表 5.45　文件更改申请书

文件名称		文件编号		申请编号	
申请部门		申请人		申请日期	
更改前章节及内容		更改后章节及内容		更改原因	
更改方式	□换页　　□换版　　□其他:					
审核意见	审核人:　　　　　　　　　　年　　月　　日				
批准意见	批准人:　　　　　　　　　　年　　月　　日				
备注					

5.2.16 客户要求评审记录(表5.46)

表 5.46　客户要求评审记录

客户名称	
项目名称	
要求简述	

序号	评审内容	评审判定	说明
1	客户要求是否明确、清晰	□是　□否	
2	客户工程/样品/资料是否符合检测要求	□是　□否	
3	检测设备等资源是否满足要求	□是　□否	
4	实验室环境条件是否满足要求	□是　□否	
5	检测人员是否对技术要求已足够理解	□是　□否	
6	检测人员是否对检测方法已足够理解	□是　□否	
7	是否有合适的检测人员承担检测任务	□是　□否	
8	是否需要分包检测项目	□是　□否	
9	是否能在规定的期限内完成检测任务	□是　□否	
10	其他：	□是　□否	
评审总结	□可以签订合同/委托 □不可以签订合同/委托,原因： 　　　　　　　　　　　　　　　技术负责人：　　　　年　　月　　日			
批准意见	 　　　　　　　　　　　　　　　实验室主任：　　　　年　　月　　日			
备注	

5.2.17 委托协议书(表5.47)

表5.47 委托协议书

<table>
<tr><td rowspan="9">委托单位填写</td><td rowspan="3">委托单位</td><td>名称</td><td colspan="7"></td></tr>
<tr><td>地址</td><td colspan="7"></td></tr>
<tr><td>联系人</td><td colspan="2">电话</td><td colspan="2">传真</td><td colspan="3">邮编</td></tr>
<tr><td rowspan="5">样品信息</td><td>样品名称</td><td>编号</td><td>规格</td><td>状态</td><td>数量</td><td>检测项目</td><td>检测方法</td><td>备注</td></tr>
<tr><td></td><td></td><td></td><td></td><td></td><td></td><td></td><td></td></tr>
<tr><td></td><td></td><td></td><td></td><td></td><td></td><td></td><td></td></tr>
<tr><td></td><td></td><td></td><td></td><td></td><td></td><td></td><td></td></tr>
<tr><td></td><td></td><td></td><td></td><td></td><td></td><td></td><td></td></tr>
<tr><td>样品处置</td><td colspan="8">□检毕取回　□委托本公司处理　□其他(请文字说明):</td></tr>
<tr><td>报告发放</td><td colspan="8">□自取　□邮寄　　　□其他(请文字说明):</td></tr>
<tr><td>其他要求</td><td colspan="8"></td></tr>
<tr><td rowspan="6">本公司填写</td><td>样品检查</td><td colspan="8">□符合检测要求　□不符合检测要求,说明:</td></tr>
<tr><td>检测类别</td><td colspan="8">□委托检测　□现场检测　□其他(请文字说明):</td></tr>
<tr><td>检测费用</td><td colspan="8">人民币(大写):　　　拾　万　仟　佰　拾　元　角　分
(￥:　　　　　元)</td></tr>
<tr><td>计划完成日期</td><td colspan="3"></td><td colspan="2">出具报告份数</td><td colspan="1"></td><td>委托编号</td><td></td></tr>
<tr><td>保密声明</td><td colspan="8">1. 未经客户的书面同意,本公司均不对外披露检测结果等信息。但法律法规另有要求,或者需要履行法定责任的除外。
2. 客户凭本协议方可领取报告。</td></tr>
<tr><td>其他说明</td><td colspan="8"></td></tr>
<tr><td rowspan="2">双方确认</td><td colspan="5">客户签名确认本协议内容。</td><td colspan="4">本公司评审意见:能否满足客户要求?
□满足　　□不满足,说明:</td></tr>
<tr><td colspan="5">委托人签名:
　　　　　　　　　年　月　日</td><td colspan="4">受理人签名:
　　　　　　　　　年　月　日</td></tr>
</table>

本公司地址:
电话:　　　　　　　　传真:　　　　　　　　邮编:

5.2.18 检测项目分包申请单(表5.48)

表 5.48 检测项目分包申请单

申请部门		日期		申请编号	
分包原因简述					
需分包检测项目及要求					
拟采用的分包单位					
申请意见				检测室负责人：	年 月 日
审批意见				质量负责人：	年 月 日

5.2.19 分包机构情况评审表(表5.49)

表5.49 分包机构情况评审表

分包机构名称		评审编号	
地址		邮编	
联系人		电话	
分包单位整体情况			
评审内容	评审记录		评审结果
实验室认可情况	□通过 □没通过 证书编号: 证书有效期: 评审说明:		□通过 □不通过
计量认证情况	□通过 □没通过 证书编号: 证书有效期: 评审说明:		□通过 □不通过
分包检测项目	项目	执行的试验方法	□通过 □不通过
质量体系保证情况	□通过 □没通过 证书编号: 证书有效期: 评审说明:		□通过 □不通过
检测人员情况	□是 □否 证书编号: 评审说明:		□通过 □不通过
时间保证能力			□通过 □不通过
评审意见	□同意 □不同意 说明: 技术负责人: 年 月 日		
批准意见	□同意 □不同意 说明: 实验室主任: 年 月 日		

5.2.20 设备采购申请表(表5.50)

表5.50 设备采购申请单

申请部门		申请日期		申请单号	
申请人		适用项目			
设备名称				规格型号	
生产厂家					
申请理由					
性能指标要求	注:非标仪器设备可附说明文件。				
售后服务要求					
验收要求	□需要检定/校准 □其他:				
其他要求	□数量: □到货时间:				
核对意见	部门负责人: 年 月 日				
审核意见	技术负责人: 年 月 日				
批准意见	实验室主任: 年 月 日				

5.2.21 关键耗材采购申请单(表5.51)

表5.51 关键耗材采购申请单

部门		申请日期		申请编号	
关键耗材名称	等级或技术参数要求		规格/数量		用途
...					

建议供应商	
检测室意见	检测室负责人：　　　　　年　　月　　日
审核意见	技术负责人：　　　　　年　　月　　日
批准意见	实验室主任：　　　　　年　　月　　日

5.2.22 通用性用品采购申请和验收单(表 5.52)

表 5.52 通用性用品采购申请和验收单

部门		申请日期		申请编号	
用品名称		规格/数量		用途	
...					
审核意见	技术负责人: 年 月 日					
批准意见	实验室主任: 年 月 日					
验收情况					
用品名称	规格/数量		用品名称	规格/数量	
...					

验收人: 年 月 日

5.2.23 供应商年度评价表(表5.53)

表 5.53 供应商年度评价表

供应商名称			
评价组成员			
供应商性质	□设备　　□关键耗材　　□溯源　　□比对及能力验证　　□其他：		
序号	评价内容	单项评价结果	
1	供应商社会知名度	□满足要求	□不满足要求：
2	供应商资质是否有变化	□无变化	□有变化：
3	本年度供货(服务)质量	□满足要求	□不满足要求：
4	供应商技术支持能力	□满足要求	□不满足要求：
5	供应商服务效率	□满足要求	□不满足要求：
6	供应商的价格变动	□无变动	□有变动：
7	现场服务及时性及准确性	□满足要求	□不满足要求：
8	售后服务	□满足要求	□不满足要求：
9	其他		
综合评价结果	□合格,继续采用　　□不合格,停止供应商资格,原因： 组员签字：		
确认意见	□同意　□不同意,原因： 检测室负责人：　　　　年　　月　　日		
审核意见	□同意　□不同意,原因： 技术负责人：　　　　年　　月　　日		
批准意见	□同意　□不同意,原因： 实验室主任：　　　　年　　月　　日		

5.2.24 档案查阅、借阅、复印申请表(表5.54)

表 5.54 档案查阅、借阅、复印申请表

部门			申请人		申请单号	
申请日期			申请项目	□查阅 □借阅 □复印 □		
序号	档案/文件名称及编号				档案性质	归还日期
1					□涉密档案 □普通档案	
2					□涉密档案 □普通档案	
3					□涉密档案 □普通档案	
4					□涉密档案 □普通档案	
5					□涉密档案 □普通档案	
6					□涉密档案 □普通档案	
7					□涉密档案 □普通档案	
8					□涉密档案 □普通档案	
9					□涉密档案 □普通档案	
…					□涉密档案 □普通档案	
部门确认	相关科室负责人:				年 月	日
审批意见	综合室负责人:				年 月	日
涉密档案 审批意见	质量负责人:				年 月	日
备注						

5.2.25 档案文件销毁记录表(表 5.55)

表 5.55 档案文件销毁记录表

申请日期			申请人		
销毁文件明细					
文件/档案名称		编号	版本	份数	销毁原因
...					
确认意见	综合室负责人： 年 月 日				
审核意见	技术负责人： 年 月 日				
批准意见	质量负责人： 年 月 日				
销毁跟踪记录					
销毁日期			销毁方式		
销毁人 （资料管理员）			见证人 （综合室负责人）		

5.2.26 年度内部审核计划表(表5.56)

表 5.56 年度内部审核计划表

审核时间		内审组成员	
审核目的			
审核范围			
审核依据			
审核内容			
备注			
编制 （质量负责人）	年　月　日	批准 （实验室主任）	年　月　日

5.2.27 变更方法验证记录(表5.57)

表 5.57 变更方法验证记录

部门		负责人		验证时间	
旧方法名称				适用项目	
新方法名称					
评审组员					
变化条款	旧方法要求		新方法要求		变更比对
...					
评审人员签字					
评审结论	检测室负责人：　　　　　　　　年　月　日				
批准意见	技术负责人：　　　　　　　　　年　月　日				

5.2.28 偏离申请报告(表5.58)

表5.58 偏离申请报告

申请部门		申请人		申请单号	
申请日期		来源	□内部 □客户 □		
检测项目					
偏离描述	标准要求		偏离情况及原因		
偏离恢复条件					
论证人签字					
批准意见	技术负责人：　　　　　　年　　月　　日				

5.2.29 新检测项目申请单(表 5.59)

表 5.59 新检测项目申请单

新检测项目名称				
所用检测标准名称及编号				
开展新检测项目目的和必要性				
新检测项目所需仪器设备	设备编号	仪器设备名称	规格型号	量程及精度
	...			
设施环境条件				
人员要求				
申请（技术负责人）	年 月 日		批准（实验室主任）	年 月 日

5.2.30 新检测项目审批表(表5.60)

表5.60 新检测项目审批表

新检测项目名称	
所用检测标准 名称及编号	
检测方法 是否现行有效	□是　　□否　　□特殊情况说明：
设备与检测方法要求 是否相符	□是　　□否　　□特殊情况说明：
环境条件与检测方法 要求是否相符	□是　　□否　　□特殊情况说明：
是否购买正版标准	□是　　□否　　□特殊情况说明：
是否编写作业指导书	□是　　□否　　□特殊情况说明：
检测员 是否培训且考核合格	□是　　□否　　□特殊情况说明：
模拟检测报告结果 是否满意	□是　　□否　　□特殊情况说明：
其他情况	
评审组 意见	□同意开展 □不同意开展,需继续准备 □意见和建议： 签字：　　　　　　　　　　　年　　月　　日
技术负责人 意见	□同意开展 □不同意开展,需继续准备 □意见和建议： 签字：　　　　　　　　　　　年　　月　　日
实验室主任 意见	□同意开展 □不同意开展,需继续准备 □意见和建议： 签字：　　　　　　　　　　　年　　月　　日

5.3 巡视检查类

5.3.1 检测过程监督记录(表 5.61)

表 5.61 检测过程监督记录

监督日期			监督员	
监督方式	□动态	□静态	被监督人	
监督内容					

不符合详细描述	监督员/日期：
现场纠正情况	被监督人/日期：

5.3.2 环境条件控制明细表(表5.62)

表5.62 环境条件控制明细表

相关科室		编制人	
房间名称	开展项目	环境要求	控制手段
…			
批准意见		技术负责人： 年 月 日	

5.3.3 环境条件监控记录(表5.63)

表5.63 环境条件监控记录

检测科室			环境条件控制要求	温度范围	～ ℃
房间				湿度范围	%～ %
日期	温度(℃)	湿度(%)	是否满足要求	备注	
			□是 □否		
			□是 □否		
…			□是 □否		

5.3.4 标准方法有效性确认登记表(表5.64)

表5.64 标准方法有效性确认登记表

检索日期		检索人	
文件名称	文件编号	有效性	无效文件的替代情况
		□有效 □无效	
		□有效 □无效	
…		□有效 □无效	

5.3.5 公司内务检查记录表(表5.65)

表5.65 公司内务检查记录表

被检查部门		检查人		检查日期	
项目名称	检查标准		检查情况	需整改问题	
办公区域台面	物品摆放整洁有序 文件分类存放 无其他杂物		□符合要求 □不符合要求		
检测区域仪器设备摆放	是否按照定置图摆放 工具是否按定置表摆放 是否有标识 是否干净整洁		□符合要求 □不符合要求		
检测区域作业文件	是否摆放在规定区域 是否有受控标识 是否为有效版本		□符合要求 □不符合要求		
废弃物	是否按照规定处理废弃物 是否存放在规定区域		□符合要求 □不符合要求		
检测区域各种标识	是否有限入标识 是否有各种提示标识		□符合要求 □不符合要求		
其他情况			□符合要求 □不符合要求		
整改要求及时限					

部门负责人：　　　　　年　月　日

5.3.6 安全检查处理单(表 5.66)

表 5.66 安全检查处理单

检查日期		安全员	
安全隐患描述	安全员： 年 月 日			
整改情况描述	科室负责人： 年 月 日			
整改确认	安全员： 年 月 日			
纠正措施（必要时）	质量负责人： 年 月 日			
批准意见（必要时）	实验室主任： 年 月 日			
备注				

5.3.7 检定校准证书确认记录(表 5.67)

表 5.67 检定校准证书确认记录

证书出具机构		校准证书编号	
设备名称		设备编号	
型号规格		检校周期(月)	
上次检校日期		本次检校日期	
确认部门		确认日期	
确认依据			

溯源证书基本信息及确认结果					
核查内容			要求/允差	核查结果	评定
1	有效性确认 (有效√/ 无效×)	□签名			□符合 □不符合
		□印章			□符合 □不符合
		□有效期			□符合 □不符合
		□其他			□符合 □不符合
2		□准确度			□符合 □不符合
3					□符合 □不符合
4					□符合 □不符合
5					□符合 □不符合
6					□符合 □不符合
7					□符合 □不符合
8					□符合 □不符合
9					□符合 □不符合
其他说明					
确认结论			□满足 □不满足:			
投入使用意见			□合格 □限用 □停用			

5.3.8 期间核查记录(表 5.68)

表 5.68 期间核查记录

设备名称		规格型号	
设备编号		核查人员	
核查依据			
核查过程记录	记录人：　　　　　　　年　　月　　日		
期间核查结果审核	设备管理员：　　　　　　年　　月　　日		
确认	技术负责人：　　　　　　年　　月　　日		
备注			

5.3.9 设备供应商及设备评价表(表5.69)

表5.69 设备供应商及设备评价表

供应商名称	
评价组成员	
供应商简介	

分类	序号	评价内容	单项评价结果
企业资质	1	供应商领域知名度	
	2	供应商资质情况	
	3	供货期	
	4	售后服务质量	
	5	供应商技术支持能力	
设备资质	6	设备技术参数说明	
	7	设备生产许可情况	
	8	与同类产品比较情况	
	9	性价比情况	
	10	其他说明	
综合评价结果	\multicolumn{3}{l}{□合格 □不合格,原因: 组员签字:}
确认意见	\multicolumn{3}{l}{□同意 □不同意,原因: 检测室负责人: 年 月 日}
审核意见	\multicolumn{3}{l}{□同意 □不同意,原因: 技术负责人: 年 月 日}
批准意见	\multicolumn{3}{l}{□同意 □不同意,原因: 实验室主任: 年 月 日}

5.3.10 关键耗材供应商评价表(表5.70)

表5.70 关键耗材供应商评价表

供应商名称				
评价组成员				
供应商简介				
分类	序号	评价内容	单项评价结果	
企业资质	1	供应商资质情况		
	2	是否为授权的生产企业		
	3	供货期		
	4	售后服务质量		
	5	供应商技术支持能力		
设备资质	6	关键耗材参数说明		
	7	关键耗材生产许可情况		
	8	是否满足危化品管理要求		
	9	价格情况		
	10	其他说明		
综合评价结果	□合格 □不合格,原因: 组员签字:			
确认意见	□同意 □不同意,原因: 检测室负责人:　　　　年　月　日			
审核意见	□同意 □不同意,原因: 技术负责人:　　　　年　月　日			
批准意见	□同意 □不同意,原因: 实验室主任:　　　　年　月　日			

5.3.11 溯源服务供应商评价表(表5.71)

表 5.71 溯源服务供应商评价表

供应商名称		
供应商简介		
评价内容	是否通过 CMA 资质认定/CNAS 认可	□是　　□否
	授权能力范围是否符合要求	□是　　□否
	服务质量是否满意	□满意　□不满意
	其他情况	
评价意见	□合格溯源服务商 □不同意使用,原因:	
		设备管理员：　　　年　月　日
确认意见	□合格溯源服务商 □不同意使用,原因:	
		技术负责人：　　　年　月　日
批准意见	□合格溯源服务商 □不同意使用,原因:	
		实验室主任：　　　年　月　日

注：CMA(China Inspection Body and Laboratory Mandatory Approval),中国计量认证的简称,是根据《中华人民共和国计量法》的规定,由省级以上人民政府计量行政部门对检测机构的检测能力及可靠性进行的一种全面的认证及评价。CNAS(China National Accreditation Service for Conformity Assessment),中国合格评定国家认可委员会的简称,是根据《中华人民共和国认证认可条例》的规定,由国家认证认可监督管理委员会批准成立并确定的认可机构,统一实施对认证机构、实验室和检验机构等相关机构的认可工作。

5.3.12 比对及能力验证服务供应商评价表(表5.72)

表 5.72 比对及能力验证服务供应商评价表

供应商名称			
供应商简介			
评价内容	是否通过认证/认可		□是　□否
	授权能力范围是否符合要求		□是　□否
	服务质量是否满意		□满意　□不满意
	其他情况		
确认意见	□合格比对及能力验证服务供应商 □不同意使用,原因: 技术负责人:　　　　　　年　月　日		
批准意见	□合格比对及能力验证服务供应商 □不同意使用,原因: 实验室主任:　　　　　　年　月　日		

5.3.13 设备安装调试验收单(表5.73)

表5.73 设备安装调试验收单

	名称			验收单号	
仪器设备基本情况	生产厂家				
	规格型号		出厂日期		出厂编号	
	购置日期		到货日期		验收日期	
主要附件	序号	附件名称	规格	数量	备注
	1				
	2				
	…				
开箱验收检查	检查项目			检查结果	
	1. 外包装情况(是否完好无损)			□是 □否	
	2. 按装箱清单检查设备、使用说明及附件是否齐全			□是 □否	
	3. 仪器设备表面(是否光洁、完好)			□是 □否	
	4. 按产品说明书附件清单检查附件是否齐全			□是 □否	
	5. 仪器设备检定/校准情况(是否在有效期内)			□是 □否	
	6. 其他需要说明的事项:				
设备指标检查	参数名称	技术指标	检查确认情况	检查结果
				□满足要求 □不满足要求
				□满足要求 □不满足要求
	…			□满足要求 □不满足要求
验收结论	总体结论:□合格 □不合格 不合格原因说明: 验收人:　　　　　设备管理员:　　　　　　　年　　月　　日				

5.3.14 不符合项目处置单(表5.74)

表5.74 不符合项目处置单

部门		责任人	
不符合项描述			发现人/日期：
不符合项评价	严重性判定： □轻微　　　　□一般　　　　□严重 可接受性判定：□不影响检测结果　　　□影响检测结果 解决方案：　□不暂停工作　□暂停工作　□扣发检测报告 　　　　　　□通知客户　　□追回检测报告 整改要求：　□纠正　　　　□纠正措施 其他说明：		评价人/日期：
现场纠正情况			责任人/日期：
验证情况			验证人/日期：
备　注			

5.3.15 纠正措施整改记录(表 5.75)

表 5.75 纠正措施整改记录

责任人		不符合项目处置单编号	
不符合项描述			
不符合原因分析			
纠正措施	责任部门负责人：　　　　　　　　　　　　　　年　　月　　日		
评价意见	□同意　□不同意,原因：		
	评价人：　　　　　　　　　　　　　　　　　　年　　月　　日		
质量负责人批准	质量负责人：　　　　　　　　　　　　　　　　年　　月　　日		
纠正计划完成情况	责任部门负责人：　　　　　　　　　　　　　　年　　月　　日		
纠正计划效果验证	□有效　□无效,说明：		
	质量负责人指定的验证人员：　　　　　　　　　年　　月　　日		
备注			

5.3.16 改进实施报告(表5.76)

表5.76 改进实施报告

项目名称			问题来源	
立项日期		负责人		责任部门

改进项目的具体要求			
序号	问题现状	改进措施或建议	完成日期
1			
2			
3			
4			
…			
确认		技术负责人：	年 月 日
批准		实验室主任：	年 月 日

改进措施实施情况及确认情况		
问题序号	改进措施完成情况及签字	确认情况及签字
1		
2		
3		
…		
后续工作要求		质量负责人： 年 月 日

5.3.17 内部审核日程计划表(表 5.77)

表 5.77 内部审核日程计划表

审核目的	
审核范围	
审核依据	
审核组成员	

内部审核日程安排

日期	时间	审核内容	负责人

备注			
编制 (质量负责人)	年 月 日	批准 (实验室主任)	年 月 日

5.3.18 内部审核检查记录(表5.78)

表 5.78 内部审核检查记录

序号	审核内容	检查项目	审核岗位/部门	审核结果	审核发现	审核人
1						
2						
…						

5.3.19 会议签到表(表5.79)

表 5.79 会议签到表

会议名称	
会议时间	
会议地点	
会议主持人	

签到栏					
序号	部门	姓名	序号	部门	姓名
1			4		
2			5		
3			…		

5.3.20 会议记录表(表5.80)

表 5.80 会议记录表

会议名称	
会议时间	
会议地点	
会议主持人	
出席人员	
会议纪要	

记录人		记录时间	

5.3.21 内审不符合项整改单(表5.81)

表 5.81　内审不符合项整改单

受审核部门		陪同人	
审核日期		不符合编号	
不符合项描述			
判定和确认	判定依据：_____ 第_____条款 类型：□体系性　　□实施性　　□效果性 严重程度：□严重　　□一般　　□轻微 内审员/日期：　　　　　　　　受审核人/日期：		
纠正措施	原因分析		
	整改计划		
	批准	内审员：	负责人：
	验证	□有效、关闭不符合 □无效： 　　　　　　　　　　　　　　内审员/日期：	
备注			

5.3.22 内部审核报告(表5.82)

表 5.82 内部审核报告

审核简况	审核日期		审核地点	
	审核目的			
	审核依据			
	审核范围			
审核情况综述				
不符合项情况				
审核结论				
内审组签名				
编制 (质量负责人)	年　月　日		批准 (实验室主任)	年　月　日
备注				

5.3.23 检测能力审核记录表(表5.83)

表5.83 检测能力审核记录表

检测项目		现场审核记录				考核情况		结论
序号	名称	标准代号	检测人员	审核方式	起止时间	问答	实际操作	考核结果
1								
2								
…								

内审组成员:	年　月　日	技术负责人:	年　月　日

5.3.24 年度管理评审计划表(表5.84)

表5.84 年度管理评审计划表

评审时间	
评审地点	
评审组成员	
评审目的	
评审依据	
评审内容	
编制 (质量负责人)	年　月　日	批准 (实验室主任)	年　月　日

5.3.25 临时管理评审通知(表5.85)

表5.85 临时管理评审通知

评审年度		评审方式		计划编号	
负责人		计划时间		评审地点	
参加人员					
评审目的					
评审依据					
评审内容及要求					
编制 (质量负责人)	年　月　日		批准 (实验室主任)	年　月　日	

5.3.26 管理评审实施计划表(表5.86)

表 5.86 管理评审实施计划表

计划编号		评审性质	□计划　□专题
评审时间		评审地点	
评审目的			
参加人员			

评审议程	时　间	内　容	人员
	...		

编制 (质量负责人)	年　月　日	批准 (实验室主任)	年　月　日

5.3.27 管理评审决议跟踪验证记录(表5.87)

表5.87 管理评审决议跟踪验证记录

改进内容	
管理评审决议要求	
改进措施及完成时间	改进措施： 完成时间： 责任人签名/日期：
改进措施落实及改进结果验证	 质量负责人/日期：
备注	

5.4 取样分析类

5.4.1 抽样采样记录单(表5.88)

表 5.88 抽样采样记录单

样品名称		样品包装	□有 □无
样品编号		样品标识	□有 □无
规格型号		产品商标	
产品等级		执行标准	
生产批号、货号（或样品编号）		样品贮存条件	
抽样单位名称		抽样单位地址	
电话		传真	
抽样时间		抽样依据	
抽样地点		抽样数量	
抽样情况补充说明			
被抽样单位对抽样程序、过程、封样状态及上述内容无异议		抽样人员(签名)：	
被抽样单位签名(盖章)：		抽样单位(盖章)：	

5.4.2 样品台账(表5.89)

表5.89 样品台账

委托编号	样品名称	数量	送样日期	送样人签字	检测室领用日期	领用人签字	检测室退还日期	退还人签字	取样人签字	备注
…										

5.4.3 样品处理审批表(表5.90)

表5.90 样品处理审批表

部门		申请人		申请日期	
申请原因					
样品名称、编号及数量		处理方式及要求		处理人	
确认意见	检测室负责人: 年 月 日	批准意见	技术负责人: 年 月 日		

5.4.4 年度内部质量控制计划表(表5.91)

表5.91 年度内部质量控制计划表

编号	监控项目	监控方法	计划实施日期	负责人	备注
…					
编制	技术负责人: 年 月 日	批准	实验室主任: 年 月 日		

5.4.5 质控结果评价报告(表5.92)

表5.92 质控结果评价报告

检测室		负责人		计划编号	
质控项目					
开展时间			监控方法		
评价情况	人员情况				
	仪器设备				
	数据情况				
	存在问题				
	其他内容				
参评人员确认	□满意 □可疑 □不满意 可疑或不满意的下一步措施： 参评人员： 年 月 日				
结论	□满意 □可疑 □不满意 可疑或不满意的下一步措施： 技术负责人： 年 月 日				

5.4.6 比对及能力验证申请表

表 5.93 比对及能力验证申请表

序号	计划控制的检测项目	负责人	计划采取的方式		组织方	评价方式
1			□组织比对 □参加能力验证	□参加比对 □参加测量审核	□本公司 □	□利用外部评价报告 □自行编制评价报告
2			□组织比对 □参加能力验证	□参加比对 □参加测量审核	□本公司 □	□利用外部评价报告 □自行编制评价报告
…			□组织比对 □参加能力验证	□参加比对 □参加测量审核	□本公司 □	□利用外部评价报告 □自行编制评价报告
申请	技术负责人： 　　年　　月　　日			审批	实验室主任： 　　年　　月　　日	

5.4.7 比对及能力验证评价报告（表 5.94）

表 5.94 比对及能力验证评价报告

申请编号		类别	□能力验证 □比对	报告编号	
评价人		实施日期		评价日期	
比对或验证项目		检测方法		原因和目的	
统计分析及评价原则	三个实验室检测相同样品，各自独立检测，并出具检测结果，洁净度级别应相同				
比对结果及结果评价					
结论	技术负责人：　　　　　　　　　　　　　　　　　　　年　　月　　日				
批准	实验室主任：　　　　　　　　　　　　　　　　　　　年　　月　　日				

5.4.8 水质采样原始记录表(表5.95)

表5.95 水质采样原始记录表

___年 ___月 ___日

序号	编号	地点	断面(垂线、点位)	采样时间	水质参数						气象参数			备注
					水温(℃)	pH	DO(mg/L)	电导率(μS/cm)	透明度(m)	藻密度(万cells/L)	气温(℃)	风向(8方位)	风力(级)	
1														
2														
…														

5.4.9 标准溶液配制与标定原始记录表(表5.96)

表5.96 标准溶液配制与标定原始记录表

标准溶液名称：

配制		标定							
试剂名称		标定用标液名称								
试剂等级		标定用标液浓度								
试剂生产厂家及编号		待标定溶液体积		滴定管体积					
称量天平型号及编号		标液消耗量(mL)								标定溶液浓度(mol/L)	平均浓度(mol/L)
干燥温度(℃)		滴定次数	空白(V_0)			待标液(V)			修正体积($V-V_0$)(mL)		
			终读	始读	消耗	终读	始读	消耗			

续表

试剂重量(g)	A	Ⅰ						
		Ⅱ						
		Ⅲ						
溶剂名称		Ⅳ						
定容体积(L)	B	Ⅰ						
		Ⅱ						
配制温度(℃)		Ⅲ						
配制日期		Ⅳ						
配制浓度(mol/L)	计算公式							
配制人	标定温度(℃)				标定日期			
失效期	标定人				失效期			

5.4.10 标准曲线绘制原始记录表（表5.97）

表5.97 标准曲线绘制原始记录表

曲线名称：　　　　　　　　　　　　　曲线编号：
标准溶液来源和编号：　　　　　　　　适用项目：
仪器型号：　　　　　　　　　　　　　仪器编号：
方法依据：　　　　　　　　　　　　　比色皿：　　　　　　　绘制日期：

编号	标准溶液加入体积(mL)	标准物质加入量(g)	仪器响应值 A	空白响应值 A_0	仪器响应值－空白响应值 $A-A_0$	备注
...						
回归方程		$a=$		$b=$		$r=$

5.4.11 pH测定原始记录表(表5.98)

表5.98 pH测定原始记录表

样品名称:　　　　　　　　采样日期:　　　　　　　　分析日期:
项目名称:　　　　　　　　类型:　　　　　　　　　　任务号:
方法依据:　　　　　　　　仪器名称、型号:　　　　　仪器编号:
标准溶液定位值:　　　　　室温:　　℃　　　　　　　湿度:　　%

序号	样品编号	水温(℃)	测定值	备注
1				
2				
…				

5.4.12 电导率测定原始记录表(表5.99)

表5.99 电导率测定原始记录表

样品名称:　　　　　　　　采样日期:　　　　　　　　分析日期:
方法依据:　　　　　　　　仪器名称、型号:　　　　　仪器编号:
室温:　　℃　　　　　　　湿度:　　%

序号	样品编号	水温(℃)	测定值	25℃电导率值(μS/cm)	备注
1					
2					
…					

5.4.13 分光光度法分析原始记录表(表5.100)

表5.100 分光光度法分析原始记录表

分析项目:　　　　　　　　分析方法:　　　　　　　　采样日期:
分析日期:　　　　　　　　仪器名称、型号:　　　　　仪器编号:　　　波长:　　nm
比色皿厚度:　　mm　　　　参比溶液:　　　　　　　　定容体积:　　mL
室温:　　℃　　　　　　　室内湿度:　　%　　　　　检出限:　　mg/L
标准曲线编号:　　　　　　计算公式:

序号	样品编号	取样体积(mL)	稀释倍数	样品吸光度A	空白吸光度A_0	$A-A_0$	测得量(μg)	样品浓度(mg/L)	备注
1									
2									
…									

5.4.14 容量法分析原始记录表(表5.101)

表5.101 容量法分析原始记录表

分析项目： 分析方法： 采样日期： 年 月 日
分析日期： 年 月 日 仪器名称、型号： 仪器编号：
室温： ℃ 室内湿度： % 标准溶液1名称：
标准溶液1浓度： 标准溶液2名称： 标准溶液2浓度：
滴定管规格： mL 滴定管样色： 色 计算公式：

序号	分析编号	样品编号	取样量(mL)	标准滴定溶液消耗量(mL)			样品浓度(mg/L)	备注
				终读	始读	消耗		
1								
2								
…								

5.4.15 原子吸收分光光度法分析原始记录表(表5.102)

表5.102 原子吸收分光光度法分析原始记录表

分析项目： 分析方法： 采样日期： 年 月 日
分析日期： 年 月 日 仪器名称、型号： 仪器编号：
波长： nm 狭缝： nm 焰类型(乙炔)： L/min
室温： ℃ 室内湿度： % 检出限： mg/L
计算公式：

序号	分析编号	样品编号	样品浓度(mg/L)	备注
1				
2				
…				

5.5 成果图表类

5.5.1 检测报告发放登记表(表5.103)

表5.103 检测报告发放登记表

序号	发送方式	客户名称	报告编号	发送时间	发送人	接收人	备注
1							
2							
…							

5.5.2 检测报告更正申请单(表 5.104)

表 5.104 检测报告更正申请单

报告信息	原报告编号			
	新报告编号			
	客户名称			
	样品名称		样品编号	
修改序号	原项目内容	修改后内容		更改原因
1				
2				
…				
确认意见		确认人/日期：		
批准意见		技术负责人/日期：		
原报告收回情况		新报告发放情况		
备注				

5.5.3 检测报告补充单(表 5.105)

表 5.105 检测报告补充单

客户名称		补充单编号		
报告编号		更正申请编号		
补充内容				
编制人		编制日期		盖章处
审核		批准		

第六章　管理信息

本章规定了南水北调江苏水源公司水文水质监测中心水质固定实验室运行的管理平台信息内容，适用于其内部运行及管理，主要包括基本原则、设计要求、系统设计、基本流程及平台管理等内容。

监管手段信息化，即以数据库为核心，结合现代网络化技术，将实验室的业务流程和一切资源以及行政管理等以信息化手段进行管理。

6.1　基本要求

6.1.1　基本原则

1. 管理平台建设遵循合规性原则、适用性原则、用户参与原则、开放性原则、可扩展性原则、安全性原则，符合《检测和校准实验室能力的通用要求》(GB/T 27025—2019)、《检验检测机构资质认定能力评价　检验检测机构通用要求》(RB/T 214—2017)、《实验室信息管理系统管理规范》(RB/T 028—2020)等国家及行业标准要求，结合实验室自身业务特点、管理需求、信息化现状和机构发展规划，用户参与平台建设，以便建成后的系统能够切实满足用户使用习惯，开放性系统可以最大限度通过接口实现信息共享，以模块化、分布式平台搭建思路，增强系统扩展性，通过加密、身份验证等手段，确保平台及数据安全。

2. 管理平台的建设可以基于自身资源情况，选择购买或自建方式。

6.1.2　设计要求

1. 实验室宜采用计算机技术，实现日常监测数据的规范管理。
2. 水质自动监测站应建立自动监测实时数据库系统，并按规定要求处理、保存及传送监测数据。
3. 管理平台符合国家和行业相关技术标准的要求。

4. 数据间的内在联系描述充分,具有良好的可修改性和可扩充性;能够确保系统运行可靠和数据的独立性,冗余数据少,数据共享程度高。

5. 用户接口简单、使用方便,具有数据输入、输出、维护、查询、评价以及基础信息维护、备份与恢复等基本功能。

6. 能提供多种数据录入、导入、转换、处理方式,满足用户操作特性的变化,并能提供必要的技术措施保证入库数据的准确性、完整性和数据质量。

7. 能保护数据库不受非授权者访问或破坏,防止错误数据的产生,保障数据库安全。

8. 选择操作系统、数据库管理软件及应用软件等时,应考虑到软件的适应性与完备性,与硬件的兼容性等;具备数据定义、数据操纵、数据库的运行管理和数据库的建立与维护等主要功能。

9. 数据库在局域网中运行时,硬件主要包括网络设备、计算机、数据输入输出设备、数据存储与备份设备等;数据库在单机环境下运行时,硬件主要包括计算机、数据输入输出设备、数据存储与备份设备等。

10. 硬件选择应考虑硬件的性能满足数据库系统的要求、与其他硬件的兼容性以及与软件的兼容性等。

11. 能提供监测数据的手工录入、自动导入及网络接收功能,并能确保入库数据的规范性、准确性、真实性与完整性。

12. 能提供基本信息及监测信息等信息的灵活多样的查询功能,具有显示、打印、导出、发送查询结果的输出功能。

13. 能方便、简单、直观地选择评价参数、水质标准和评价方法,对流域、水系和行政区"三水"(地表水、地下水、大气降水)、水功能区等水环境与水生态质量进行评价、分析与统计,并提供相关评价与统计结果的查询、显示及输出功能。

14. 具有系统基础信息、监测断面基本属性、监测因子属性、评价标准与方法等内容与信息修改、插入、删除等基本维护与操作功能。

15. 数据库应用软件的维护应包括修改性维护、适应性维护、完整性维护。

16. 数据的维护及更新包括监测数据的更新、添加、修改、删除、复制、格式转换等,并应按照统一的数据标准与格式进行数据的生产、维护和更新。

17. 能通过增、删、改操作,对单位、站点、节点等各类数据标准与代码进行定义和维护。

18. 系统维护主要包括数据库服务的启动和停止、主机的开启和关闭、数据库参数文件内容的调整、网络连接方式的更改和调整等。

19. 维护与更新应由专门的系统管理员负责,定期安装数据库补丁和升级操作系统、数据库管理软件、应用软件及防病毒软件。

20. 所有数据应达到数据生产的质量标准与规范的要求。所有入库数据应转换和存储为系统标准格式。

21. 人工录入数据应进行校核与复核,确保录入数据真实、准确和可靠。

22. 制定数据库系统使用管理办法,并对用户进行分级、分类授权管理,避免越权使用和更改系统信息与数据。

23. 监测数据应严格按照国家和行业的有关保密规定执行。在通过网络向授权用户提供数据时,应根据数据的保密级别,采取数据加密措施。

24. 数据库系统应具备性能较为完善的网络信息安全设施,具有保证数据安全、方便数据备份、防止计算机病毒与黑客入侵的软硬件措施。

6.1.3 系统设计

1. 概要设计

完成总体结构设计,对平台功能模块进行划分,明确定义模块和模块之间的交互调用或依赖关系,并形成概要设计说明书。概要设计说明书要经过评审,确保概要设计已建立总体结构,并划分功能模块,各功能模块之间的接口已定义并覆盖需求的全部内容。

2. 详细设计

(1) 详细设计阶段完成每个模块具体实现算法、数据结构、模块间接口的设计,形成详细设计说明书。

(2) 说明书确保详细设计已实现概要设计说明书每个模块的内容,每个模块要完成的具体工作描述都已清晰、明确,每个模块的实现算法、数据结构和接口已实现所有功能需求。

(3) 原型设计

① 必要时可针对复杂功能模块设计系统原型,最大程度保障设计人员对系统功能的理解与需求,及分析人员与系统用户的一致性。

② 通过原型演示沟通,若发现设计偏差,可修订详细设计说明书并重新评审。

6.1.4 基本流程

监测业务流程管理模块宜具备业务流程自定义功能,结合生态环境监测行业的技术规范和各机构的实际工作流程,针对不同的监测业务类型,通过工作流工具定制符合自身实验室业务特点的工作流程。监测业务流程管理模块应包括但不限于以下功能:任务登记、合同评审、监测方案编制、现场监测、样品管理、数据录入及处理、数据校核审核、报告编制、审核和签发、任务归档等功能。如图 6.1 所示:

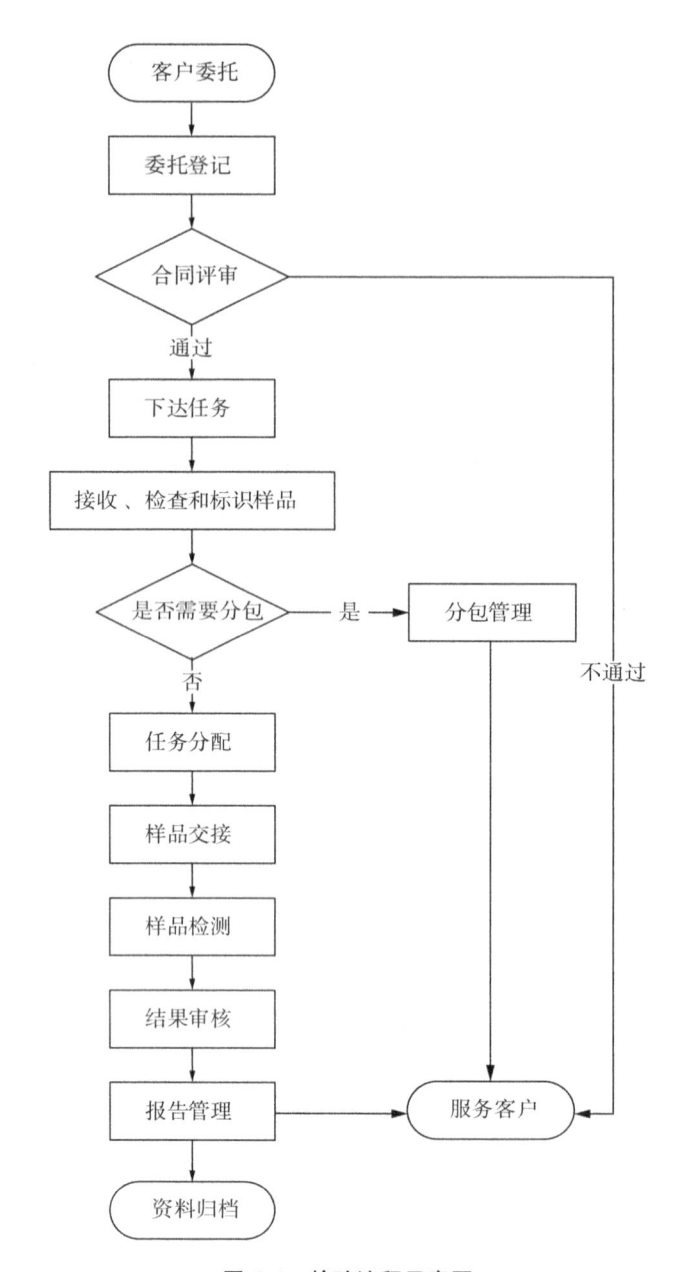

图 6.1 检验流程示意图

6.2 平台模块

6.2.1 机构管理

1. 信息平台系统(以下简称系统)应具备实验室基本信息管理功能、组织结构管理功能。

2. 系统可具备实验室活动范围及实验室资质管理功能,实验室岗位职责要求管理功能。

3. 系统可维护及显示实验室相关图表,如组织结构图、实验室平面图等。

6.2.2 人力资源管理

1. 系统可维护人员基本信息,如姓名、性别、年龄、出生年月、职务/职称、文化程度、毕业院校、所学专业、毕业时间、所在部门、岗位、从事本岗位年限、培训经历、备注等信息。

2. 对于授权签字人,系统可以比一般实验室人员维护更多信息,如授权签字领域、工作经历及从事实验室技术工作的经历等。

3. 系统应提供实验室人员活动管理功能,包括确定能力要求、人员选择、人员培训、人员监督、人员授权、人员能力监控等。

4. 系统应提供特定岗位人员(如抽样/采样、检测、结果复核、报告审核或批准、方法验证或确认、符合性声明或结果解释、质量监督、仪器操作、样品管理人员及内审员等)的管理功能。

5. 系统可维护人员变更信息和人员档案信息。

6.2.3 设施和环境条件管理

1. 系统可维护实验室设施和环境条件列表,内容包括:设施或环境的名称、地点、技术参数、管理要求,依据的文件、管理部门/岗位/人员、安全管理员、安全检查关键点等。

2. 系统应提供监测、控制和记录环境条件功能。

3. 系统应提供实施、监控并定期评审控制设施的功能。

4. 系统可按照设定的规则自动识别出现异常的设施和环境条件,如温度和(或)湿度超范围、停电等,并以适当方式(声光、语音、短信等)报警。

6.2.4 设备管理

1. 系统可建立实验室仪器设备管理台账,内容包括:唯一性编号、设备名称、型号规格、生产厂家、出厂编号、供应商、购置日期、存放位置、使用部门、授权使用人、保管人、主要技术/性能指标等。

2. 系统可记录设备的验收信息,包括验收日期、技术指标、验收结果、验收人员等。

3. 系统可记录设备报废处理信息,包括申请部门、理由、技术鉴定结果、审批人等。

4. 系统可记录设备使用信息,可按指定条件查询设备使用记录。

5. 系统具备对设备的检定/校准和期间核查进行管理的功能,内容包括:设备状态、检定/校准/核查信息,可制定计划并提醒执行,以及历次检定/校准/核查的实施和确认记录。

6. 系统可设定设备的日常维护计划,提醒执行计划并记录维护信息。

7. 系统可记录设备故障及维修信息,当关键设备异常时,系统能以适当方式通知合同评审人、实验室负责人、报告审核人、报告签发人等相关人员。

6.2.5 标准物质管理

1. 可建立标准物质台账,内容包括:唯一性编号、名称、规格、数量、生产者/供应商、批次、定值日期、启用日期、有效期、(菌种)传代信息、安全库存量等。
2. 系统可记录标准物质验收及入库信息。
3. 系统可记录标准物质的期间核查信息,包括设定计划、提醒执行、执行记录等。
4. 系统可对库存标准物质实施有效期提醒、安全库存量提醒。
5. 系统可记录标准溶液的配制信息、打印条码标签。
6. 系统可登记、查询标准物质的领用或使用记录,便于在样品检测、结果审核、报告批准签发等环节中利用。

6.2.6 试剂和消耗品管理

1. 系统可建立试剂和消耗品台账,内容包括:名称、规格、数量、存放位置、生产者/供应商、出入库记录、有效期、安全库存量等。
2. 系统可记录试剂和消耗品的技术验收及入库信息。
3. 针对一些特殊的化学试剂,如有剧毒、有危险、有特殊保存条件等,系统应有明确标识和醒目提示。
4. 易制毒、易制爆等化学品按照国家相关要求进行系统管理,相应信息可同步至该模块。
5. 系统可记录试剂和消耗品的使用信息、试剂的配置信息。
6. 系统可记录过期试剂和消耗品的处置信息。

6.2.7 采购与验收管理

1. 系统的采购管理应涵盖从物品或服务的申购、审批、计划、到采购全过程,并可与仪器设备管理、标准物质/标准溶液管理、试剂和消耗品管理链接,完成后续的验收、入库等环节。
2. 系统的采购计划可以分为年度采购计划和日常采购计划。
3. 针对不同的采购物品或服务,系统可以登记不同的采购单内容,并可以设置不同的采购流程。
4. 对验收或使用过程中不合格的物品或服务,系统可以执行退货或换货处理,相应记录可关联到供应商管理模块。

6.2.8 供应商管理

1. 系统具备对供应商及提供产品和服务的初次评价,选择管理功能。
2. 系统可建立合格供应商名录,内容包括:供应商基本信息、提供的产品或服务、质量管理资质/能力范围、最近一次评价日期、下次评价日期等。
3. 系统可记录供应商的采购或服务记录、质量反馈记录。
4. 系统具备对供应商的再次评价和采取相应措施的管理功能。

6.2.9 合同管理

1. 合同登记：合同内容包括合同唯一性编号、客户信息、样品及检测项目信息、其他检测要求信息（如还样要求、报告要求、检测进度要求、检测费用、检测方法、结算方式等）。系统支持多种方式登记检测合同，如实验室客服人员登记、客户在线登记、系统依据测试计划自动登记，合同编号支持自动生成与手动录入，样品信息（比如委托单位、生产厂家、采样地点）登记界面宜具有记忆功能，减少二次录入的工作，对于国家文件、检测类别、样品分类等规范数据内容宜采用下拉列表进行选择，以规范录入内容等。支持多种不同格式的合同模板，用户可选择合适的合同模板进行信息录入，常规合同评审可以简化进行，特殊合同应支持多级评审。支持打印输出纸质合同。

2. 合同评审：合同评审时信息平台应能方便获取实验室相关的能力（检测项目、检测方法）和资源（人员、设备、标准物质、试剂、消耗品等）信息，以判定实验室能力和资源能否满足检测要求。评审该合同是否需要分包，客户对分包的意见，客户同意分包则继续下一步，不同意则退回并与客户继续沟通，以及确定分包方名录。当客户对检测周期、检测方法、检测报告样式、退样流程等有特殊要求时，可通过系统记录并传达到其他相关部门，并得到确认信息反馈。

3. 费用管理：支持检测费用的自动计算，其他费用（如加急费、快递费等）登记、收费登记、开票登记、折扣等功能。

4. 客户管理：具备客户基本信息管理、客户联系人管理、客户开票信息管理、客户特殊要求管理等功能。

5. 客户服务：具备业务咨询、进度查询、报告下载、在线支付、意见反馈等管理功能。

6.2.10 检测方法管理

1. 系统可维护实验室使用的全部检测方法信息，检测方法信息包括：方法名称、方法编号、检测项目/参数、适用范围、技术指标、承检部门/岗位/检测人、认证认可状态、检测周期、收费标准、最近一次验证或确认日期等。

2. 系统应提供方法的选择和验证功能，并保存方法选择和验证记录。

3. 对于非标准方法、实验室制定的方法、超出预定范围使用的标准方法或其他修改的标准方法，系统应提供方法确认功能，并保存方法确认记录。

4. 对于标准方法，系统应提供定期跟踪标准制修订情况功能，方便实验室及时采用最新版本标准。

5. 系统应能维护检测方法测量不确定度的评定要求及实施规则，并登记检测方法测量不确定度的评定记录。

6.2.11 抽样/采样管理

1. 系统可完成抽样的全过程管理：任务下达、方案制订、过程记录以及样品交接等。
2. 抽样模块可链接业务受理模块，获取客户和报验信息，便于制订抽样方案。
3. 系统可方便录入抽样过程信息，如使用移动终端在现场录入或扫描上传现场记录表单等。

4. 自动对每批样品编制唯一性编号,并与样品的所有检测活动、检测报告及原始记录档案一一对应,同一批样品多个独立包装能分别进行标识。

样品识别标签应包括:样品编号、样品描述、测试要求、测试周期、样品数量等。

样品识别标签宜包括:样品留样入库位置(柜子或冰箱号、具体位置)、检验状态(在检、待检、检毕等)标识应方便识别和读取(如条码、RFID[①] 等)。

5. 抽样模块可链接样品管理模块,能方便实施样品交接、入库。

6.2.12 样品管理

1. 系统可对样品生命周期的全过程实施管理,包括样品接收、分类存放、样品传递交接、检毕退样、样品处置、留样管理、样品归还客户等。

2. 系统可提供多种样品交接登记方式,如手动登记、通过扫描条码标签登记、使用 RFID 技术自动识别登记等。

3. 样品传递交接时,系统应允许登记样品状况、样品数量等信息,并自动记录样品接收人和样品接收时间。

4. 样品入库时,系统应允许登记样品存放位置、样品保存期等信息,并自动记录样品入库人和样品入库时间。

5. 系统可链接设施和环境条件管理模块,对样品管理的设施和环境条件实施监控。

6. 对于超过保存期的样品,系统可提醒管理人员进行处置;系统可批量登记样品处置信息。

6.2.13 检测管理

1. 合同审核流程结束后,实验任务自动下达,任务的表单内容来源于合同信息。任务流转至任务分配节点,根据预先设置好的实验科室与实验项目的关联关系,系统应提供多种检测任务分配方式,如:按预置规则自动分配检测任务,自动将信息试验项目分配至相应的部门;通过手动方式分配检测任务;或者先将检测任务分配给检测部门,再由部门负责人分配任务等。分配任务的主要操作属性有试验项目、负责组、试验工程师、试验地点等。

2. 系统应具备支持检测准备工作的功能,通过该功能,检验员可完成如下操作:

(1) 检测人可以查看全部检测任务,其中包括即将超期检测任务、已经超期检测任务;

(2) 需要时,检测人可以按检测项目打印原始记录单;

(3) 检测人发现项目检测方法不满足要求时,可退回合同评审环节;

(4) 可根据检测方法要求,添加平行样、标样、加标回收样等质控样品;

(5) 可选择实际使用的仪器设备,查看该仪器设备状态和记录,包括检定/校准结果确认记录、修正值或修正因子、期间核查、近期使用频次、故障及维修记录等;

[①] RFID:指射频识别。

（6）可选择/配制标准溶液，可查看标准物质验收或期间核查记录；

（7）可选择/配制试剂，可查看试剂验收记录。

3. 系统应提供多种方式的结果登记及结果登记辅助功能：

（1）手动登记检测结果：单项登记、批登记、按默认值登记、选项登记等；

（2）导入预置格式的数据文件登记检测结果；

（3）通过仪器集成直接采集数据登记检测结果；

（4）可按样品录入多个项目的检测结果，也可按项目录入多个样品的检测结果；

（5）结果登记时，可选择输入特殊字符（如上标、下标等），可上传照片、图谱、数据文件、单项检测报告等附件；

（6）录入的检测数据能按预置的规则进行计算、修约等处理，得到最终报告结果；

（7）对于需要结果判定的检测项目，结果录入后系统能够自动进行单项判定；

（8）系统应提供分包项目的结果登记及分包相关信息的登记功能。

4. 需要时，系统可对每个结果或任一结果登记测量不确定度评定记录。

5. 系统应提供结果审核功能：

（1）系统可控制结果审核人与结果登记人不是同一人；

（2）结果审核时，审核人员可以查看原始记录单、仪器数据及图谱文件等附件；

（3）结果审核不通过时，系统应有退回功能，并保留相应的记录。

6. 系统应提供一种机制，确保技术记录的修改可以追溯到前一个版本或原始观察结果。应保存原始的以及修改后的数据和文档，包括修改的日期、标识、内容和修改人员。

6.2.14 质控管理

1. 系统可对外部质控（能力验证、测量审核、盲样考核、实验室间比对）和内部质控全流程实行信息化管理，包括计划申报、频率及覆盖率核查、批准计划、实施计划、结果评价、汇总、记录存档等。

2. 系统可设定频率及覆盖率等核查条件，系统能按领域、检测方法或特定的人员等进行自动核查，判断质控计划表的符合性。

3. 可设定每个计划的质控方式和结果评价限，系统可根据填报的结果自动评价，保存相关记录。

4. 当计划未被执行时，可向相关部门/人员发出提醒。

5. 可按部门、人员或检测领域统计质控的频次和分布，以便对重点领域、项目或岗位加强监控；也可按规定的格式输出质控汇总信息。

6.2.15 报告管理

1. 报告形成：系统可根据业务类型自动匹配合适的报告模板，导入合同信息、样品信息、项目及检测结果信息等，自动生成报告；同时系统也具备人工生成报告功能，即可由报告编制人选择受控的报告模板，再由系统导入合同信息、样品信息、项目及检测结果信息等生成检测报告。

2. 报告审核：审核人能够从信息平台中方便调阅相关的记录和受控文件，以及相关人员、设备、检测方法、检测项目、分包方等信息；审核过程中发现不符合时可以退回，并记录退回原因；需要时，系统宜提供多人审核报告功能。

3. 报告批准或签发：授权签字人能够从信息平台中方便调阅相关的记录和受控文件，以及相关人员、设备、检测方法、检测项目、分包方以及认证/认可资质等信息；批准/签发过程中发现不符合时可以退回，并记录退回原因；批准/签发操作可以使用电子签名。

4. 报告打印及发放：系统应登记报告打印及报告发送信息；检测报告可以电子方式发送。

6.2.16 投诉管理

1. 系统可对投诉的全流程，即受理、调查、处理、反馈、记录归档实施管理。

2. 可设立多种方式受理投诉，如现场、书面/信函、微信、电子邮件、短信、信息平台客户端、电话（录音/纸质记录）等。

3. 调查人员可录入调查结果，提出处理意见。

4. 管理层批准处理结果，并在设定的范围内通报，同时将其反馈给投诉方；需要整改时，可链接到不符合工作管理模块。

5. 可查询、统计，并可按设定的格式输出投诉汇总表。

6.2.17 不符合工作管理

1. 可对不符合工作控制的全流程实施管理，包括：来源、事实描述、依据（质量要素）、责任部门/岗位/责任人、风险分析/评估、纠正。

2. 根据不符合工作来源和控制方式的不同，可分别与检测过程、组织、资源、体系等相关管理模块链接。

3. 整改方案可设置完成期限，能提醒相关人员。

4. 可按来源、依据、部门、风险等级等进行查询、统计。

6.2.18 体系文件管理

1. 文件基本信息管理：内部文件应记录文件的类型、名称、编号、版本、修订次数、制/修订日期、编写及审批人、发布日期等；外部文件应记录文件的类型、名称、文号/标准号、发布日期、实施日期，最近一次查新日期、下次查新日期等；体系文件可按文件类型汇总形成相应的文件清单，并可链接到其他管理模块，供有权限的人员阅读。

2. 文件发放及回收：系统可设置文件的发放范围，并自动将文件发放的信息推送给发放对象，对方确认接收文件，即有权限在系统上阅读文件；系统也可取消原有的授权，完成文件回收，相关人员即无权限阅读文件；系统应自动保存文件发放及回收记录。

3. 文件查新：系统可设定周期，自动提醒对外部文件进行查新；文件查新后应自动更新文件的最近一次查新日期和下次查新日期信息，并保存查新记录；系统可汇总形成文件查新记录表，保存查新记录。

4. 文件作废：系统可记录文件作废的日期、理由、审批等相关信息；文件作废后，可将其从有效文件库中删除，如有需要可另存在专设的、有明显标识的文件夹里，供有需要的人员参考。

6.2.19　记录控制管理

1. 系统具备对实验室记录的标识、存储、保护、备份、归档、检索、保存期和处置的管理功能。
2. 系统应提供记录的保存期是否符合合同义务的核对功能。
3. 系统的记录查询功能应符合实验室保密性要求。

6.2.20　风险和机遇管理

1. 系统具备风险和机遇的申报登记及审批立项功能，也可与不符合工作、改进管理和纠正措施模块链接。
2. 风险和机遇申报登记内容可包括：提出部门、项目名称、风险点、机遇点、类别、等级、涉及岗位、风险及机遇描述、应对措施、评价方法、项目组长、项目组成员等。
3. 经过审批立项的风险和机遇项目，可登记应对措施的执行记录，以及应对措施的有效性评价记录。
4. 当风险和机遇项目相关条件变更或实现预期目标时，可调整或解除/关闭项目。

6.2.21　改进管理

1. 系统应具备改进机会的申报登记及审批立项功能，可链接不符合工作模块自动获取相关的改进信息。
2. 可登记改进计划及计划的执行记录，以及改进工作的有效性评价记录。
3. 可自动收集、记录改进信息，如资源改进、方法改进、方针改进、目标改进、纠正措施、应对风险和机遇措施等。

6.2.22　纠正措施

1. 可链接不符合工作管理，获取纠正需求信息。
2. 可完成不符合工作的纠正控制流程，包括：原因分析、是否采取纠正措施、提出纠正措施、实施纠正措施、对纠正措施的跟踪验证、记录归档。
3. 需要时，可链接到风险和机遇管理、体系文件管理模块，更新在策划期间确定的风险和机遇，变更管理体系。

6.2.23　内部审核

1. 可对内部审核全流程实施管理，包括：内审计划、审核依据、内审组、内审方案、内审发现及记录、不符合项、内审报告、记录归档等。
2. 可依据设定的流程，提醒审核要素和关键点，形成内审记录，自动汇总审核发现。
3. 内审发现可按设定传给相应的人员查阅、确认，并可链接不符合工作管理模块，完成后续的整改过程。

4. 可自动收集,汇总内部审核的相应的记录和结果,形成内审报告,在系统上完成编制、审批流程后,推送给相应人员查阅。

6.2.24 管理评审

1. 可对管理评审全流程实施管理,包括:制定计划、评审准备、评审实施、评审报告、评审决策的实施、记录存档等。

2. 可依据设定的流程,提醒相关部门/人员准备、上传评审输入,提醒相关部门/人员执行评审决策,包括:制定改进措施、设定改进期限等。

3. 可在系统完成管理评审报告的编制和审批,并推送给相应人员查阅。

6.2.25 查询统计需求

1. 系统的查询统计功能,应能满足实验室机构管理、资源管理、检测过程管理和体系管理过程中对数据和信息的查询统计需求。

2. 查询统计功能可包括:实验室能力范围的查询统计,人员工作量的查询统计,仪器设备使用情况的查询统计,样品信息的查询统计,检测项目信息的查询统计,检测过程中各项活动的及时率、准确率的查询统计,不符合项、纠正措施、改进情况的查询统计,样品质量趋势的统计分析,实验室质控状况的统计分析等。

3. 系统宜提供关于查询统计的配置功能,方便实验室自定义查询统计的数据来源、条件和输出内容。

4. 系统宜提供查询统计结果的导出功能,导出功能应受控。

5. 系统可通过集成商品化报表软件的方式实现查询统计功能。

6.2.26 集成应用需求

1. 仪器集成

(1) 通过自动采集仪器数据,可以提高数据录入效率并有效保障数据录入的准确性。采集仪器数据一般有两种方式:①直接与仪器通信获取数据;②解析仪器数据文件获取数据。

(2) 直接与仪器通信获取数据:需要基于仪器设备有通信接口并掌握接口通信协议,宜采用符合国家相关标准规定的通信协议及数据格式。这种方式的典型应用如通过RS-232接口操控电子天平并获取样品称重数据。

(3) 解析仪器数据文件获取数据:通过解析分析仪器的数据文件和图谱,分析抓取其中的目标数据。

(4) 自动采集获取的数据,一般需要经过计算、修约等处理才能得到最终的报告数据;信息平台应检查数据有效性,并保存采集的原始数据、处理过程数据及最终报告数据。

2. 内部系统集成

在企业级应用中,信息平台是整体信息化建设平台中的一个组成部分,为避免产生信息孤岛,实现信息共享,信息平台应具备与其他系统集成应用的接口功能,如 ERP(企业资源计划)系统、统计分析软件等。

  3. 外部系统集成

  信息平台宜考虑与外部系统的接口功能,如资质认定或实验室认可机构的申报系统、上级单位的业务管理系统、行业主管机构的风险监管平台等。

6.2.27　系统安全需求

  1. 系统安全性能

  系统安全性能应符合《计算机信息系统 安全保护等级划分准则》(GB 17859—1999)等国家标准要求。

  2. 身份认证

  系统应提供身份认证机制,可设置用户名和密码设置、连续输入错误密码锁定、持续无操作启动保护时间、密码定期修改周期等规则,并提供相应的系统安全策略。

  3. 权限控制

  系统的权限控制应满足实验室管理要求;系统应提供多种授权方式,可按部门、岗位、角色、单个用户授权等;系统应保存完整的授权变更记录。

  4. 数据安全

  (1) 数据校验:系统可预先设置结果数据限值,可自动识别超过限值的结果数据,并执行警告或禁止控制。

  (2) 审计跟踪:结果数据录入系统并经过审核、批准后,任何对结果的修改都要进行审计跟踪。

  (3) 数据加密:系统中的敏感数据(如用户密码)应加密保存。

  (4) 数据传输:可采用安全协议如 HTTPS(超文本传输安全协议)使客户端与服务端交互实现会话加密。

  (5) 电子签名:可采用电子签名技术保障数据安全。

  (6) 数据备份:系统应提供完全备份、增量备份、差异备份等备份机制及数据恢复功能。

  5. 系统日志

  系统日志和数据库日志应自动记录对信息平台的全部操作,对所有数据的新增、修改和删除信息,以及自动捕获的全部系统异常信息。

6.3　项目实施

6.3.1　实施准备

  1. 硬件准备:包括网络基础设施、机房及机房配套设备、服务器、存储设备、个人工作电脑、手持或移动设备、打印机/条码阅读器/扫描仪等辅助设备等。

  2. 软件准备:包括操作系统软件、数据库软件、安全软件、报表软件、数据统计分析软件等。

3. 云服务:如需要服务端的硬件、软件设施可考虑购买云服务。

4. 文件及数据准备:包括管理体系文件、人员一览表、仪器设备清单、检测能力范围、检验流程图、原始记录单模板、报告模板、统计报表模板等。

6.3.2 系统部署

1. 系统安装:包括系统运行环境安装、服务端程序安装、客户端程序安装或者浏览器插件安装。

2. 数据加载:包括加载系统基础数据、设置检验业务流程、配置业务规则或系统参数、给所有用户授权等。

3. 仪器集成:调试并实现仪器设备接口功能。

4. 系统集成:调试并实现系统与其他内部、外部系统的集成应用功能。

5. 部署文档:部署完成后,验证系统功能正常,汇总全部部署记录,形成系统部署报告。

6. 单元和集成测试:对程序各模块进行单元测试,核对各项需求形成测试报告,根据测试报告对系统功能、性能进行初验,形成初验报告。

6.3.3 项目培训

1. 培训计划:实验室应制订系统培训计划,在项目建设的不同阶段,针对不同人员设置相应的培训活动,如系统上线之前的功能宣贯培训、系统上线之后的实际操作培训、针对系统管理员的高级培训、针对最终用户的使用培训等。

2. 培训大纲:培训内容应形成文档,方便相关人员自我学习及后续持续培训。

3. 培训记录:实验室应按照培训计划实施培训活动,并保存培训记录。

6.3.4 系统试运行

1. 试运行方案:实验室应制订试运行方案,明确试运行方式、试运行范围和试运行时间,并落实试运行期间的技术保障工作。

2. 试运行方式:为确保实验室数据安全及工作的连续性,试运行宜采用原有系统与新系统同步运行方式,并对两套系统运行产生的数据和信息的完整性、准确性进行平行验证。

3. 试运行范围:实验室可根据具体业务量情况确定试运行范围,该范围应尽量覆盖系统所有模块、所有流程、各个部门、各个岗位和各种报告模板。

4. 试运行时间:建议试运行3~6个月。

5. 试运行保障:实验室应建立试运行期间的问题反馈机制,安排足够的资源确保反馈问题能够得到及时解决,保障试运行顺利进行。

6. 试运行报告:实验室应记录试运行期间发现的全部问题、问题的处理过程及问题的解决情况,并汇总记录形成试运行报告。必要时修订用户手册。

6.3.5 项目验收

1. 验收之前,平台承建方应先对系统进行自评验收,确定符合后提交正式验收。
2. 验收内容、材料可包括但不限于以下内容:
(1) 项目计划书、需求规格说明书、需求变更单;
(2) 概要设计说明书、详细设计说明书;
(3) 程序清单或功能配置说明;
(4) 测试方案、测试报告;
(5) 初验方案、初验报告;
(6) 培训计划、培训大纲、培训记录;
(7) 试运行方案、试运行记录、试运行报告;
(8) 终验验收方案、终验验收报告;
(9) 用户手册(使用说明书);
(10) 系统维护升级计划;
(11) 设备交付清单;
(12) 平台系统。
3. 实验室应依据项目计划书、需求规格说明书、需求变更单、用户手册等内容对平台功能、性能、可靠性、安全性进行验收确认,全面评价最终建成的平台是否满足预期需求和用途。
4. 实验室只有在验收通过之后,才能将系统正式投入使用。

6.4 运行管理

6.4.1 人员要求

1. 实验室人员应有能力正确使用信息平台,对信息平台使用过程中获得或产生的所有信息保密,并保存相关记录。
2. 实验室应建立和保持信息平台使用人员培训程序,明确信息平台的使用安全、信息平台应急预案、新增功能等培训内容和培训效果评价细则,组织有效的培训并评价。
3. 实验室应有信息平台使用人员监督和能力监控程序,定期对信息平台使用人员监督和能力监控。
4. 应建立和保持信息平台人员岗位授权机制,确保信息平台能够正确识别相应权限的操作人员。实验室尚保留线下管理时,应设置线上和线下人员岗位的对照关系,确保实验室活动的一致性和可追溯性。

6.4.2 技术服务商要求

为保障信息平台正常运行,实验室应确保信息平台合格服务商在信息平台运行和维护中能够持续提供服务,应签订合同,明确服务范围、服务要求(包括有效、安全、保密要求)及双方的权责和义务。

6.4.3 使用要求

1. 使用信息平台前,应进行线上和线下并行测试运行,验证并确认信息平台可以正常运行。如果只能利用信息平台的部分功能,其他部分仍需要通过非计算机化系统完成,实验室应提供保护人工记录和转录的准确性条件。无论是手工录入还是自动采集,在信息平台记录、计算、转移、存储的使用和维护过程中均应核对输入数据的完整性和正确性,并保存相关记录。

注:商业软件在其涉及的应用范围内使用可被视为已经过充分确认。

2. 实验室应授权不同员工相应的使用权限,确保员工根据授权权限收集、处理、记录、报告、贮存或恢复实验室活动数据和信息,防止非授权者访问,防止数据和信息篡改。

3. 实验室应方便授权人员检索、调取、统计、分析、查阅和使用相关数据和信息,以便对检测数据和结果进行审核和风险评估。

4. 实验室应建立电子化数据和结果的退回、修改机制,规定退回和修改的时限,并确保追溯到前一个版本的相关信息,应保存原始的以及修改后的数据,包括、日期、标识、内容和负责修改的人员。

5. 实验室应建立和保持数据备份机制,明确人员、备份设备和备份介质的保存地点,备份的数据应按照原始数据管理,确保数据的完整性、可用性和安全性。有条件时可建立异地灾难备份中心,配备系统恢复所需的通信线路、网络设备和数据处理设备,提供业务应用的实时无缝切换。

6. 实验室应建立信息平台限制或预警、退回功能的处理机制,规定相关的责任人、内容、措施和时限要求。应确保信息平台在预警发现不合理的数据或结果后,能够自动退回并提醒或通知相关人员。

注:处理机制的对象包括录入数字、有效数字、任务关联、数字温控、试剂存放量、样品数量、样品重量、样品保质期、质控数据、检测结果不合格等。

7. 实验室应建立和保持信息平台运行安全保障措施,保护检验数据和信息的收集、处理、记录、报告、贮存或恢复,防止被意外或非法获取、修改或破坏。包括:

(1) 应保护实验室内部和外部通过网络传输的数据,以免被非法接收或拦截;

(2) 严禁在使用信息平台的计算机上非法安装软件,宜对计算机的 USB 接口和光驱的使用采取授权等控制措施,防止未经授权的访问和信息丢失、被篡改或被非法获取;

(3) 应采取措施确保信息平台自动识别的人员与操作人员完全一致,定期更换密码,使用动态密码等;

(4) 应有措施保护信息平台和与其互通的计算机系统(如办公自动化系统、收费系统等)间的安全,防止通过系统间进行非法入侵;

(5) 应能够按照设计对被传输的数据进行准确性验证(包括加密后的敏感数据和非加密数据),不应危害与其互通的计算机系统内数据的安全。

6.4.4 文件控制要求

1. 实验室应建立和保持基于实验室活动流程的信息平台运行管理文件,明确信息平台每个环节的操作步骤,确保获得授权的员工正确使用信息平台,并应建立和保持信息平台基础数据库管理的程序,明确基础数据库管理的范围、职责以及建立、更新、审核、批准发布的要求。

2. 实验室应建立信息平台记录格式、报告格式,相关要求如下:
(1)明确记录、报告格式和填报要求,确保记录信息量充足,具有复现性和可追溯性;
(2)明确记录格式的审核方式、审核内容、审核评价以及电子记录,报告格式的修改要求;
(3)应建立和保持信息平台记录和报告的查阅审批机制,规定检索时限,确保操作人员、内部其他人员、客户和外部其他人员在授权范围内查阅记录和报告;
(4)适宜时,可远程审查和批准信息平台报告,妥善实施使用电子签章。

6.5 管理维护

6.5.1 总体要求

1. 进行维护以保证数据和信息完整。信息平台维护包括适应性维护和改正性维护,其中适应性维护是指为了适应变化对系统运行环境所做的适当变更,改正性维护是指运行中发现了系统中的错误或潜在风险需要修正。

2. 应基于风险思维,有效维护信息平台。实验室识别风险的途径,包括但不限于:
(1)查阅信息平台的系统日志和数据库日志;
(2)监测信息平台配套软硬件及运行环境变化;
(3)系统预警;
(4)内部和外部审核;
(5)客户投诉;
(6)管理政策或技术标准变化;
(7)突发事件(如地震、停电、系统失效等)发生时。

6.5.2 维护人员要求

1. 实验室应设立信息平台维护岗位,负责日常运行维护、监控及故障冲突处理、意外事件处理,维护岗位宜相对稳定。

2. 维护人员应了解实验室运作、管理体系要求,具有信息平台维护所需的能力。

3. 当信息平台由外部供应商进行维护时,实验室应确保该供应商符合相关标准的所有适用要求。

6.5.3 平台维护要求

1. 实验室应建立和保持信息平台维护程序,以确保信息平台数据和信息维护的准确性、完整性和安全性。

2. 维护人员应定期查阅信息平台系统日志和数据库日志,并分析、评估信息平台在信息录入前、产生后、存储后以及数据传输过程中的完整性。

3. 维护人员应监控主计算机控制台、硬件和软件的报警系统,并定期对信息平台功能模块的有效性进行验证检查,确保其正常运行。

4. 维护人员应定期从信息平台中调出部分数据和信息,核查对录入数据所做的数值计算、逻辑函数、添加备注等过程及结果的完整性和准确性;应定期抽取一定数量的记录和报告,核对数据和记录文件的一致性。

5. 维护人员应确保信息平台在受到恶意攻击或不当操作时能够正确运行。

6.5.4 配套设备维护要求

1. 维护人员应监测信息平台配套的硬件及软件,并定期对接入信息平台的测试仪器进行数据比对,验证其有效性。

2. 实验室应确保信息平台配套设备的环境设施要求,工作环境应保持清洁并妥善维护,放置地点和环境条件应满足实验室需求和信息平台运行的技术需求。

3. 所有对信息平台可能产生影响的配套设备都应设有必要的控制装置,以防止无权限的人员故意或无意破坏。

4. 应为信息平台服务器和数据处理有关的设备配备不间断电源,防止断电导致信息平台数据和信息损坏或丢失。

6.5.5 备份维护要求

1. 维护人员应定期核查备份数据的完整性及备份介质标识的正确性。

2. 维护人员应定期监控备份介质、外围设备、通信设备所处的环境条件,应监控电源及不间断电源情况,断电前采取措施完成数据备份。

3. 维护人员应定期核查备份介质及其保护设备的有效性,避免因各种因素,如环境、潜在病毒或者其他间谍程序引起数据损坏,确保信息平台数据的完整性、可用性和安全性。

6.5.6 应急要求

1. 实验室应建立信息平台应急预案,明确发生突发或异常事件时关闭和重启信息平台的条件和要求。实验室应定期进行应急演练,并根据演练效果对应急预案进行完善。

2. 在发生突发或异常事件时,实验室应有措施保护数据、信息和计算机设备。

(1) 在发现意外停机、系统异常(如反应速度减慢)和其他计算机问题时,应立即报告维护人员或系统管理员,并采取应急措施:

① 尽快采取硬件冗余备份、转移到纸质系统等应急措施,在自动化系统暂时不可用

的情况下，维护操作连续性；

②制订进一步应急计划，识别、分析、查找意外事件产生的原因，必要时，采取纠正措施，保证信息平台数据的完整性，以及不会引起其他方面的危害。

（2）在信息平台发生故障并造成重要信息丢失、损害后，应利用备份数据进行系统恢复。在发生故障后，系统恢复前需采取应急措施：

①系统管理员组织审查追踪记录及进行相关证据收集；

②系统管理员组织维护人员、与事件有关的人员及受到故障影响的相关人员分析和辨别故障原因，启动纠正或纠正措施；

③在最短时间内，确认安全处理措施的合理有效性和恢复系统的安全完整性；

④限定只有被授权的人员，才可使用恢复过程中的系统及数据资料；

⑤对灾难恢复的全过程应详细记录，以备日后复查。

3. 应急情况下，如实验室信息系统无法实时采集数据，任何由人工记录并随后转录至信息平台中的原始数据应被清晰注明，且作为原始记录予以保存。

6.6 系统更新

1. 当实验室管理或业务需求发生较大变化时，实验室可启动信息平台更新工作。

2. 系统更新过程可参照信息平台新系统建设过程（项目启动、需求分析、系统设计、系统构建、系统实施等）执行。

3. 系统更新过程中，将旧系统中的数据迁移到新系统中是关键环节；数据迁移之前，应对旧系统数据进行完整可靠备份；数据迁移之后，应对新系统迁入数据的完整性和准确性进行校验。

6.7 退役管理

1. 退役系统及数据的处置，应满足实验室对数据安全性和保密性的管理要求。实验室应建立信息平台退役管理程序，明确申请、审核、批准职责和流程。

2. 退役过程中需将电子数据从旧系统转入新系统，应事先制订数据转移和备份方案，列出需要进行转移的全部历史数据，以及确保数据安全转移到新系统中的相关路径。转移完成后，应依据列表对数据的完整性进行校验，并保存转移过程相关的全部记录。

3. 如果基于技术性原因，实验室选择不对原信息平台数据进行迁移，宜对所保存的数据库进行统一封存和管理，规定查阅权限。

4. 退役数据的保存年限应满足法律法规、认证认可管理部门和客户的要求。